U0308728

碳达峰与碳中和丛书

何建坤　主编

碳中和实现路径国别研究

孙振清　何延昆　等　著

东北财经大学出版社
Dongbei University of Finance & Economics Press
大连

图书在版编目（CIP）数据

碳中和实现路径国别研究 / 孙振清，何延昆等著. 一大连：东北财经大学出版社，2023.6

（碳达峰与碳中和丛书）

ISBN 978-7-5654-4815-7

Ⅰ.碳…　Ⅱ.①孙… ②何…　Ⅲ.二氧化碳-节能减排-研究-世界　Ⅳ.X511

中国国家版本馆CIP数据核字〔2023〕第051844号

东北财经大学出版社出版发行

大连市黑石礁尖山街217号　邮政编码　116025

网　　址：http://www.dufep.cn

读者信箱：dufep @ dufe.edu.cn

大连图腾彩色印刷有限公司印刷

幅面尺寸：185mm×260mm　字数：365千字　印张：24.5

2023年6月第1版　　　　　　2023年6月第1次印刷

责任编辑：李　季　吉　扬　刘慧美　　责任校对：刘　佳　王　莹　王芃南
　　　　　徐　群　刘东威　　　　　　　　　　　　王　丽　孙　平

封面设计：原　皓　　　　　　　　　　版式设计：原　皓

定价：126.00元

前言

自本书主题确立后，历时四年，终于可以拿出来让各位专家学者批评了。在这四年时间里世界和我国发生了太多的变化，首先是《巴黎协定》的生效，为绿色低碳发展和应对气候变化注入新的活力。但是随着美国政府宣布退出，以及其他国家持观望态度，气候变化应对举措的进展颇为被动。但是，绿色发展已成为世界的主流，这个大方向没有发生变化。其次是2019年年底发生的新冠疫情。各个国家和地区都有感染者，无一幸免。

在新冠疫情的应对中，人类也在反思自己与地球的关系，与地球万物如何相处，是你死我活还是和平共处？可以说，这次疫情给世界注入了一针"清心剂"：人类只有与自然和平共处、坚持绿色发展，才能实现可持续发展，否则"道高一尺魔高一丈"，人类最终会在与大自然的抗争中败下阵来。

"绿色复苏"成为新的名词。中国的新基建、欧盟的绿色新政、国际机构呼吁的绿色复苏，再加上联合国推动的"零排放竞赛"，为全球的经济社会发展指明了道路——构建人类命运共同体。习近平总书记倡导的人类发展理念，通过这次疫情，得到了充分体现。

科学在进步，医疗水平在提高，但每隔几年，总有一轮大型公共卫生危机，总有大批民众被夺去生命。更可悲的是，有些病毒，似乎还是我们人类自找的。无知不是生存的障碍，傲慢和贪婪才是。

以澳大利亚近几年的热浪和干旱为例。当气温超过40.5℃时，生态系统受到影响，饮用水和农业用水变得更加稀缺，也导致更多森林火灾的发生。据估计，这些火灾导致12.5亿只动物死亡，并造成更严重的缺水。它们还向大气中排放大量的碳，使得全球变暖的趋势更加严重。

传统经济发展方式必须改变。经济发展使数十亿人摆脱了贫困，世界上大多数区域的医疗和教育条件得到改善。然而,某些地区采用的"先发展,后治理"的经济方法没有考虑到气候变化、污染或自然系统退化,最终要付出更大代价。如果不采取紧急行动对消费和生产模式进行深刻变革,到2050年,环境将无法可持续地承载100亿人的健康、富足和生产力。

为实现可持续发展目标,必须将环境退化和资源利用与经济增长及相关的生产和消费模式脱钩。在某些国家,对于某些影响和资源而言,已经可以观察到环境压力与经济增长之间的局部脱钩。进一步脱钩需要推广目前的可持续做法,并且我们要从根本上转变全社会生产、消费和处置商品及材料的方式。如果辅以能够为未来的方向和行动提供客观依据的长期、全面、以科学为基础的目标,则这些转变可能更加有效。

优先采用低碳、资源节约型做法的国家可能会在全球经济中获得竞争优势。精心设计的环境政策和适当的技术与产品往往可以同时实施,如果能这样做,在经济增长和竞争力方面付出的代价则较少甚至为零,还可以提高各国开发和推广创新技术的能力。这可能有利于就业和发展,同时减少温室气体排放,并最终促进可持续发展。

正如联合国秘书长2020年3月15日关于新冠疫情的讲话所说的,我们面对的应该是审慎而不是恐慌、科学而不是污名、事实而不是恐惧的时刻。这场危机显示了国际合作的重要性,各国政府需要以共同努力来振兴经济、扩大公共投资并确保为最弱势群体提供支持。估计到2050年世界人口将达到近100亿,到2100年将达到近110亿(联合国数据),如果不改变生产和消费模式,人口增长将继续加大环境压力。

只有以建设生态文明为目标,构建人与自然和谐相处的自然环境,才能保障生态、粮食、能源和国家安全,才能降低城市、室内空气污染和有毒物质排放引发的生态毒性效应,同时提高人类自身免疫力。

应对之策一:敬畏大自然,恢复和谐环境。从幼儿园就开始教育孩子,人类是大自然的一部分,只有与自然和谐相处,才能共生。敬畏地球生态系统给我们带来的一切，地球万物是命运共同体，任何生物皆有存在的价值和必要。让鸟儿能够到饭桌下捡拾残渣，与人互动，让松鼠来家串门，让火鸡在马路上蹒跚，这要经过多少代人与动物相互信任和谐相处，不去惊扰动物生活才能实现。

建议一些闲散土地、湿地等，如湿地保护区、鸟类保护区等禁止任何人、以任何方式进入，避免惊扰区内动物繁衍生息。

应对之策二：倡导绿色消费方式，减少肉食依赖。2020年3月11日国家发改委和司法部印发《关于加快建立绿色生产和消费法规政策体系的意见》（发改环资〔2020〕379号）的通知，要求加快建立绿色生产和消费相关的法规、标准、政策体系，促进源头减量、清洁生产、资源循环、末端治理，扩大绿色产品消费，在全社会推动形成绿色生产和消费方式，推行绿色生活方式。完善居民用电、用水、用气阶梯价格政策。落实污水处理收费制度，将污水处理费标准调整至补偿污水处理和污泥处置设施运营成本并有合理盈利的水平。加快推行城乡居民生活垃圾分类和资源化利用制度。制定进一步加强塑料污染治理的政策措施。研究制定餐厨废弃物管理与资源化利用法规。推广绿色农房建设方法和技术，逐步建立健全使用绿色建材、建设绿色农房的农村住房建设机制。

牛津大学课题组研究认为，由于人口增加和西方饮食中大量食用牛肉等红肉及其加工食品，到2050年全球食品系统造成的环境压力会比目前增加90%，超过了生态系统维持人类生存安全的临界点，生态系统将变得不稳定。

高肉类消费不仅增加碳排放，而且对人类自身健康造成不利影响。通过12项研究人们发现：肉类摄入量过高者得II型糖尿病的风险高于低摄入量者17%，高红肉摄入量者风险增加21%，高加工肉类摄入量者风险增加41%。

为了地球生态和人类自身健康需要，建议国家卫生健康委员会在出台的《中国居民膳食指南》对肉类食品推荐中，除了营养说明外，增加不同食品的环境影响尤其是碳排放、水资源消耗的数据，以及过高摄入量的风险提示，以提醒消费者选用低碳排放和低环境影响的食品，在饱腹的同时，实现绿色消费。

应对之策三：城镇化与新农村建设有机结合，提高自然净化能力。乡村是自我发展体系，更是城市发展的根和本，必须得到很好的保护和保留。

基于自然的解决方案就是要通过人工力量的介入，使得自然要素发挥核心作用。纯粹自然的演化，抑或是人工的建设都不属于基于自然的解决方案。在生态建设的过程中应合理利用科技力量，借助科技了解自然，因势利导地利用自然，并让自然的力量在生态建设的过程中发挥核心作用，以高效且自然友好的方式应对生态建设。

快速城镇化发展与生态环境、健康问题、健康需求之间的矛盾，正以慢性非传染病、新旧传染病、危害与风险影响持续扩大等公共卫生问题的方式逐渐凸显，将健康观念纳入公共政策之中，成为城市发展的必然要求。公共卫生问题是城市发展模式引起的自然环境和社会环境变化不协调的必然结果。

健康不仅依赖于个人生活方式和行为习惯，更依赖于城市经济、居住环境、社会条件诸多因素的支持。伴随着对健康概念理解的逐渐深入，人们对影响健康因素的认识逐渐由生理因素向社会环境扩展，建设健康的自然环境和社会环境成为城市发展的必然要求。

乡村50平方千米范围之内，各种基本生活物质应尽量本地化、自主化。乡村振兴的重点，要放在未来中心村和未来小镇建设上，把消灾避祸的功能放在特殊位置。

应对之策四：以碳排放为指标衡量企业资源利用率。联合国环境规划署发布报告认为，提高效率可使大多数生产和公用事业系统的能源需求减少50%~80%。在建筑、农业、招待业、工业和运输等部门，能源和水的利用效率提高60%~80%在商业上是可行的。许多跨国公司和有责任心的企业已经或正在积极采取措施，提升自身绿色发展绩效，100%采用可再生能源，提出实现零排放目标，采用碳足迹、水足迹及生态足迹衡量自己产品的环境影响。欧盟即将采取的碳关税，无疑为国际社会的零排放竞争增添了助推剂，也使国际竞争增加了绿色、低碳要素。

为此，需要我们的政府、企业和社会积极采取措施，从自身做起，共同应对，为了我们自己、后代和共同的地球家园减少自己的奢侈性消费行为，为绿色发展贡献自己的力量。"积沙成塔、集腋成裘"，在大家的努力下，地球家园一定会更加祥和！

作　者

2023 年 5 月

目　录

1　总论

2019年11月25日，世界气象组织（WMO）公告显示[1]，全球二氧化碳平均浓度在2018年达到407.8ppm，高于2017年的405.5ppm，是1750年（工业化之前）的147%。CH_4和N_2O也创下了新高。联合国环境规划署（UNEP）的《2019年排放差距报告》（Emissions Gap Report 2019）[2]显示，即使目前《巴黎协定》下的所有无条件承诺都得到执行，气温预计也将上升3.2℃，势必带来范围更广、破坏性更强的气候影响。为了实现未来10年1.5℃的温控目标，全球集体减排量必须比目前水平提高5倍以上，为实现2℃的温控目标，各国减排量须提高3倍。若将升温幅度限制在2℃以内，2030年的年排放量必须在各国无条件的国家自主贡献（NDC）减排目标的基础上，再减少150亿吨二氧化碳当量；若要实现1.5℃的温控目标，则须减少320亿吨二氧化碳当量。这意味着从2020年到2030年，若要实现1.5℃的温控目标，每年须减少7.6%的排放量，实现2℃目标则对应着每年2.7%的减排量。

截至2021年5月20日，已有192个缔约方向《联合国气候变化框架公约》（UNFCCC）缔约方会议递交了第一次NDC，88个缔约方递交了新的NDC[3]，132个国家和主要地区经济体承诺致力于到2050年实现温室气体净零排放。此外，部分私营企业、金融机构和主要城市宣布了减少碳排放并将投资转向低碳技术的具体步骤。

《巴黎协定》后，减排目标日益临近，全球气候谈判进入深水区，各国围绕核

---

[1]　WMO.Emissions Gap Report warns about missing Paris Agreement targets［EB/OL］.［2019-11-27］. https：//public.wmo.int/en/media/news/emissions-gap-report-warns-about-missing-paris-agreement-targets.

[2]　UNEP. Emissions Gap Report 2019［EB/OL］.［2019-11-26］. https：//www.unep.org/resources/emissions-gap-report-2019.

[3]　UNFCCC. Nationally Determined Contributions（NDCs）［EB/OL］.［2017-11-05］. https：//cop23.unfccc.int/ndc-information/nationally-determined-contributions-ndcs.

心议题抱定各自利益，精打小算盘，使国际气候谈判陷入僵局。2019年的马德里气候大会（COP25）上，与会各国未能就碳市场、气候变化损失和损害的赔偿机制以及富裕国家向受打击最严重的发展中国家提供长期融资等问题达成共识，将这些难题推给了2020年的格拉斯哥会议（COP26）（因疫情推迟到2021年11月召开）。各国政府和企业纷纷致力于零碳竞争，在抢占道德制高点的同时，也争取在技术竞争中取得先机。

1.1 绿色发展协同实现巴黎协定目标

2019年9月23日，77个国家、10个地区和100多个城市承诺到2050年实现净零碳排放。联合国秘书长古特雷斯在气候行动峰会开幕式中强调了到2030年减排45%的必要性，并呼吁加大气候融资力度，包括落实发达国家承诺，到2020年每年为发展中国家筹集1 000亿美元资金，并补充绿色气候基金（GCF）。在闭幕式中，他再次呼吁为实现《巴黎协定》设定的目标，从2020年起不再新建燃煤电厂[①]。以马绍尔群岛为首，包括伯利兹、哥斯达黎加、丹麦、斐济、格林纳达、卢森堡、摩纳哥、荷兰、新西兰、挪威、圣卢西亚、瑞典、瑞士和瓦努阿图等15个国家领导人发表声明，承诺在2020年年初更新减排目标，并在2020年年底制定长期战略，到2050年实现全球净零排放[②]。

能否兑现《巴黎协定》的自主贡献目标，以及是否确定21世纪中叶实现净零排放模板，成为各国展示自己是否负责的一个标志。而各产业协会、跨国公司或企业集团，也在积极寻求自己低碳、零碳转型实现绿色发展之路，一方面可以展现自己对地球负责的高尚品德，另一方面也能够为自己未来发展之路奠定基础，同时抢

---

① IISD. 77 Countries, 100+ Cities Commit to Net Zero Carbon Emissions by 2050 at Climate Summit [EB/OL]. [2019-09-23]. https://sdg.iisd.org/news/77-countries-100-cities-commit-to-net-zero-carbon-emissions-by-2050-at-climate-summit/.

② IISD. 15 Countries Pledge to Update NDCs by 2020, Achieve Net Zero Emissions by 2050 [EB/OL]. [2019-09-22]. http://sdg.iisd.org/news/15-countries-pledge-to-update-ndcs-by-2020-achieve-net-zero-emissions-by-2050/.

占标准、技术及产品的制高点，避免对临时转型造成的战略领导力丢失措手不及。比如英国石油公司（BP）就提出到 2050 年其企业碳排放为净零，其经济收入将不再依赖传统的油气产业，而是转型到非碳排放产业。同样受绿色发展影响的企业还有很多，如沃尔玛、三菱集团、施耐德电气等。中国的企业如吉利、华为、国家电网等纷纷采取措施，应对可能带来的挑战。

1.2 各国以可持续发展为目标的举措及成效

2015 年 9 月 25 日联合国领导人特别峰会确定了 17 个可持续发展目标（SDG）、169 个分目标和 247 个指标。欧盟自称可持续性是一个欧洲品牌。欧盟经济发达、社会凝聚力强，对可持续发展做过承诺，这些都牢牢地扎根于欧洲条约之中。然而，为了保护未来，欧盟必须做出正确的政策选择[①]。

可持续发展与绿色新政是一致的，欧盟正在将它们合二为一，保障绿色新政政策的有力执行。欧盟在绿色发展方面争做引领者，早就确定 2020 年可再生能源占比 20%，2030 年达到 32% 的目标，2017 年此比例已达 17.5%[②]。

在能源可持续发展目标上美国也作出了自己的贡献，其能源强度由 2000 年的 7.88 千 Btu/美元（2009 年不变价）下降到 2016 年的 5.85 千 Btu/美元，2019 年更是降为 5.25 千 Btu/美元。据 EIA 预测，2050 年将降到 3.26 千 Btu/美元，年均下降 1.5%。

在可持续发展解决方案网络（SDSN）的一份最新报告中，美国在 162 个国家中排名第 35 位，远远低于北欧国家——丹麦、瑞典和芬兰，同时也是经合组织成员中排名靠后的国家。

该指数和排名是根据 2015 年联合国 193 个成员国一致通过的 17 项可持续发展目标设计的。这些目标旨在协调经济繁荣与减少不平等，并解决与生物多样性丧失

---

① European Commission.Sustainable Development：EU sets out its priorities ［EB/OL］.［2016-11-22］. https：//ec.europa.eu/commission/presscorner/detail/en/IP_16_3883.

② European Commission.EU energy in figures. Statistical pocketbook 2019 ［EB/OL］.［2019-09-20］. https：//ec.europa.eu/energy/en/data/energy-statistical-pocketbook.

和气候危机有关的问题。报告发现，世界上没有一个国家实现了17项可持续发展目标。根据现有的趋势数据，没有一个国家能够在2030年前实现可持续发展目标，包括美国在内。

美国在可持续发展目标4（素质教育）和目标8（体面的工作和经济增长）方面取得了最好的成果。贫困、收入不平等、普遍获得医疗和其他公共服务仍然影响美国"在可持续发展目标1（消除贫困）、目标3（良好的健康和福祉）和目标10（减少不平等）方面的表现"。与其他高收入国家一样，美国将需要治理高水平的二氧化碳排放和污染，以在联合国设定的目标年2030年之前实现可持续发展目标。美国还产生了严重的环境和安全负外部性（或溢出效应），削弱了其他国家实现可持续发展目标的能力[①]。

2019年SDG指数和指数报告披露，欧盟整体优于美国，美国在某些方面严重落后，如婴儿死亡率指标，美国平均水平（6.5）是欧盟平均水平（2.93）的两倍多；性别工资差距指标，美国平均水平（27.3）大约是欧盟平均水平（8.79）的3倍。在一些目标上，尤其是目标12和13，美国和欧盟都有相当大的发展空间。

1.3 绿色发展的趋势及启示

1.3.1 绿色发展成为提升竞争实力重要焦点

我们以欧盟为例。2020年3月4日欧盟委员会提交了《欧洲气候法》提案，旨在将《欧洲绿色协议》（The European Green Deal）设定的目标写入法律——到2050年，欧洲将成为第一个经济和社会达到气候中性的大陆。这意味着欧盟国家主要通过减少排放、投资绿色技术和保护自然环境，在整体上实现温室气体净零排放。目

---

① SDG.The United States Ranked 35th Globally on Sustainable Development［EB/OL］.［2019-06-28］. https://www.sdgindex.org/news/the-united-states-ranked-35th-globally-on-sustainable-development/.

标是以社会公平和成本效益的方式，确定通过所有政策实现2050年气候中立目标的长期前进方向；制定一个系统监控减碳进度，并在必要时采取进一步的行动；为投资者和其他参与者提供预期；确保向气候中性的过渡不逆转。

实现碳中性的关键包括：明确欧盟内部认可的、具有法律约束力的目标——2050年实现温室气体净零排放；认识到公平转型和各成员国间团结协作的重要性；欧盟机构及各成员国必须在欧盟和国家层面采取必要措施实现此目标。

2020年5月欧盟提出制定《欧洲气候法》，内容包括根据现有体系，如成员国国家能源和气候计划的治理程序、欧洲环境署（European Environment Agency）的定期报告以及有关气候变化及其影响的最新科学证据，跟踪进展并调整对应的行动，以响应《巴黎协定》规定的每五年进行一次进程审核评价的要求。同时《欧洲气候法》还指出了实现2050年目标的几个重要步骤：

根据全面的影响评估，欧盟委员会提出欧盟2030年温室气体减排的新目标。2021年6月，委员会审查并在必要时提出修改相关政策以实现2030年减排目标。欧盟建议采用2030—2050年全欧盟范围内温室气体减排路径，衡量其实现自主贡献目标的进展。到2023年9月及此后每五年，委员会将评估欧盟和各国措施与气候中性目标。委员会将向行动路径不符合气候中性目标的成员国提建议，并要求成员国制定和实施战略，以加强复原力和削弱气候变化的影响[①]。

气候变化和环境退化是对欧洲和世界的生存威胁。为了迎接这些挑战，欧洲需要一种新的增长战略，将欧盟转变为一个现代、资源高效和有竞争力的经济体。

欧洲绿色新政被称为实现欧盟经济可持续发展的路线图（如图1-1所示）。实现这一目标的途径是将气候和环境挑战转化为所有政策领域的机遇，并使此过程公正，且包容所有利益相关方。

---

① European Commission.European Climate Law [EB/OL].[2021-11-19]. https: //climate.ec. europa.eu/eu-action/european-green-deal/european-climate-law_en#: ~: text=The%20Commission%E2%80%99s%20proposal%20for%20the%20first%20European%20Climateï1/4in%20green%20technologies%20and%20protecting%20the%20natural%20environment.

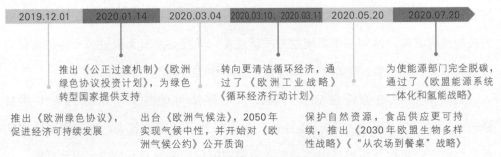

图1-1 欧洲绿色新政实施路线图

资料来源：https://ec.europa.eu/info/strategy/priorities-2019-2024/european-green-deal_en.

为此所有经济部门需要采取一致的行动，包括：投资环保技术；支持产业创新；推出更清洁、便宜、健康的私人和公共交通；能源部门脱碳；建筑更节能；与国际伙伴加强合作，改善全球环境。

欧盟将为受绿色经济影响最大的民众、企业和地区提供财政支持和技术援助，这被称为"公正过渡机制"，2021—2027年间为此筹集至少1 000亿欧元资金[①]。

为了实现此目标，欧盟出台《欧洲绿色协议投资计划》，明确三个主要目标：

一是增加过渡资金，并通过欧盟预算和相关工具，特别是投资欧盟（InvestEU）项目，至少在未来10年撬动持续投资1万亿欧元；二是将为私人和公共部门投资者创造一个有利于持续投资的框架；三是资助行政主管部门和项目促进者寻找、组织和执行可持续项目[②]。

英国要早于欧盟将零碳目标法律化，并配套发布了产业战略和其他实现零碳目标举措。2020年6月13日《每日电讯报》报道，英国国家电网公司称到21世纪中叶，英国电网有望实现不使用天然气发电而保持电网运行数小时。

2020年6月初，英国创纪录地实现两个月不燃烧任何煤炭发电后，能源业的老

---

① European Commission.A European Green Deal [EB/OL]. [2021-06-14]. https://ec.europa.eu/info/strategy/priorities-2019-2024/european-green-deal_en.

② European Commission. The European Green Deal Investment Plan and Just Transition Mechanism explained [EB/OL]. [2020-01-14]. https://ec.europa.eu/commission/presscorner/detail/en/qanda_20_24.

板们开始关注清洁能源下一步的发展。国家电网电力系统运营商希望到2025年能够实现"无碳"电网。达到这一目标意味着在2025年可以实现短时间摆脱天然气来运行电网。

尽管随着越来越多的风能和太阳能发电站与电网连接，化石燃料的作用正在下降，但2019年天然气发电依然占英国电力的近40%。天然气发电的碳排放远低于煤电，且电源稳定。可预见的未来英国很可能采用CCS，尤其是随着此项技术的发展，对CCS的需求将更加强烈。尽管英国政府最新预算中承诺投入8亿英镑启动和运行CCS，但大规模建设尚需时日。

在没有天然气的情况下运行电网，即使一次仅几个小时，对于英国到2050年实现净零排放的承诺而言，也具有重要的象征性意义和实际效果。这将给壳牌和英国石油公司等油气巨头带来更大挑战，它们近年已将业务转向天然气发电。考虑到电动汽车和电力供热，未来电力需求将会激增。

在不使用国内煤电的情况下，英国电网成功运行了两个月。部分原因是疫情期间的禁足，导致能源需求下降。在大风和有史以来阳光最明媚的春天的帮助下，2020年6月10日午夜，英国电网迎来了具有里程碑意义的时刻。但英国电网何时能够全天不用带有CCS的天然气还不确定[①]。

除了天然气发电外，英国也在大力发展氢能。英国能源研究机构 Aurora Energy Research 发布研究报告称[②]，到2050年氢能将可满足英国终端能源需求量的近50%，氢能将在英国实现净零排放目标方面发挥重要作用。到2050年，天然气脱碳后制备的"蓝色氢气"和通过可再生能源制备的"绿色氢气"，每年可合计生产约480太瓦氢能。盐穴储氢在大部分情况下可保证氢能安全稳定供应。英国需额外增加约7吉瓦储备能力。随着制备技术成本不断降低和天然气价格走低，氢能价

---

① Rachel Millard.Britain's electricity 'to have first gas-free hours by 2025 [EB/OL]．[2020-06-13]．https：//www. telegraph. co. uk/business/2020/06/13/britains-electricity-have-first-gas-free-hours-2025/.

② Aurora Energy Research.Hydrogen for a Net Zero GB：An integrated energy market perspective. [EB/OL]．[2020-06-24]．https：//www.auroraer.com/insight/hydrogen-for-a-net-zero-gb/.

格也必将进入稳步下行通道，预计2050年氢能价格将在50英镑/兆瓦以下。

氢气的大规模利用可以大大提升冬季用能高峰期的系统灵活性，预计2050年之前，可再生能源也将更有效地整合到电力系统当中，可再生能源发电商的年收入将增加约30亿英镑。在氢能推广应用的过程中，英国在CCS方面的竞争优势也将愈加凸显，可以进一步促进具有全球竞争力的低碳产业集群的发展。

促进氢能领域的基础设施建设和发展可以有效促进英国向低碳能源结构转型。当然，这需要政府的大力支持，特别是在早期阶段，需要对现有的能源系统进行系统性的改变。

2019年年底丹麦议会通过了新的《气候法案》，承诺在未来的11年排放量比1990年下降70%。新的具有法律约束力的目标将每5年确定一次，并以10年为期，第一个目标在2020年确定。该法律目标明确到2050年实现净零碳排放，并建立一个严格的监管系统。丹麦政府每年都将出台气候行动方案，提出具体的政治倡议，实现从运输到农业和能源等各部门的脱碳计划。

《气候法案》附加了采取行动的义务。如果政府的气候行动不能证明《气候法案》的目标能够实现，此措施就要发挥作用。而对行动承诺每年进行专业评估由丹麦气候变化理事会实施，并就气候行动提出建议。

《气候法案》规定，政府有义务就丹麦气候行动的国际影响以及丹麦进口和消费的影响单独发布一份全球报告。新法律还承诺在国际上参与气候变化，包括向发展中国家提供气候资金①，以帮助发展中国家能够获得可持续发展和遵守《巴黎协定》的机会。

---

① Jocelyn Timperley. Denmark adopts climate law to cut emissions 70% by 2030 [EB/OL]. [2019-06-12]. https://www.climatechangenews.com/2019/12/06/denmark-adopts-climate-law-cut-emissions-70-2030/.

1.3.2 竞争会日益激烈

2020年6月5日是世界环境日，联合国推出了Race to Zero活动①，这个活动成为一场凝聚企业、城市、地区和投资者的领导力和支持的全球运动。活动目标是实现健康、有韧性的零碳复苏，防止对未来可能造成的威胁，创造更多体面的工作机会，形成包容、可持续增长的局面。参加净零倡议联盟的有449个城市、21个地区、995家企业、38个最大的投资商以及505所大学，与120个国家组成了有史以来最大的联盟，承诺最迟在2050年实现二氧化碳零排放。目前这些参与者的二氧化碳排放占全球的近25%，国内生产总值超过全球的50%。

欧盟在其《欧洲绿色协议》中，提出要实施碳边界调节机制，在实现其减排目标的同时，还体现世界碳减排的领导者地位，主要目标包括将其排放标准提升为国际标准。这正与目前国际社会推动的ESG（环境、社会和治理）行动一致，即要求企业遵守环境、社会和治理信息披露的标准，进而提升企业信用，减少社会成本。征收碳关税可以将约束扩展到有贸易关系的国家，在标准制定话语权上占有主导地位，为保持未来产业竞争力奠定基础。

2019年年底德国出台了"2050年能源效率战略"，该战略包括三个要素：设定2030年能效目标，在新的"国家能源效率行动计划"（NAPE2.0）中绑定了联邦政府为实现此目标而将采取的必要措施，并对如何开展关于"能源效率2050路线图"的对话进程提出指导意见。在这个对话的框架下，各社会团体以及经济界、消费者、科学家和联邦政府的代表将就实现2050年节能目标的跨行业行动路线展开讨论，并为具体措施拟订建议方案，以此继续提高能源效率政策的比重。

1.3.3 绿色发展与全球化的新趋势——百年未有之大变局

目前逆全球化浪潮叠加美国打压中国崛起，对以维护地球生态系统可持续的绿

---

① UNFCCC.Race To Zero Campaign［EB/OL］.［2020-06-05］. https://unfccc.int/news/cities-regions-and-businesses-race-to-zero-emissions.

色发展产生较大影响，但也促使各国考虑自身的发展方向和举措。2020年7月21日，经过4天4夜的"马拉松式"谈判，欧盟峰会就2021至2027年长期预算及欧盟"恢复基金"达成一致。按照最终协议，欧盟2021至2027年长期预算金额为1.074万亿欧元，在预算基础上设立总额7 500亿欧元的"恢复基金"，从而使欧盟未来能够使用的财政工具总规模高达1.82万亿欧元[①]。欧盟绿色经济复苏计划旗帜鲜明地维护疫情前推出的"绿色新政"，将绿色化、数字化作为复苏的核心和基础，继续努力达成2050年"碳中和"目标。经济复苏一揽子建议中包括了大量绿色项目，比如600亿~800亿欧元用于电动车销售和充电网络建设，900亿欧元用于建筑节能改造和绿色建筑贷款，100亿欧元用于可再生能源项目，100亿欧元用于可再生能源和氢能基础设施，30亿欧元用于绿色氢能项目以协助发展零碳水泥和钢铁制造业等。《欧洲绿色协议》并不是"奢侈品"，而是欧盟走出疫情阴影的"生命线"。经济的"绿色复苏"不仅是可以实现的，而且对欧盟十分重要，欧盟不能再重蹈覆辙，现在需要让经济变得更加清洁及可持续发展[②]。

新冠疫情给世界当头一棒，人类是地球的一个物种，需要与其他生物协调发展、与自然和谐相处，否则地球将无法承载人类，更无法支撑未来人类的发展需求。这就要求人类必须走绿色可持续发展这一必由之路。

1.4 百年未有之大变局的应对

进入21世纪后的这20年，东方文明覆盖下的国家对全球经济增长的年均贡献超过一半，其引领世界发展的潜力还将继续发挥。但是，美国主导的逆全球化浪潮在2016年席卷全球。未来的全球化将是动荡、不确定、复杂和模糊的。

全球产业链逐步进入重构期，在重构中重新巡航自身定位，并构建差异化核心

---

① 人民日报.欧盟峰会达成大规模经济刺激计划［N/OL］.［2020-07-23］. http://world.people. com.cn/n1/2020/0723/c1002-31794043.html.

② 人民网.欧盟力推经济"绿色复苏"［N/OL］.［2020-05-04］. http://paper.people.com.cn/ zgnyb/html/2020-05-04/content_1985455.htm.

能力，将成为企业未来规划的重要议题。

从技术动能看，17世纪开启的工业化进程已从机械化、电力化、信息化逐渐演进到智能化阶段，人类运行逻辑与国家治理规律正被智能化的高速、高效与高频颠覆。17世纪技术革命后，人类逐渐进入机械化社会。此后出现的电力、网络使人类变得更快、更强，更能跨越物理空间。21世纪初兴起的云计算、万物互联等，开始解放人类的大脑思维与神经指令，生活习惯、金融运行、经济规则、社会治理等将再度面临颠覆。

从国家制度看，300年前开始向全球推广的所谓"民主政治"体制表现不佳。20世纪70年代以来的"第三波民主化"国家出现集体性的政治固化、经济停滞、社会失序现象。在美国，不平等状况严重，社会撕裂加剧，曾经全球向往的"美国梦"正在坠落。当前，全球普遍在反思人类治理的国家政治制度设计。在各国制度新一轮设计中，公民权利、政党责任、法治架构、社会稳定、国家治理之间的平衡关系与匹配程度需要更深的考量。

从知识体系看，200年前出现并在全球普及的学科体系与思想范式在当前认识世界、重构世界的进程中，暴露出缺陷与短板。19世纪以来，发端于西欧与美国知识界的社会科学，建构了当代知识分工与学科划分体系。但这些学科，基于西方实践，持续强调与其他地区知识的差异，导致知识分子在解释世界时形成浓烈的"西方化""狭隘化"色彩。如今，非西方世界的全新现象越来越难以被此类学科知识解释。这迫切需要从全人类的现代实践出发，进行跨界知识大融通。

从权力结构看，100多年前确定的大西洋体系正在出现洲际式转移与主体性分散。从经济、贸易、金融、工业等地区变化来看，全球权力重心正逐渐向亚洲转移，亚洲全球号召力与软实力越来越强。由此，百年来的国际机制与国际组织也面临改革压力。同时，全球化与反全球化的力量共同挤压国家权力，国际行为主体不只是由国家垄断，国际组织、非政府组织、意见领袖、媒体、智库等都在分散国家权力。未来世界的焦点不一定是国家领导权之争，而可能是国家与社会、国家与非国家主体之间的力量平衡。

变局之下须应对有招，面对"前所未有之大变局"，中国必须有强大的政策毅力和战略耐心。中国在推进"一带一路"建设与在国内实施《中国制造 2025》上须保持战略定力，全力为未来布好局。

中国在三大攻坚战中也要拿出切实可行的措施，体现体制优势。中国若能顺利完成这三大攻坚战，本身就意味着开创了前所未有的国家发展纪录。

特别需要注意的是，在"西颓东盛"与"智能革命"趋势下切忌骄傲自满。中国应查缺补漏，兴利除弊。

对于大企业而言，重新布局国际分工与内部治理已迫在眉睫。以"反脆弱性"的逻辑，认清公共卫生、气候变化、自然灾害在未来将频繁出现的客观事实，在供应链、价值链、产业链上强化应急管理机制与内部治理调整。企业在全球发展战略上，须充分利用 5G 技术谋求数字转型升级，在投资、物流、财务、人事等各方面构建如同毛细血管般的全球数字化信息公路网中的精准治理。这样的企业才能在高度不确定性的未来长期处在不败之地。

可见，解决气候变化给人类带来的影响是多方面的。任何时刻都不应放松应对气候变化的脚步。应对气候变化，已如箭在弦。

2 欧盟

欧盟议会 2021 年 6 月 25 日以 442 票赞成、203 票反对和 51 票弃权通过了 4 月份与成员国非正式达成一致的《气候法》[①]。此法案将欧盟之前提出的 2030 年减排目标从 40% 提高到至少 55%，在增加新碳汇的贡献后，可以进一步提高到 57%。它将《欧洲绿色协议》对 2050 年前欧盟气候中立的政治承诺转变为具有约束力的义务。它为欧洲公民和企业提供了法律上的确定性和可预见性。2050 年后，欧盟将以负排放为目标。这些法律的通过，无疑将加大欧盟整体在实现零碳目标上的动作力度，在国家和行业竞争中起到一定的推动作用。

2.1 区域概述

英国退出欧盟后，欧盟只有 27 个国家，其碳排放占全球的 8.61%（BP，2019），能源占 10.44%（BP，2019），人口占 5.83%（WB，2019），经济总量占全球的 17.77%（WB，2019），成功完成了京都议定书规定的第一承诺期任务，目前已经比 1990 年减排 21.54%（BP，2019）。

尽管遭遇了主权债务、难民安置、英国脱欧、民粹主义等诸多难题，但欧盟一直试图获取全球气候治理的领导权和话语权，这与欧盟近 40 年来的经济、政治、外交政策息息相关。

[①] European Parliament.EU Climate Law：MEPs confirm deal on climate neutrality by 2050［EB/OL］.［2021-06-25］. https：//www.europarl.europa.eu/news/en/press-room/20210621IPR06627/eu-climate-law-meps-confirm-deal-on-climate-neutrality-by-2050.

2.1.1 欧盟经济发展现状及对世界的影响

欧盟是根据1992年签署的《欧洲联盟条约》（也称《马斯特里赫特条约》）所建立的国际组织，现拥有27个成员国。规范欧盟的条约经过多次修订，目前欧盟是依照2009年生效的《里斯本条约》运作的，政治上所有成员国均为民主制的国家，经济上为全球第一大经济实体（其中法国、意大利、德国为八国集团成员），军事上绝大多数欧盟成员国为北大西洋公约组织成员。

自1951年法国、意大利、荷兰、比利时、卢森堡、联邦德国6国成立欧洲煤钢共同体以来，经过欧洲经济共同体和欧洲原子能共同体、《布鲁塞尔条约》、《申根条约》、《马斯特里赫特条约》以及四次扩张，1995年达到15国，即通常所称的欧盟15国，之后又经过2004年、2007年、2013年的三次扩张，以及英国的脱欧，形成如今的欧盟（见表2-1）。欧盟已经演变成一个经济和政治联盟，成为国际上最强大的地区性国际组织。

表2-1 欧盟的发展历程

年份	国家	事件	影响
1951	法国、意大利、荷兰、比利时、卢森堡、联邦德国	成立欧洲煤钢共同体	6国合作推动煤和钢铁销售
1958	6国	欧洲经济共同体和欧洲原子能共同体	创造共同市场，取消成员国间的关税，促进成员国间劳动力、商品、资金、服务的自由流通
1965	6国	《布鲁塞尔条约》	将欧洲煤钢共同体、欧洲原子能共同体和欧洲经济共同体统一起来，统称欧洲共同体
1973	丹麦、爱尔兰、英国	加入欧共体	成员国增至9个
1985	希腊	加入欧共体	成员国增至10个
1986	葡萄牙、西班牙	加入欧共体	成员国增至12个

续表

年份	国家	事件	影响
1990	12国	签订《申根条约》	消除过境关卡限制，使成员国间无国界
1992	12国	签订《马斯特里赫特条约》	设立理事会、委员会、议会，逐步由区域性经济共同开发转型为区域政经整合的发展
1993	12国	《马斯特里赫特条约》生效	三大共同体纳入欧洲联盟，并共同发展外交及安全政策，加强司法及内政事务上的合作
1995	奥地利、芬兰和瑞典	加入欧盟	欧盟增至15国
2004	波兰、立陶宛、拉脱维亚、爱沙尼亚、捷克、斯洛伐克、匈牙利、斯洛文尼亚、马耳他、塞浦路斯	加入欧盟	欧盟增至25国
2007	罗马尼亚、保加利亚	加入欧盟	欧盟增至27国
2007	27国	《里斯本条约》	加入《欧盟基本权利宪章》，增加欧盟的民主性，规范欧盟运行
2013	克罗地亚	加入欧盟	欧盟增至28国
2016.6.23	英国	脱欧公投	通过
2017.3.16	英国	女王批准	启动脱欧程序
2018.11.13	英国、欧盟	达成脱欧协议	等待脱欧协议在英国生效
2019.4.10	英国、欧盟	英国与欧盟就脱欧协议延期达成一致	推迟原定英国脱欧日期至2019年10月31日
2019.10.17	英国、欧盟	欧盟与英国达成新的脱欧协议	达成的协议中涉及北爱尔兰边界问题、备受争议的"备份安排"被删除
2019.10.28	欧盟	欧盟通过英国申请	脱欧日期延至2020年1月31日
2019.12.9	英国	提前大选，约翰逊的保守党政府获得大胜	英国脱欧日趋明朗化
2020.1.31	英国、欧盟	英国脱离欧盟获得通过	英国正式离开欧盟

资料来源：根据网络资料整理.

欧盟是当今世界上一体化程度最高的地区性政治和经济组织，欧盟各成员国之所以能达成一个整体，有其特定的历史、地理及社会文化等方面的原因。欧盟各成员国有着相似的历史和社会文化背景，各个国家受到地理因素、经济、社会等方面的影响，独自发展都难以形成巨大影响力。因此，只有联合起来，才能作为一个整体对抗超级大国，对世界产生更大的影响。

欧盟的经济实力已与美国相当。而随着欧盟的扩大，欧盟的经济实力将进一步加强，尤其重要的是，欧盟不仅因为新加入国家正处于经济起飞阶段而拥有更大的市场规模与市场容量，而且作为世界上最大的资本输出的国家集团和商品与服务出口的国家集团，再加上相对包容的对外技术交流与发展合作政策，对世界其他地区的经济发展特别是包括中国在内的发展中国家至关重要。

2009年，受欧洲主权债务危机的影响，希腊、西班牙、葡萄牙、爱尔兰等欧盟国家遭遇严重的债务危机，引起欧元区连锁反应，2016年6月23日，英国脱欧公投获得通过，脱欧进程迁延三年半，可谓旷日持久、一波三折，英国政局也随之陷入第二次世界大战后最严重的动荡时期。其间，两任保守党首相戴维·卡梅伦和特蕾莎·梅均因脱欧问题黯然下台，议会数次否决政府提交的脱欧协议并两度遭到解散，脱欧截止日期三次被推迟。2019年10月，欧盟与英国达成新的脱欧协议，并同意将脱欧日期延至2020年1月31日。

2020年1月31日，英国正式离开欧盟，结束其47年的欧盟成员国身份，并自2月1日起进入为期11个月的"脱欧"过渡期。根据"脱欧"协议的规定，英国至2020年12月31日可以与欧盟保持原有的贸易与旅游关系，但双方在过渡期间需继续针对未来关系、贸易协定等事宜展开谈判。

当前，世界经济复苏乏力，困难和风险增加，加之难民潮、地区冲突等国际安全问题和收入差距扩大、失业等经济社会问题，国际上出现了质疑甚至反对全球化的声音和行为。

全球化进程导致西方出现了全球化赢家与输家之间的结构性对立。如果把全球化视为一种现代化进程，那么"现代化输家"理论总体上可以解释"逆全球化"思潮出现和涌动的原因。所谓"现代化输家",是指在西方经济、社会、文化与政治持续变迁过程中出现的,不能适应现代化进程,地位与声誉受到影响并遭受社会排斥的收入低、受教育程度低的群体。这个群体表现出反全球化和反精英的态度。

但是,经济全球化是不可逆转的世界发展潮流,不能因经济全球化带来的问题,就否定经济全球化。从长远来看,欧洲地区的全球化趋势仍是不可避免的,随着欧洲走出金融危机的泥潭,欧盟将回到正确的轨道。

（1）人口

19世纪法国哲学家、社会学家和数学家孔德有一句名言:"人口就是一个国家的命运。"大国的兴衰和人口的变化息息相关。美国用了200多年的时间,从一个蛮荒之地崛起为当今的世界超级大国,最关键的一个因素就是它的人口增长了50多倍。法国在现代欧洲争夺霸权,每每败在德国手下,原因之一还是人口。19世纪初,法德两国的人口比率是11：10。到19世纪末,则变成了10：15。20世纪60年代到80年代,日本的经济增长超过所有西方国家,1968年成为世界第二大经济体,1986年人均GDP超过美国。原因之一是日本人口比西方国家年轻。但是,1990年日本经济迅速衰落,至今依然一蹶不振,一大原因就是其人口迅速老化。

人口是衡量一个国家综合国力的重要指标。据2016年欧盟统计局官方数据,截至2015年1月,欧盟人口总数达到5.08亿,占全球人口约7%,全球范围内仅次于中国和印度,居世界第三位。同时欧盟统计局公布的数据显示,2018年欧盟28国人口总数为5.1328亿（如图2-1所示）。

20世纪70年代中后期至今,欧盟人口增长缓慢,尤其是近26年来,欧盟总人口只增加了约7%,年均增长率只有2.6‰,远低于世界平均增速。同期,欧盟的预期寿命持续增加,2004—2014年,欧盟65岁以上人口增加了2.1%,占总人口的比重由16.4%增加到了18.5%,此外,欧盟人口平均年龄增加了3岁。

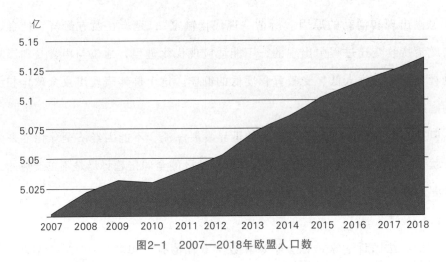

图2-1　2007—2018年欧盟人口数

资料来源：欧盟统计局.

如图 2-2 所示，据欧盟统计局估算，截至 2080 年，欧盟 65 岁以上的人口将达到令人震惊的 28.7%，其中 80 岁以上人口将达到 12.3%。这一结论，恐怕将改变目前 65 岁人口占总人口 7% 以上即为老龄化社会的认识。

欧盟将在未来的几十年中面对一系列老龄化社会的冲击与挑战，包括劳动力市场、养老金和医疗、住房和社会服务。

德、法、英、意、西、波六国 2018 年人口总量分别达到 8 279 万、6 693 万、6 717 万、6 048 万、4 666 万和 3 798 万，占欧盟总人口比重分别为 16.16%、13.06%、12.93%、11.80%、9.11% 和 7.41%，合计占欧盟总人口的 70.47%，是欧盟成员国中重要的成员。

（2）国内生产总值

国内生产总值（GDP）是衡量一国经济整体规模的最常用指标，而其衍生的指标（如人均国内生产总值）被广泛应用于比较一定区域内人民生活水平和经济发展程度。

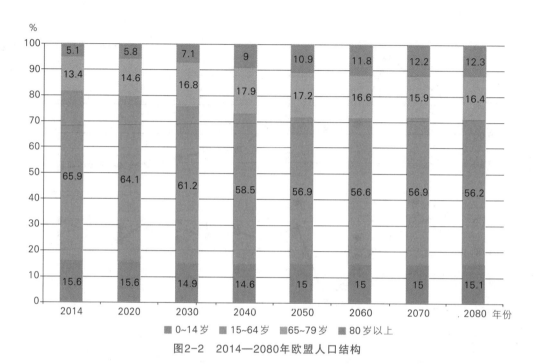

图2-2　2014—2080年欧盟人口结构

资料来源：欧盟统计局.

①GDP总量。受2008年全球金融危机影响，欧盟28国经济大幅减缓，2009—2014年年均GDP增速仅为1.11%，低于同期全球3.09%的平均增速，甚至在2009年及2012年出现了负增长的情况，2015—2018年，欧盟28国经济有所复苏，GDP年均增速提升至2.25%，如图2-3所示。

受欧债危机的深度影响，2018年欧盟GDP增速放缓，而美国GDP迎来新一轮的高速增长，2018年欧盟GDP为18.77万亿美元，低于美国的20.54万亿美元，居世界第二位（美元现价），全球占比也下滑到21.85%，同期美国GDP全球占比上升到23.91%。中国GDP达到13.61万亿美元，经济持续稳定增长，全球占比达到15.84%，继续成为美欧后全球第三大经济体，并且与美欧的差距在逐渐缩小。日本和德国分别以5.79%和4.60%位居第四和第五位（见表2-2）。

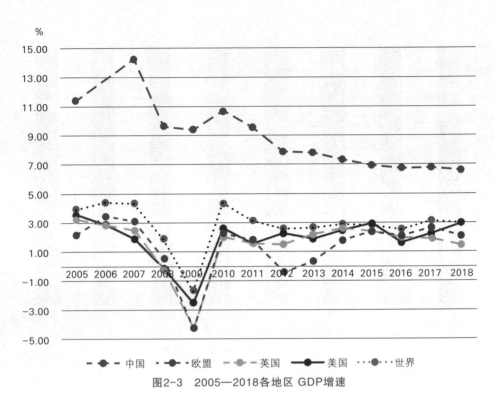

图2-3　2005—2018各地区 GDP增速

资料来源：世界银行.

表2-2　　　　　　　　1990—2018年世界各地区GDP（现价美元）　　　　金额单位：万亿美元

地区	1990	1995	2000	2005	2010	2015	2016	2017	2018	2018占比
欧盟	7.58	9.52	8.82	14.33	16.95	16.45	16.55	17.34	18.77	21.85%
美国	5.98	7.66	10.28	13.09	14.96	18.22	18.71	19.49	20.54	23.91%
日本	3.10	5.33	4.73	4.57	5.50	4.39	4.95	4.87	4.97	5.79%
德国	1.76	2.59	1.95	2.86	3.42	3.38	3.50	3.69	3.95	4.60%
法国	1.28	1.61	1.37	2.20	2.65	2.44	2.47	2.58	2.78	3.24%
英国	1.09	1.24	1.55	2.42	2.40	2.90	2.66	2.64	2.86	3.33%
俄罗斯	0.52	0.40	0.26	0.76	1.52	1.36	1.28	1.58	1.66	1.93%
澳大利亚	0.31	0.37	0.41	0.69	1.14	1.35	1.21	1.32	1.43	1.66%
加拿大	0.59	0.60	0.74	1.16	1.61	1.55	1.53	1.65	1.71	1.99%

地区	1990	1995	2000	2005	2010	2015	2016	2017	2018	2018占比
韩国	0.28	0.56	0.56	0.90	1.09	1.38	1.41	1.53	1.62	1.89%
OECD	18.68	25.20	27.11	36.98	44.29	46.87	47.79	49.78	52.68	61.32%
巴西	0.46	0.79	0.66	0.89	2.21	1.80	1.80	2.05	1.87	2.18%
印度	0.33	0.37	0.48	0.83	1.71	2.10	2.29	2.65	2.72	3.17%
中国	0.36	0.73	1.21	2.27	6.04	11.06	11.19	12.24	13.61	15.84%
最不发达国家	0.15	0.15	0.20	0.33	0.64	0.96	0.96	1.08	1.06	1.23%

资料来源：世界银行.

②人均 GDP。欧盟内部成员国发展水平呈现差异。如表 2-3 所示，2018 年，按购买力计算，欧盟 28 国人均 GDP 为 3.09 万欧元，低于欧盟 15 国人均 GDP 的 3.60 万欧元，西欧经济发展水平普遍领先东欧及南欧。人均 GDP 最低的保加利亚只有 0.78 万欧元，处于发展中国家水平，而最高的卢森堡则高达 9.82 万欧元，是世界上最富裕的国家之一。

表 2-3 　　　　　　　　　　2018 年欧盟 28 国人口及 GDP 情况

国家	入盟年份	面积（万平方千米）	人口（万人）	占比	GDP（亿欧元）	占比	人均GDP（万欧元）
EU-28	2013	450.34	51 328	100.00%	158 840	100.00%	3.09
EU-27 [1]	2020	425.93	44 611	87.07%	134 903	84.93%	3.02
EU-15	1995	335.89	40 208	78.47%	144 698	91.10%	3.60
比利时	1952	3.05	1 140	2.22%	4 505	2.84%	3.95
保加利亚	2007	11.09	705	1.38%	552	0.35%	0.78
捷克	2004	7.89	1 061	2.07%	2 068	1.30%	1.95
丹麦	1973	4.31	578	1.13%	2 976	1.87%	5.15
德国	1952	35.70	8 279	16.16%	33 860	21.32%	4.09

续表

国家	入盟年份	面积（万平方千米）	人口（万人）	占比	GDP（亿欧元）	占比	人均GDP（万欧元）
爱沙尼亚	2004	4.52	132	0.26%	257	0.16%	1.95
爱尔兰	1973	7.09	483	0.94%	3 185	2.00%	6.59
希腊	1981	13.20	1 074	2.10%	1 847	1.16%	1.72
西班牙	1986	50.51	4 666	9.11%	12 082	7.61%	2.59
法国	1952	67.28	6 693	13.06%	23 531	14.81%	3.52
克罗地亚	2013	5.66	411	0.80%	515	0.32%	1.25 [2]
意大利	1952	30.13	6 048	11.80%	17 570	11.06%	2.91
塞浦路斯	2004	0.93	86	0.17%	207	0.13%	2.41
拉脱维亚	2004	6.46	193	0.38%	295	0.19%	1.53
立陶宛	2004	6.53	281	0.55%	451	0.28%	1.60
卢森堡	1952	0.26	60	0.12%	589	0.37%	9.82
匈牙利	2004	9.30	978	1.91%	1 319	0.83%	1.35
马耳他	2004	0.03	48	0.09%	123	0.08%	2.56
荷兰	1952	3.55	1 718	3.35%	7 734	4.87%	4.50
奥地利	1995	8.39	882	1.72%	3 861	2.43%	4.38
波兰	2004	31.27	3 798	7.41%	4 965	3.13%	1.31
葡萄牙	1986	9.19	1 029	2.01%	2 016	1.27%	1.96
罗马尼亚	2007	23.84	1 953	3.81%	2 029	1.28%	1.04
斯洛文尼亚	2004	2.03	207	0.40%	459	0.29%	2.22
斯洛伐克	2004	4.90	544	1.06%	902	0.57%	1.66
芬兰	1995	33.82	551	1.08%	2 336	1.47%	4.24
瑞典	1995	45.00	1 012	1.98%	4 669	2.94%	4.61
英国	1973	24.41	6 717	12.93%	23 937	15.07%	3.56

[1] 不含英国；[2] 此为克罗地亚2017年数据。

资料来源：欧盟统计局.

（3）对外贸易

欧盟是全球主要的经济体，进出口总额一直位居世界前列，仅次于美国和中国，是世界第二大进口国和出口国。近年来，受到经济发展瓶颈和发展中国家对外贸易蓬勃发展的双重影响，欧盟对外贸易进口总额占比呈现下降趋势。已经由2009年的18.1%下降到了2018年的15.2%，同期，欧盟出口总额由16.8%下滑到15.6%（见表2-4和表2-5）。

表2-4　　　　　　　　　主要经济体进口总额全球比重　　　　　　单位：%

	2009	2010	2011	2012	2013	2014	2015	2016	2017	2018
欧盟（28个国家）	18.1	17.0	16.9	15.7	15.1	15.1	14.7	15.0	15.1	15.2
俄罗斯	1.8	1.9	2.2	2.2	2.1	1.9	1.4	1.6	1.9	1.6
加拿大	3.4	3.3	3.2	3.1	3.1	3.1	3.2	3.2	3.1	3.0
美国	16.8	16.5	15.9	15.9	15.6	16.2	17.7	17.9	17.3	17.0
墨西哥	2.5	2.5	2.5	2.5	2.6	2.7	3.0	3.1	3.0	3.0
巴西	1.3	1.5	1.6	1.5	1.6	1.5	1.3	1.1	1.1	1.2
中国	10.5	11.7	12.3	12.4	13.1	13.2	12.9	12.6	13.2	13.9
日本	5.8	5.8	6.0	6.0	5.6	5.5	4.8	4.8	4.8	4.9
韩国	3.4	3.6	3.7	3.5	3.5	3.5	3.3	3.2	3.4	3.5
印度	2.8	2.9	3.3	3.3	3.1	3.1	3.0	2.8	3.2	3.3
新加坡	2.6	2.6	2.6	2.6	2.6	2.5	2.4	2.3	2.4	2.4

资料来源：欧盟统计局.

表2-5   主要经济体出口总额全球比重   单位: %

	2009	2010	2011	2012	2013	2014	2015	2016	2017	2018
欧盟（28个国家）	16.8	15.5	15.5	15.1	15.8	15.5	15.6	15.9	15.8	15.6
俄罗斯	3.3	3.4	3.7	3.7	3.6	3.4	2.7	2.5	2.8	3.0
加拿大	3.5	3.3	3.2	3.2	3.1	3.3	3.2	3.2	3.1	3.0
美国	11.6	11.1	10.6	10.8	10.8	11.1	11.8	12.0	11.5	11.2
墨西哥	2.5	2.6	2.5	2.6	2.6	2.7	3.0	3.1	3.1	3.0
巴西	1.7	1.7	1.8	1.7	1.7	1.5	1.5	1.5	1.6	1.6
中国	13.2	13.7	13.6	14.3	15.1	16.0	17.9	17.3	16.9	16.8
日本	6.4	6.7	5.9	5.6	4.9	4.7	4.9	5.3	5.2	5.0
韩国	4.0	4.0	4.0	3.8	3.8	3.9	4.1	4.1	4.3	4.1
印度	1.9	1.9	2.2	2.0	2.3	2.2	2.1	2.1	2.2	2.2
新加坡	3.0	3.1	3.0	2.9	2.9	2.8	2.8	2.8	2.8	2.8

资料来源: 欧盟统计局.

截至2018年，美国仍然是欧盟最大的贸易伙伴，占欧盟对外贸易总额的17.2%，即6 753亿欧元；中国与欧盟的贸易额占第二位，比例为15.4%，即6 046亿欧元。2004—2018年，美国与欧盟的贸易额比重下降了3%，同期中国与欧盟的这一数额增长了6.55%。中国在2020年首次超越美国，成为欧盟最大的贸易伙伴。

根据中国海关总署的统计，2019年前11个月，欧盟仍为我国第一大贸易伙伴，中欧贸易总值达4.4万亿元，增长7.7%；东盟紧随其后，中国与东盟贸易总值达3.98万亿元，中国与东盟贸易增速达12.7%；中美贸易总值跌至3.4万亿元，较2018年同期下降了11.1%。

作为欧盟最大进口国，2018年，中国占欧盟进口总额的20.0%，美国位居第二，仅占13.6%（见表2-6）。2018年，欧盟向美国出口的"欧洲制造"产品占欧盟出口总额的20.8%，而欧盟向中国出口比例仅占10.8%（见表2-7）。尽管中国目前面临挑战，但中国与欧盟的外贸总量与2002年相比仍然翻了一番。值得注意的是，俄罗斯受到油价下跌和欧盟经济制裁的影响，与欧盟之间的外贸总额大幅度萎缩。

表2-6　　　　　　　　　　欧盟主要贸易伙伴（进口）　　　　　　　　单位：%

	2004	2010	2011	2012	2013	2014	2015	2016	2017	2018
美国	15.5	11.3	11.1	11.5	11.8	12.4	14.4	14.6	13.9	13.6
中国	12.6	18.6	17.1	16.3	16.6	17.9	20.3	20.6	20.2	20.0
俄罗斯	8.3	10.6	11.7	12	12.3	10.8	7.9	7.0	7.8	8.5
瑞士	6.1	5.6	5.4	5.9	5.6	5.7	5.9	7.1	6.0	5.5
挪威	5.4	5.2	5.5	5.5	5.3	5	4.3	3.7	4.0	4.2
土耳其	3.2	2.8	2.8	2.7	3	3.2	3.6	3.9	3.8	3.8
日本	7.3	4.4	4.1	3.6	3.4	3.3	3.5	3.9	3.7	3.5
韩国	3	2.6	2.1	2.1	2.1	2.3	2.5	2.4	2.7	2.5
巴西	2.1	2.2	2.3	2.1	2	1.8	1.8	1.7	1.7	1.6
印度	1.6	2.2	2.3	2.1	2.2	2.2	2.3	2.3	2.4	2.3
沙特阿拉伯	1.6	1.1	1.6	1.9	1.8	1.7	1.2	1.1	1.2	1.5
加拿大	1.6	1.6	1.8	1.7	1.6	1.6	1.6	1.7	1.6	1.6
阿尔及利亚	1.5	1.4	1.6	1.8	1.9	1.7	1.2	1.0	1.0	1.1
阿联酋	0.5	0.4	0.5	0.5	0.5	0.5	0.5	0.5	0.5	0.5
新加坡	1.6	1.2	1.1	1.2	1	1	1.1	1.1	1.1	1.1
墨西哥	0.7	0.9	1	1.1	1	1.1	1.1	1.2	1.3	1.3
澳大利亚	0.9	0.8	0.9	0.8	0.6	0.5	0.6	0.8	0.7	0.6
尼日利亚	0.5	0.9	1.4	1.8	1.7	1.7	1.1	0.6	0.8	1.2
南非	1.5	1.3	1.3	1.1	0.9	1.1	1.1	1.3	1.2	1.2

资料来源：欧盟统计局.

表2-7 欧盟主要贸易伙伴（出口） 单位：%

	2004	2010	2011	2012	2013	2014	2015	2016	2017	2018
美国	24.9	17.9	17	17.4	16.7	18.3	20.7	20.8	20.0	20.8
中国	5.1	8.4	8.8	8.6	8.5	9.7	9.5	9.7	10.5	10.8
俄罗斯	4.9	6.4	7	7.3	6.9	6.1	4.1	4.1	4.6	4.3
瑞士	8	8.2	9.1	7.9	9.7	8.2	8.4	8.1	8.0	8.0
挪威	3.3	3.1	3	3	2.9	2.9	2.7	2.8	2.7	2.8
土耳其	4.3	4.6	4.7	4.5	4.5	4.4	4.4	4.5	4.5	3.9
日本	4.6	3.3	3.2	3.3	3.1	3.1	3.2	3.3	3.2	3.3
韩国	1.9	2.1	2.1	2.2	2.3	2.5	2.7	2.5	2.7	2.6
巴西	1.5	2.3	2.3	2.4	2.3	2.2	1.9	1.8	1.7	1.7
印度	1.8	2.6	2.6	2.3	2.1	2.1	2.1	2.2	2.2	2.3
沙特阿拉伯	1.3	1.7	1.7	1.8	1.9	2.1	2.2	1.9	1.8	1.6
加拿大	2.3	2	1.9	1.9	1.8	1.9	2	2.0	2.0	2.1
阿尔及利亚	1	1.2	1.1	1.3	1.3	1.4	1.2	1.2	1.0	1.0
阿联酋	2	2.1	2.1	2.2	2.6	2.5	2.7	2.6	2.3	1.9
新加坡	1.7	1.8	1.8	1.8	1.7	1.7	1.7	1.8	1.8	1.9
墨西哥	1.6	1.6	1.5	1.7	1.6	1.7	1.9	1.9	1.9	2.0
澳大利亚	2.1	2	2	2	1.8	1.7	1.8	1.9	1.8	1.8
尼日利亚	0.6	0.8	0.8	0.7	0.7	0.7	0.6	0.5	0.5	0.6

资料来源：欧盟统计局.

从内部贸易结构来看，德国是欧盟内部最大的经济体，也是欧盟内部最大的对外贸易主体，2018年德国对外贸易进出口分别占欧盟总额的18.4%和27.7%，法国、英国、荷兰、比利时和意大利等国家也是欧盟内部重要的外贸平台，如表2-8和表2-9所示。

表2-8　　　　　　　　　　欧盟内部进口总额分布　　　　　　　　单位：%

	2009	2010	2011	2012	2013	2014	2015	2016	2017	2018
欧盟	100	100	100	100	100	100	100	100	100	100
比利时	6.1	6.0	6.3	6.2	6.8	7.1	7.3	7.3	6.9	6.9
保加利亚	0.5	0.5	0.5	0.6	0.6	0.6	0.5	0.5	0.6	0.6
捷克	1.3	1.6	1.6	1.5	1.5	1.6	1.7	1.6	1.7	1.9
丹麦	1.4	1.2	1.2	1.2	1.3	1.4	1.4	1.3	1.3	1.3
德国	19.0	19.1	19.0	18.2	18.6	18.6	18.9	18.8	18.7	18.4
爱沙尼亚	0.1	0.1	0.2	0.2	0.1	0.1	0.1	0.1	0.2	0.2
爱尔兰	1.3	1.1	1.0	1.1	1.1	1.2	1.4	1.5	1.5	1.7
希腊	1.8	1.5	1.3	1.4	1.4	1.4	1.1	1.1	1.2	1.3
西班牙	6.4	6.6	6.7	6.7	6.8	6.8	6.4	6.3	6.8	6.9
法国	10.0	9.5	9.8	9.6	9.8	9.6	9.2	9.0	9.0	8.9
克罗地亚	0.5	0.4	0.4	0.3	0.3	0.2	0.2	0.3	0.3	0.3
意大利	10.1	10.8	10.7	9.9	9.5	9.1	8.9	8.5	8.6	8.9
塞浦路斯	0.1	0.1	0.1	0.1	0.1	0.1	0.1	0.1	0.2	0.2
拉脱维亚	0.1	0.1	0.2	0.2	0.2	0.2	0.2	0.1	0.2	0.2
立陶宛	0.4	0.5	0.6	0.6	0.6	0.5	0.5	0.4	0.5	0.5
卢森堡	0.4	0.2	0.2	0.3	0.3	0.2	0.3	0.3	0.2	0.1
匈牙利	1.4	1.4	1.3	1.2	1.3	1.2	1.1	1.1	1.2	1.3
马耳他	0.1	0.1	0.1	0.1	0.1	0.1	0.1	0.2	0.1	0.1
荷兰	13.1	13.4	13.2	13.9	14.1	14.2	14.5	14.1	14.8	15.0
奥地利	1.8	1.7	1.8	1.8	1.9	1.9	1.9	1.8	1.9	1.9
波兰	2.4	2.6	2.6	2.8	2.9	3.0	3.0	2.9	3.2	3.4
葡萄牙	0.9	0.9	0.9	0.9	0.9	0.9	0.8	0.8	0.9	0.9
罗马尼亚	0.8	0.8	0.9	0.8	0.8	0.9	0.8	0.9	1.0	1.1
斯洛文尼亚	0.4	0.4	0.4	0.4	0.4	0.5	0.5	0.5	0.5	0.6
斯洛伐克	0.8	0.9	0.9	0.9	0.9	0.9	0.8	0.8	0.8	0.8
芬兰	1.2	1.2	1.3	1.2	1.2	1.1	0.9	0.9	1.0	1.0
瑞典	2.2	2.4	2.3	2.3	2.2	2.3	2.2	2.2	2.1	2.2
英国	15.2	14.8	14.6	15.8	14.2	14.5	15.2	16.7	14.8	13.6

资料来源：欧盟统计局.

表2-9　　　　　　　　　　　　　欧盟内部出口总额分布　　　　　　　　单位：%

	2009	2010	2011	2012	2013	2014	2015	2016	2017	2018
欧盟	100.0	100.0	100.0	100.0	100.0	100.0	100.0	100.0	100.0	100.0
比利时	5.9	6.1	6.2	6.2	6.1	6.1	5.7	5.8	5.6	5.5
保加利亚	0.4	0.4	0.5	0.5	0.5	0.5	0.4	0.5	0.5	0.5
捷克	1.1	1.2	1.3	1.4	1.3	1.4	1.3	1.4	1.4	1.4
丹麦	2.0	1.8	1.8	1.8	1.7	1.8	1.9	1.9	1.8	1.8
德国	27.4	27.8	27.6	27.9	27.0	28.0	28.1	28.6	28.3	27.7
爱沙尼亚	0.2	0.2	0.3	0.3	0.2	0.2	0.2	0.2	0.2	0.2
爱尔兰	2.9	2.8	2.5	2.2	2.2	2.4	2.9	3.4	3.2	3.6
希腊	0.7	0.7	0.7	0.9	0.8	0.8	0.7	0.6	0.7	0.8
西班牙	4.5	4.4	4.7	5.0	5.1	5.2	5.0	5.0	5.1	5.0
法国	11.9	11.4	10.7	10.8	10.2	10.2	10.5	10.5	10.4	10.3
克罗地亚	0.3	0.3	0.2	0.2	0.2	0.2	0.2	0.2	0.3	0.2
意大利	11.1	10.5	10.5	10.6	10.4	10.6	10.4	10.5	10.6	10.3
塞浦路斯	0.0	0.0	0.0	0.0	0.0	0.1	0.1	0.1	0.1	0.2
拉脱维亚	0.2	0.2	0.2	0.2	0.2	0.2	0.2	0.2	0.2	0.2
立陶宛	0.4	0.5	0.5	0.5	0.6	0.6	0.5	0.5	0.6	0.6
卢森堡	0.2	0.2	0.2	0.2	0.2	0.1	0.1	0.1	0.1	0.1
匈牙利	1.1	1.1	1.2	1.1	1.0	1.0	0.9	1.0	1.0	1.0
马耳他	0.1	0.1	0.1	0.1	0.1	0.1	0.1	0.1	0.1	0.1
荷兰	7.3	7.3	7.1	7.3	7.1	7.2	7.0	7.1	7.6	8.1
奥地利	2.4	2.4	2.3	2.3	2.3	2.4	2.3	2.3	2.3	2.3
波兰	1.8	1.8	1.9	2.0	2.2	2.2	2.1	2.1	2.2	2.2
葡萄牙	0.7	0.7	0.7	0.8	0.8	0.8	0.8	0.7	0.8	0.7
罗马尼亚	0.7	0.8	0.8	0.8	0.9	0.9	0.8	0.8	0.8	0.8
斯洛文尼亚	0.4	0.4	0.4	0.4	0.4	0.4	0.4	0.4	0.4	0.5
斯洛伐克	0.5	0.6	0.6	0.6	0.6	0.6	0.6	0.6	0.6	0.6
芬兰	1.8	1.8	1.6	1.6	1.4	1.4	1.2	1.2	1.3	1.3
瑞典	3.6	3.8	3.8	3.4	3.1	3.0	2.9	2.9	2.9	2.9
英国	10.5	10.9	11.7	10.9	13.2	11.6	12.9	11.1	10.9	11.1

资料来源：欧盟统计局.

2.1.2 欧盟能源结构、碳排放及产业结构

（1）能源结构

①能源消费总量

自20世纪90年代，欧盟能源消费整体呈现倒"U"形趋势，2018年一次能源消耗量相当于15.52亿吨标油，已降至20世纪90年代水平，比2006年消费高峰时下降了10.4%（如图2-4所示）。

百万吨标油

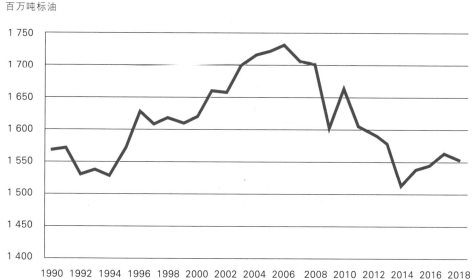

图2-4　欧盟一次能源消费趋势图（1990—2018）

资料来源：欧盟统计局.

2018年欧盟能源结构主要特点如下：

一是煤炭和褐煤在欧盟一次能源消费中的比重从2005年的18.0%下降到2017年的14.4%。2005年以来，欧盟煤炭和褐煤的绝对消费量下降了27%（每年下降2.6%）。煤炭主要用于发电。由于可再生能源发电量的增加、国家政策的出台和能源市场的发展，煤炭的使用有所减少。

二是天然气在欧盟一次能源消费中的份额在2005年为25.0%，2017年为24.4%。2005—2014年，欧盟天然气绝对消费量下降了23.6%（每年下降2.9%）。然而，在2014—2017年期间，天然气消费量再次增长了16.6%（每年增长5.2%）。各种因素影响了燃气电厂的运行，过去燃气电厂是连续运行的（基本负荷），但现在燃气电厂往往在高峰负荷时段更频繁地运行，从而减少了每年的运行时间。在2008年金融危机之后，电力需求停滞不前，用可再生能源（太阳能、风能和水力）生产的电力迅速增加，煤炭相对于天然气的低价格与欧盟碳排放交易体系中的低碳价相结合，使得燃气发电厂失去了竞争力。然而，自2015年以来，由于电力生产的碳定价提高（法国和英国）和不断上涨的煤炭价格，燃气发电厂恢复了原有的竞争力。

三是石油在欧盟一次能源消费中的比重从2005年的33.9%下降到2017年的31.6%。2005年以来，欧盟石油的绝对消费量下降了15%（每年下降1.3%）。造成下降的因素有运输部门生物燃料使用量的增加、2005—2017年某些时期的高油价、经济衰退和汽车能效的提高，还有部分原因是欧盟对汽车二氧化碳排放的规定。然而，2014—2017年，欧盟石油消费呈现增长趋势，可能是受到经济复苏的影响。

四是欧盟一次能源中的核能占比，由2005年的15%减少到2017年的13.4%，受到德国核电站关闭的影响，2005年以来，欧盟核能的绝对量下降了18%（年均下降1.7%）。

五是可再生能源在欧盟一次能源消费中的比重翻了一番多，从2005年的7.2%上升到2017年的14.8%，呈稳步上升趋势。2005年以来，欧盟可再生能源的绝对消耗量增长了78%（每年增长5.5%）。促进可再生能源使用的国家和欧洲政策刺激了这一增长，这些政策包括上网电价和保费、发电商的义务以及在运输燃料中使用可再生能源的义务。

欧盟2018年能源进口依存度为55.7%。进口依存度较高的国家包括马耳他、卢森堡、塞浦路斯和比利时，依存度较低的国家有爱沙尼亚、丹麦、罗马尼亚和瑞典等。五大能源消费国的依存度中，英国为35.5%，法国为46.6%，德国为63.6%，西班牙为73.3%，意大利为76.3%。德国是欧盟能源生产第一大国，其次是法国、英国、意大利和西班牙。这五大能源生产国能源产量占欧盟总产量的近2/3（62.5%，2018年）。各成员国能源消费种类差异较大。法国（80.9%）和比利时（75.2%）主要消费核能，德国52.3%的消费是石油，荷兰88.7%的消费是天然气，爱沙尼亚、波兰、希腊消费中70%是固体燃料，塞浦路斯、马耳他、葡萄牙和拉脱维亚的消费几乎全部是可再生能源。2018年，欧盟一次能源消费总量为15.52亿吨标油，相比2009年下降了3.0%，能耗的下降并非由于欧盟能源结构的改变，而是受到金融危机的影响。实际上，2010年欧盟能源消费量曾出现过3.8%的反弹，随后的2011年这一数据又下降到3.6%。2012—2018年，欧盟能耗量呈现小幅度振荡下降的趋势。

各成员国中，2018年德国一次能源消耗量约为2.92亿吨标油，占欧盟能耗量的18.8%，是欧盟成员国中能耗量最大的国家。法国、英国、意大利和西班牙居于2到5位，占比分别为15.4%、11.4%、9.5%和8.0%，欧盟能耗前5位的国家占欧盟总能耗量的63.1%（见表2-10）。

表2-10　　　　　　1990—2018年欧盟成员国能源消费总量及比重　数量单位：百万吨标油

	1990	2000	2010	2015	2017	2018	1990—2018年变化	2018年占EU-28的比例
比利时	45.63	52.44	54.14	46.06	49.09	46.84	2.7%	3.0%
保加利亚	26.77	17.65	17.40	17.96	18.34	18.36	−31.4%	1.2%
捷克	48.21	39.13	42.66	39.74	40.35	40.39	−16.2%	2.6%
丹麦	17.64	19.12	20.02	16.92	17.85	17.96	1.8%	1.2%
德国	332.63	317.13	315.15	295.93	298.12	291.75	−12.3%	18.8%
爱沙尼亚	9.35	4.56	5.58	5.33	5.65	6.17	−34.0%	0.4%
爱尔兰	9.64	13.69	14.70	13.92	14.39	14.54	50.8%	0.9%
希腊	21.53	27.07	27.11	23.23	23.12	22.42	4.1%	1.4%

续表

	1990	2000	2010	2015	2017	2018	1990—2018年变化	2018年占EU-28的比例
西班牙	82.56	115.01	123.34	118.60	125.79	124.63	51.0%	8.0%
法国	213.04	239.78	254.45	244.40	239.15	238.91	12.1%	15.4%
克罗地亚	8.93	7.79	8.86	7.96	8.33	8.18	−8.4%	0.5%
意大利	137.71	166.11	167.28	149.12	148.95	147.24	6.9%	9.5%
塞浦路斯	1.59	2.34	2.68	2.28	2.53	2.55	60.4%	0.2%
拉脱维亚	7.87	3.79	4.56	4.27	4.47	4.69	−40.4%	0.3%
立陶宛	15.34	6.54	6.17	5.79	6.16	6.33	−58.7%	0.4%
卢森堡	3.49	3.60	4.61	4.14	4.29	4.46	27.8%	0.3%
匈牙利	27.40	23.64	24.62	23.30	24.50	24.49	−10.6%	1.6%
马耳他	0.76	0.81	0.93	0.75	0.81	0.82	7.9%	0.1%
荷兰	58.50	66.94	71.72	63.74	65.08	64.71	10.6%	4.2%
奥地利	23.70	27.49	32.86	31.62	32.81	31.80	34.2%	2.0%
波兰	99.13	84.85	96.56	90.06	99.16	101.06	1.9%	6.5%
葡萄牙	15.12	22.96	22.64	21.64	22.82	22.64	49.7%	1.5%
罗马尼亚	62.36	34.87	32.97	30.73	32.37	32.48	−47.9%	2.1%
斯洛文尼亚	5.72	6.21	7.00	6.32	6.73	6.67	16.6%	0.4%
斯洛伐克	19.66	16.35	16.66	15.22	16.15	15.79	−19.7%	1.0%
芬兰	27.20	31.62	35.50	31.15	32.09	32.99	21.3%	2.1%
瑞典	45.41	45.96	48.59	44.32	46.45	46.78	3.0%	3.0%
英国	201.15	221.96	205.09	183.11	176.87	176.27	−12.4%	11.4%
EU-28	1 568.03	1 619.41	1 663.86	1 537.61	1 562.40	1 551.92	−1.0%	100%
EU-27[1]	1 366.89	1 397.45	1 458.77	1 354.50	1 385.53	1 375.66	0.6%	88.6%

注：[1] EU-27不包括英国。

资料来源：欧盟统计局.

每一个欧盟成员国的总消费量在很大程度上取决于其能源系统的结构、生产主要能源的自然资源可用性，以及每个经济体的结构和发展。

②能源强度

能源强度是衡量一个经济体能源效率的指标之一。2018年欧盟28国平均能源强度为162.55千克标油/千欧。如图2-5所示，各成员国中，能源强度最低的是爱尔兰、丹麦、英国和卢森堡，分别为53.19千克标油/千欧、68.11千克标油/千欧、86.44千克标油/千欧和88.93千克标油/千欧。这些国家在维持GDP增长的同时，使用了较少的能源。相反，能源强度最高的国家是保加利亚和爱沙尼亚，分别达到413.53千克标油/千欧和331.01千克标油/千欧。应该指出的是，经济结构对能源强度起到巨大影响，如果工业部门中重工业占的比重大，那么其能源强度必然高。

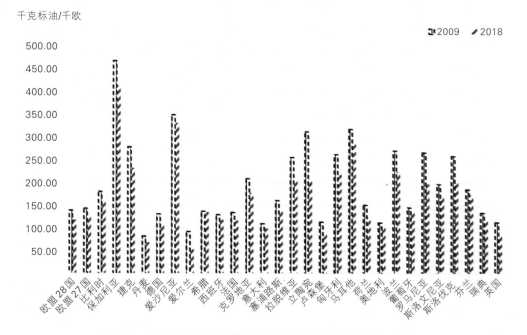

图2-5　2009年和2018年欧盟能源强度对比（千克标油/千欧）

资料来源：欧盟统计局.

③电力生产和消费

2018年欧盟总发电量为297.51万吉瓦，与2009年发电量基本相当。

在各成员国中，2016—2018年电力生产连续三年下降的国家有比利时、西班牙、立陶宛、荷兰和英国。相比之下，成员国中保加利亚、马耳他、捷克、爱尔兰则实现电力生产三年连续增长（见表2-11）。

表2-11　　　　　　　　1990—2018年欧盟电力生产和消费　　　　　　数量单位：千吉瓦

	1990	2000	2010	2015	2016	2017	2018	最大发电设施占比[1]	2018年占比
比利时	68.2	82.3	89.6	59.8	75.3	75.3	62.9	60.66%	2.1%
保加利亚	38.3	39.1	46.4	48.8	44.8	44.9	46.1		1.6%
捷克	55.2	63.0	77.6	74.6	73.9	77.9	79.2	62.20%	2.7%
丹麦	25.4	33.2	36.6	26.1	27.8	28.2	27.3	33.27%	0.9%
德国	466.1	527.6	580.7	598.1	595.6	596.9	588.2	32.20%	19.8%
爱沙尼亚	17.0	8.4	12.9	10.3	11.9	12.8	12.2	82.50%	0.4%
爱尔兰	14.3	23.4	26.4	26.2	28.3	28.6	28.9	43.00%	1.0%
希腊	34.1	52.8	54.9	49.5	52.5	53.3	51.0	58.65%	1.7%
西班牙	147.5	196.0	262.7	247.4	240.7	239.6	236.9	22.50%	8.0%
法国	394.5	524.5	556.5	560.6	545.6	542.5	561.8	79.90%	18.9%
克罗地亚	8.2	10.7	14.4	11.1	12.5	11.6	13.3	86.12%	0.4%
意大利	190.3	274.8	278.2	263.9	271.3	276.0	266.9	19.00%	9.0%
塞浦路斯	2.0	3.4	5.2	4.4	4.8	4.9	4.9	100.00%	0.2%
拉脱维亚	6.5	4.1	6.5	5.3	6.2	7.3	6.5	47.05%	0.2%
立陶宛	28.3	11.3	5.2	4.0	3.4	3.4	2.9	14.20%	0.1%
卢森堡	0.9	1.1	4.4	2.5	1.9	2.0	1.9	17.84%	0.1%
匈牙利	27.5	34.7	36.9	29.6	30.9	31.6	30.4	51.28%	1.0%
马耳他	1.1	1.9	2.1	1.2	0.7	1.5	1.8	61.00%	0.1%

续表

	1990	2000	2010	2015	2016	2017	2018	最大发电设施占比[1]	2018年占比
荷兰	59.9	75.7	95.2	87.5	92.3	92.2	87.8		2.9%
奥地利	43.4	52.8	61.6	575	60.4	63.1	60.6	55.5%	2.0%
波兰	128.2	137.9	149.7	155.6	156.2	158.6	155.2	17.65%	5.2%
葡萄牙	27.1	39.0	46.3	44.1	52.1	51.0	51.3	39.50%	1.7%
罗马尼亚	61.6	50.5	58.3	58.9	58.0	57.3	57.5	23.10%	1.9%
斯洛文尼亚	11.3	13.0	16.0	14.4	15.7	15.6	15.6	48.52%	0.5%
斯洛伐克	23.5	29.6	25.8	23.8	24.0	24.6	23.5	71.39%	0.8%
芬兰	45.7	58.0	69.6	58.6	59.2	57.7	59.6	25.60%	2.0%
瑞典	139.3	141.1	141.9	156.3	150.3	158.0	157.3	42.40%	5.3%
英国	298.5	337.7	340.2	290.9	295.1	290.3	283.6	29.30%	9.5%
欧盟28国	2 363.9	2 827.7	3 101.9	2 971.0	2 991.4	3 006.9	2 975.1		100.0%
欧盟27国	2 065.4	2 490.0	2 761.7	2 680.0	2 696.3	2 716.6	2 691.5		90.5%

注：[1] 英国、奥地利为2013年数据；保加利亚、荷兰无此数据。

资料来源：欧盟统计局.

2018年，在欧盟的电力生产结构中，核电在欧盟电力生产中所占的比重超过1/4，而化石燃料发电占比下降到43.22%；在可再生能源发电中，水电占比最高，为13.36%，风电和太阳能发电占比以12.19%和3.43%排在其后。

④可再生能源

欧盟统计局数据显示，28个欧盟成员国2017年可再生能源在能源消耗总量中占17.5%，其中瑞典、芬兰、意大利、捷克等11国已实现可再生能源目标，其中，瑞典最高，超过50%；卢森堡最低，为6.4%。按照欧盟的目标，可再生能源占能源消耗总量的比例在2020年以前应达到20%。为实现这一目标，欧盟成员国各自设定目标。

2018年，可再生能源电力消费占欧盟总电力消费量的29.2%。来自可再生能源的电力近年来增长迅速，其中风电、太阳能和生物质能尤为重要。

2018年，尽管水电（占总消费量的45.7%）是欧盟可再生能源发电最重要的来源，但2018年之前的10年，这一数字上涨缓慢。相比之下，风电和太阳能发电增长迅猛，远远超过水电的增长率。

（2）碳排放

①欧盟碳排放总量

欧盟作为一个整体，一直居世界排放前列。BP（2019）数据显示，2017年全球碳排放量达到334亿吨二氧化碳当量，其中欧盟二氧化碳排放量占全球总排放量的10.6%，仅落后于中国的27.6%和美国的15.2%，居世界第三位（见表2-12和图2-6）。

表2-12 1990—2017全球及主要经济体二氧化碳排放

数量单位：百万吨二氧化碳当量

地区	1990	1995	2000	2005	2010	2015	2016	2017	占比
美国	5 444.6	5 791.9	6 377.0	6 495.0	6 142.7	5 214.4	5 129.5	5 087.7	15.2%
欧盟	4 531.2	4 324.2	4 363.0	4 537.7	4 208.1	3 488.0	3 499.3	3 541.7	10.6%
德国	1 038.2	931.0	904.1	880.0	835.4	753.5	765.4	763.8	2.3%
法国	411.6	400.3	430.3	433.4	403.9	309.5	314.8	320.3	1.0%
英国	622.4	588.4	591.2	603.6	547.2	435.7	410.4	398.2	1.2%
日本	1 158.9	1 289.5	1 333.1	1 405.0	1 311.9	1 196.9	1 180.5	1 176.6	3.5%
加拿大	493.9	527.6	593.6	636.0	611.9	529.9	543.0	560.0	1.7%
澳大利亚	280.4	312.7	349.5	385.4	389.4	407.1	407.1	406.0	1.2%
俄罗斯	2 356.2	1 714.7	1 557.9	1 594.5	1 646.1	1 495.5	1 510.5	1 525.3	4.6%
OECD	12 469.7	13 119.2	14 199.5	14 824.8	14 263.6	12411.1	12 398.4	12 448.4	37.2%
印度	581.4	765.5	952.8	1 180.0	1 640.1	2 146.3	2 251.0	2 344.2	7.0%
巴西	241.6	301.3	356.2	383.5	480.4	497.2	462.1	466.8	1.4%
南非	318.1	346.2	365.6	400.1	457.5	420.4	425.1	415.6	1.2%
中国	2 457.8	3 228.4	3 513.7	6 326.1	8 471.9	9 163.2	9 113.6	9 232.6	27.6%
全球	22 698.9	23 564.1	25 501.0	30 279.3	33 470.8	32851.9	33 017.6	33 444.0	100%

资料来源：BP.

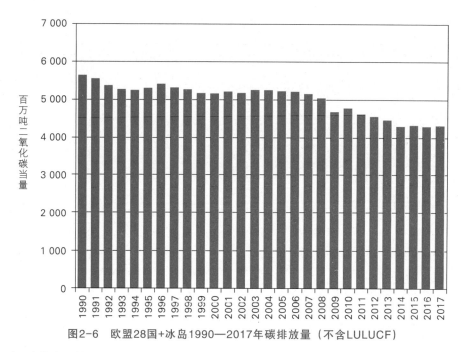

图2-6　欧盟28国+冰岛1990—2017年碳排放量（不含LULUCF）

注：碳排放量数据以欧盟28国+冰岛为整体计算，包含间接排放，不含LULUCF和国际航空和航海排放。根据《气候公约》指南，生物质能源回收产生的二氧化碳排放量作为备忘录项目报告，不包括在国家总量中。

如表2-13所示，德国是欧盟最大的碳排放国，2017年排放量达到9.07亿吨，总量位居全球第7，占欧盟总排放量超过1/5。英、法、意、波分别以4.71亿吨（10.89%）、4.65亿吨（10.75%）、4.28亿吨（9.90%）和4.14亿吨（9.57%）排名2到5位。欧盟排放前5位的国家，排放总量占到欧盟总排放的62.08%。

②欧盟人均碳排放量

由表2-14可知，2017年欧盟人均碳排放量为8.44吨，高于世界平均水平。其中，卢森堡、爱沙尼亚、爱尔兰、捷克、荷兰、芬兰、德国、比利时、波兰和塞浦路斯等国，2017年人均碳排放量超过10吨，属于人均碳排放量较多的国家；而拉脱维亚、马耳他、罗马尼亚、瑞典等国，人均碳排放量低于6吨，属于排放水平较低的国家。

表2-13　　　　　　　　　　　　欧盟各国碳排放及变化表

	1990 （百万吨）	2017 （百万吨）	2016—2017 变化（百万吨）	2016—2017 变化（%）	1990—2017 变化（%）
奥地利	78.7	82.3	2.7	3.3	4.6
比利时	146.6	114.5	-1.2	-1.1	-21.9
保加利亚	101.8	61.4	2.3	3.9	-39.7
克罗地亚	31.9	25.0	0.6	2.6	-21.5
塞浦路斯	5.7	8.9	0.2	2.3	57.8
捷克	199.2	129.4	-1.1	-0.9	-35.1
丹麦	70.3	47.9	-2.3	-4.5	-31.9
爱沙尼亚	40.4	20.9	1.2	6.2	-48.4
芬兰	71.3	55.4	-2.7	-4.7	-22.3
法国	548.1	464.6	3.9	0.9	-15.2
德国	1 251.0	906.6	-4.4	-0.5	-27.5
希腊	103.1	95.4	3.7	4.1	-7.4
匈牙利	93.7	63.8	2.6	4.3	-31.9
爱尔兰	55.4	60.7	-0.5	-0.9	9.6
意大利	517.7	427.7	-4.4	-1.0	-17.4
拉脱维亚	26.3	11.3	0.0	0.3	-56.9
立陶宛	48.2	20.4	0.2	1.1	-57.7
卢森堡	12.8	10.2	0.2	1.8	-19.8
马耳他	2.1	2.2	0.3	13.5	2.3
荷兰	221.7	193.7	-2.1	-1.1	-12.6
波兰	474.4	413.8	14.7	3.7	-12.8
葡萄牙	59.2	70.7	4.6	7.0	19.5
罗马尼亚	248.1	113.8	-0.5	-0.4	-54.1
斯洛伐克	73.4	43.3	1.2	2.8	-41.0

续表

	1990 （百万吨）	2017 （百万吨）	2016—2017 变化（百万吨）	2016—2017 变化（%）	1990—2017 变化（%）
斯洛文尼亚	18.6	17.5	-0.2	-1.3	-6.4
西班牙	288.5	340.2	13.8	4.2	17.9
瑞典	71.3	52.7	-0.3	-2.6	-26.1
英国	794.4	470.5	-12.8	-2.6	-40.8
欧盟28国	5 653.9	4 324.8	19.8	0.5	-23.5
冰岛	3.6	4.8	0.1	2.5	32.1
欧盟28国+冰岛	5 657.5	4 329.6	19.9	0.5	-23.5

资料来源：EEA.

表2-14　　　　　　　　2017年欧盟及其28个成员国能耗及碳排放情况

国家	2018年人口 （万人）	能耗			碳排放			排放系数 （吨CO₂/吨 标煤）
		能耗 （万吨标煤）	占比	人均能耗 （吨标煤）	碳排放量 （百万吨 CO₂-e）	占比	人均 碳排放 （吨）	
EU-28	51 237.92	223 088.65	100%	4.35	4 324.9	100%	8.44	1.94
比利时	1 139.86	7 013.63	3.14%	6.15	114.5	2.67%	10.05	1.63
保加利亚	705.0	2 619.47	1.17%	3.72	61.4	1.25%	8.71	2.34
捷克	1 061.0	5 765.40	2.58%	5.43	129.4	2.84%	12.20	2.24
丹麦	578.12	2 549.72	1.14%	4.41	47.9	1.22%	8.29	1.88
德国	8 279.24	42 616.67	19.10%	5.15	906.6	21.24%	10.95	2.13
爱沙尼亚	131.91	806.27	0.36%	6.11	20.9	0.49%	15.84	2.59
爱尔兰	483.04	2 055.84	0.92%	4.26	60.7	1.31%	12.57	2.95
希腊	1 074.12	3 303.34	1.48%	3.08	95.4	2.35%	8.88	2.89
西班牙	4 665.84	17 948.07	8.05%	3.85	340.2	7.19%	7.29	1.90
法国	6 692.62	34 165.28	15.31%	5.10	464.6	10.95%	6.94	1.36
克罗地亚	410.55	1 190.10	0.53%	2.90	25.0	0.55%	6.09	2.10

续表

国家	2018年人口（万人）	能耗			碳排放			
		能耗（万吨标煤）	占比	人均能耗（吨标煤）	碳排放量（百万吨 CO_2-e）	占比	人均碳排放（吨）	排放系数（吨 CO_2/吨标煤）
意大利	6 048.40	21 278.65	9.54%	3.52	427.7	9.77%	7.07	2.01
塞浦路斯	86.42	362.12	0.16%	4.19	8.9	0.19%	10.30	2.46
拉脱维亚	193.44	637.87	0.29%	3.30	11.3	0.24%	5.84	1.77
立陶宛	280.89	880.16	0.39%	3.13	20.4	0.45%	7.26	2.32
卢森堡	60.2	613.14	0.27%	10.19	10.2	0.25%	16.94	1.66
匈牙利	977.84	3 497.98	1.57%	3.58	63.8	1.28%	6.52	1.82
马耳他	47.57	115.66	0.05%	2.43	2.2	0.06%	4.62	1.90
荷兰	1 718.11	9 220.01	4.13%	5.37	193.7	4.37%	11.27	2.10
奥地利	882.23	4 649.68	2.08%	5.27	82.3	1.78%	9.33	1.77
波兰	3 797.67	14 159.34	6.35%	3.73	413.8	8.82%	10.90	2.92
葡萄牙	1 029.12	3 260.17	1.46%	3.17	70.7	1.45%	6.87	2.17
罗马尼亚	1 953.06	4 624.76	2.07%	2.37	113.8	2.48%	5.83	2.46
斯洛文尼亚	206.69	961.70	0.43%	4.65	17.5	0.41%	8.47	1.82
斯洛伐克	544.31	2 307.03	1.03%	4.24	43.3	0.98%	7.96	1.88
芬兰	551.31	4 561.53	2.04%	8.27	55.4	1.41%	10.05	1.21
瑞典	1 012.02	6 639.86	2.98%	6.56	52.7	1.25%	5.21	0.79
英国	6 627.36	25 259.88	11.32%	3.81	470.5	12.78%	7.10	1.86

注：1.人口数据采用2018年。

2.标油转换采用 1kg标油=1.4286kg标煤。

资料来源：欧盟统计局.

（3）产业结构

从产业结构看，欧盟农业比重较低，工业和制造业居中，而服务业毫无疑问占据各国经济的支柱地位，在一些国家的比重甚至接近90%。在欧盟各成员国内部，产业结构呈现不同分布。2005年，欧盟15个老成员国的产业结构较为相似。农业在整个国民经济中所占的比重较低，一般都在2%左右，希腊的比重偏高，为5.2%。工业和建筑业的比重一般在20%至30%之间。其中，德国工业较为发达，比重为25.8%，西班牙的建筑业对国民经济的贡献要明显高于其他国家，为11.6%。由贸易、运输、通信和金融等产业构成的服务业在各国经济中都占有较大比重，均在70%左右，卢森堡甚至达到83.3%。这种产业结构明显体现出发达工业化国家的特征。

到2018年，欧盟服务业占比达到73.2%，居于国民经济各部门首位；工业和建筑业占比为25.1%（其中工业19.5%，建筑业5.6%），农林渔业比重最低，占1.6%。三产结构比为1.6∶25.1∶73.2。

2018年，在马耳他和塞浦路斯以旅游业为导向的经济体系中，服务业在总增加值中所占的份额接近85%；卢森堡达到了87.4%的峰值，卢森堡的特点是金融服务业规模庞大。工业经济占爱尔兰总增加值的1/3以上（35.1%），其次是捷克（30.6%），相比之下，农业、林业和渔业的相对贡献最大的是罗马尼亚（4.8%）、希腊和匈牙利（均为4.3%）。

2.2 欧盟低碳发展政策及实施效果

2003年，英国政府发布能源白皮书《我们能源的未来：创建低碳经济》，第一次使用"低碳经济"这一词汇。此后，以欧盟为首的发达国家大力推进以高能效、低排放为核心的"低碳革命"，着力发展"低碳技术"，并对产业、能源、技术、贸易等政策进行重大调整，以抢占先机和产业制高点。低碳经济的争夺战，悄然在全球打响。欧盟作为全球气候行动和低碳经济的引领者，在经济发展的诸多领域实施革命性的低碳政策，对全球低碳经济潮流的形成和发展起到了不可或缺的作用。

从《京都议定书》的签署，到《巴黎协定》生效；从"里斯本战略"到"欧洲 2020 战略"，再到"欧盟 2030 年的减排目标"，直至"欧盟 2050 年碳中和目标"；从 EU-ETS 的启动，到可再生能源、交通、建筑、农业等各行业低碳政策出台，欧盟一直是国际低碳发展的排头兵、领航者。

后《巴黎协定》时代，全球低碳发展逐步进入平稳期，欧盟及各成员国在夯实前期低碳实绩的基础上，通过多方面的政策措施，努力保持在低碳领域的领先地位。

2018 年宣布建设碳中和的欧洲，2019 年发布《欧洲绿色协议》，欧洲沿着绿色低碳发展的方向，坚定不移地走了下去。在《2020 年工作计划》中，欧盟委员会提出今后 5 年的重点工作方向，即围绕推动欧盟经济社会向绿色和数字化模式转型，研究制定《欧洲气候法》和《2030 年削减温室气体计划》，提出具体的 2050 年碳中和目标等。在数字化转型方面，欧盟委员会将公布《欧洲数据战略》《人工智能白皮书》，并实施新的《数字服务法》，提出综合的《欧洲工业战略》，以支持欧洲的生态和数字化转型，鼓励公平竞争。

2.2.1 欧盟 2030 年减排目标的新变化

欧盟的 2030 年气候和能源政策目标是一个中期目标，它介于欧盟面向 2020 年的近期目标和面向 2050 年的长期目标之间。从 2012 年开始，欧盟就已在进行有关设立 2030 年碳减排及可再生能源目标的讨论。欧盟 2013 年发布的《2030 年欧盟气候与能源政策框架》及 2014 年发布的《2020—2030 欧盟气候与能源政策框架》，提出欧盟 2030 年减排目标为 40%（以 1990 年为基年），并相应提出可再生能源目标为27%，能源效率目标为 27%。

2030 年减排目标提出后，欧盟内部质疑声一直不断，西欧和北欧国家及相关利益集团主张欧盟应提高 2030 年减排目标，而东欧及南欧国家则持反对态度。国际社会也对欧盟 2030 年减排目标提出诸多质疑，认为欧盟目标制定趋于保守，不利于推动全球减排进程。

2016 年 11 月 30 日，欧盟委员会发布《全欧洲人的清洁能源法案》，提出一套涉及内容广泛的能源系统改革计划，目的是在全球向清洁能源过渡过程中，保持欧盟的竞争力。

2018年11月13日，欧洲议会最终通过《为全欧人民的清洁能源一揽子法律》（以下简称《清洁能源一揽子法》）的法案文件，包含《能源效率指令》《可再生能源指令》《能源联盟治理条例》等3份与欧洲理事会达成的临时协议。根据《清洁能源一揽子法》中新的《欧盟能源效率指令》，欧盟将2030年可再生能源目标由原来的27%提升到32%，同时，能效目标由原来的27%提升到32.5%。

《能源联盟治理条例》旨在构建更加简化、稳健和透明的能源联盟治理体系，帮助欧盟成员国进行最佳决策和成本效益最高的投资，使能源决策与气候政策保持协调，避免代价高昂的"锁定效应"，进而确保欧盟及其成员国进一步增强应对气候变化的决心，共同努力实现《巴黎协定》设定的目标。

2019年12月11日，欧盟委员会通过《欧洲绿色协议》提出将欧盟2030年减排目标提升至50%~55%。

2.2.2 欧盟2050年新目标

2018年11月28日，欧盟委员会通过了一项长期愿景报告——《给所有人一个清洁星球：欧盟长期战略视角下构建繁荣、现代、有竞争力和气候中性的经济体》，提出到2050年将欧盟建设成为一个繁荣、现代、有竞争力和气候中性的经济体。该愿景展示了欧洲将如何通过投资现实可行的技术解决方案，协调工业政策、融资等重点领域行动，走上通往气候"中性之路"。

根据欧洲理事会2018年3月份提出的要求，欧盟委员会出台的气候中性愿景和《巴黎协定》目标保持一致，即在2050年前将全球温升控制在2℃以内，并继续努力争取把升幅限定在1.5℃以内。

有分析指出，欧盟委员会这项长期战略的目的并非设定具体目标，而是创建一个愿景，从而激发各利益相关方、研究人员、企业家和公民的潜力，开发创新性的商业和就业机会。该愿景所指出的通往气候中性经济体之路，要求各经济体在以下

7个战略性领域采取联合行动，即能效、可再生能源使用、清洁安全和互联交通、有竞争力的工业和循环经济、基础设施和互联互通、生物经济和天然碳汇、以CCS技术来解决存量排放。

为推进气候中性欧洲建设，欧盟委员会将采取以下三方面举措。首先是政策研讨，欧洲理事会相关部长们需就各自在政策领域对整体愿景如何作出贡献开展广泛的政策辩论。其次是邀请所有欧盟机构、成员国议会、商业领域、非政府组织、城市和社会以及公民参与其中，以保证欧盟可以继续发挥引领作用。最后是要求欧盟成员国在2018年年底前向欧盟委员会提交各自国家气候和能源方案草案。同时，提议更多地区、城市和商业协会起草各自的2050愿景，为欧洲提出应对气候变化全球挑战的欧洲方案作出贡献。

2019年12月11日，欧盟委员会发布《欧洲绿色协议》，提出到2050年欧洲在全球范围内率先实现"碳中和"的宏伟目标。《欧洲绿色协议》旨在通过将气候和环境挑战转化为政策领域的机遇，以实现欧盟经济可持续发展。为此，《欧洲绿色协议》提出了行动路线图，通过转向清洁能源、循环经济以及阻止气候变化、恢复生物多样性、减少污染等措施提高资源利用效率。《欧洲绿色协议》几乎涵盖所有经济领域，尤其是交通、能源、农业、建筑、钢铁、水泥、信息与通信技术、纺织和化工等行业。为实现《欧洲绿色协议》中提出的目标，欧盟委员会将在100天内提出首部《欧洲气候法》。欧盟委员会还将提出《2030年生物多样性战略》《工业战略和循环经济行动计划》《从农场到餐桌的可持续食品战略》以及对无污染欧洲的建议。此外，委员会将立即着手提高欧洲在2030年的排放目标，为实现2050年目标奠定坚实基础。

实现《欧洲绿色协议》的目标需要大量投资。要实现当前设定的2030年气候和能源目标，欧盟估计每年需追加2 600亿欧元，约占其2018年GDP的1.5%，这需要公共和私营部门携手进行。有鉴于此，欧盟委员会在2020年初提出《可持续欧洲投资计划》。此外，欧盟长期预算中至少25%将用于气候行动；欧洲投资银行也将提供进一步资助。为使私营部门更好地参与这一绿色过渡，欧盟委员会在

2020年提出《绿色融资战略》。2020年3月，欧盟委员会将启动《气候公约》，让所有欧洲公民在设计新行动、共享信息、开展基层活动等方面发出声音并发挥作用。

2.2.3 欧盟成员国2021—2030年减排目标分担协议

欧盟2020年减排目标实现已成定局，2014年欧盟通过《2030气候与能源政策框架协议》，提出了欧盟2030年减排40%的目标。为顺利完成欧盟2030年减排目标，2016年7月20日，欧盟委员会通过了《成员国分担协议2021—2030》。

与2014年欧盟领导人达成的《2030气候与能源政策框架协议》相一致，《成员国分担协议2021—2030》针对的是碳排放交易体系没有涵盖的行业，比如交通、农业和建筑。欧盟委员会还建议将土地使用纳入2030年框架协议，并起草低碳行动通讯文件。欧盟委员会2016年夏天的建议和碳排放交易体系的修改将兑现欧盟在《巴黎协定》中的承诺，也是欧盟能源联盟具有雄心和前瞻性的气候政策不可分割的一部分。

根据协议，为实现欧盟2030年减排30%的目标，欧盟各成员国非ETS部门减排幅度在1%~40%。减排责任分担原则为人均GDP越高则承担责任越大，人均GDP越低则承担责任越小。

根据以上原则，卢森堡、丹麦、瑞典、爱尔兰、荷兰、奥地利、芬兰、比利时、德国、法国、英国等11国将承担较高的减排份额，而立陶宛、波兰、克罗地亚、匈牙利、拉脱维亚、罗马尼亚等国家减排份额较少，保加利亚甚至可以增排1%（见表2-15）。

表2-15 基于人均GDP的欧盟各成员国非ETS部门减排目标

国家	2030年减排目标	国家	2030年减排目标
卢森堡	−40%（−61%）	马耳他	−19%
丹麦	−40%（−42%）	葡萄牙	−17%
瑞典	−40%（−42%）	希腊	−16%
爱尔兰	−39%	斯洛文尼亚	−15%
荷兰	−39%	捷克	−14%
奥地利	−39%	爱沙尼亚	−13%
芬兰	−39%	斯洛伐克	−12%
比利时	−38%	立陶宛	−9%
德国	−37%	波兰	−7%
法国	−36%	克罗地亚	−7%
英国	−36%	匈牙利	−7%
意大利	−33%	拉脱维亚	−6%
西班牙	−26%	罗马尼亚	−2%
塞浦路斯	−24%	保加利亚	0%（+1%）

资料来源：欧盟委员会．《成员国分担协议2021—2030》．

2.2.4 欧洲能源联盟

（1）联盟成立

2014年4月，法国总统奥朗德与波兰总理图斯克提出一项关于成立欧盟能源联盟的共同倡议，以降低欧盟国家在能源上对俄罗斯的依赖。

2015年2月25日，欧盟正式宣布成立能源联盟，并通过了第一份战略框架，从而助推欧盟能源市场的一体化。欧盟能源联盟的成立将会进一步推进欧洲一体化进程，加快能源市场整合的速度。

在公布的战略框架中，能源联盟提出在2020年之前实现10%的电网互联，并且实现在2014年欧盟秋季峰会上达成的、到2030年温室气体排放在1990年基础上至少减少40%的目标。为此，欧盟委员会将采取数项具体措施，包括提高天然气合约中的透明度、加强区域合作、通过立法来确保电力和天然气的供应，以及为提高能源效率和制订可再生新能源方案增加资金支持等。

针对能源联盟，欧盟成员国曾经就五条基本原则达成共识，其中包括确保能源供应安全，建立一体化的具有竞争力的能源市场，以及提高能源效率等。萨福科维克强调，提高能源效率未来将是能源联盟的第一要务。

能源联盟框架五大目标，一是在团结和信任基础上改进供应安全。作为世界最大能源进口地区，减少进口依赖，提高能效，更好利用欧盟内部能源资源，保证能源来源多元化，从南溪管道事件中吸取教训，在欧盟层面展开透明、一贯的能源外交。二是建设单一内部能源市场。减少欧盟内部技术和规制壁垒，展开区域合作，使企业能够自由竞争以获取最优能源价格。三是提高能源效率。消费者是关键。许多私人投资者盼望投资于建筑领域节能产品。四是减少能源生产污染，提倡低碳经济。欧盟应成为可再生能源领域的世界之王。五是投资研发，发展可再生能源。掌握这一领域的领先技术将为出口和产业创造机会。

（2）气候和能源夏季方案

2015年7月，欧盟委员会在能源联盟战略框架下推出"气候和能源夏季方案"建议，主要包括重新设计欧盟电力市场、升级能效标签以及修改欧盟碳排放交易体系等内容。有关建议是欧盟推进气候变化行动的重要步骤，也是容克委员会的优先工作任务。报道称，有关建议体现了"能效第一"的原则，并视居民和商业消费者为欧盟能源市场的核心。

2018年1月，欧盟委员会建议的欧盟2030年气候和能源政策目标以捆绑形式提出。首先，以碳减排为核心，要求欧盟成员国在2030年之前将温室气体排放量削减至比1990年水平减少40%。其次，捆绑可再生能源、碳交易和节能目标；要求可再生资源在欧盟结构中所占比例不低于27%；要求重组欧盟碳排放交易体系，使之成为碳排放的主要手段；在对进展缓慢的现行指令实施情况进行审查后研究节能目标。

（3）能源市场改革方案

2016年12月5日，欧盟委员会发布能源市场改革方案。到2030年，欧洲50%的电力将通过可再生能源提供。能源使用量减少，使用煤炭的火力发电的补贴减少，跨境电力的融通更富有弹性。

实施这一方案的原因之一是通过降低价格、放缓售电限制等方式维护消费者的权利。欧盟相关数据显示，虽然电力批发价格下跌，但是自2008年以后，欧盟内的电价还是以年增加3%的节奏呈递增趋势。为此，欧盟委员会致力于废除价格限制，市场价格根据供需进行变动。虽说如此，拥有既定权益的老式设备的能源类企业和新能源企业的竞争日渐加剧，还必须要完成欧盟提出的到2030年减少40%排放量的目标。在这样的前提下，各国的改革步伐较为缓慢。

为减少对俄罗斯化石燃料的依存度，欧盟委员会设定到2030年能源使用量减少30%的目标。占欧洲能源消耗量40%以上的建筑物，将通过建筑物的改装达成减少消耗的目标。但这个目标低于欧盟委员会要求的减少40%的目标。为维持备用电力，欧盟委员会将强化对"容量结构"的限制，彻底解决市场价格扭曲和对化石燃料的补贴等方面的问题。此外，重新修正可再生能源运营商电力优先采购的方针，但也要重视业内人士提出的担忧，平衡已有设备和采用新设备的优先顺序等问题。

（4）能源联盟报告

2017年11月23日，欧盟委员会发布《第三次能源联盟现状报告》，欧洲向低碳社会的转型正在成为现实。能源联盟是欧盟委员会的十个优先事项之一，它正在创造新的就业、增长和投资机会。2016年12月的《全欧洲人的清洁能源计划》是这一进程的主要里程碑。报告回顾了过去一年取得的进展，并展望了未来的一年。欧盟正在从以化石燃料为基础的能源系统向低碳、完全数字化和以消费者为中心的方向发展，并逐步加强。能源转型建立在未来的基础设施之上，应体现社会公平，并引领创新，同时提高能源供给的安全性，所有这些在2017年均取得了较大进展。

2017年2月，欧盟委员会发布《第二次能源联盟现状报告》，指出欧洲的能源转型正在顺利进行，正在实现其2020年温室气体排放、能源效率和可再生能源目标。报告讨论了自2015年11月发布能源联盟第一份报告以来的进展情况，包括能源联盟进展的整体趋势，以及欧盟碳市场运作、CCS指令实施、欧盟道路运输燃料质量、航空碳排放、氢氟碳化合物（HFC）减排等方面。

①整体趋势。第一，欧盟整体在实现能源联盟目标方面继续取得良好进展，尤其是2020年能源和气候目标。2015年，欧盟的温室气体排放量比1990年降低22%，欧洲能源联盟碳排放交易体系覆盖行业的排放量继续下降。基于2014年数据，欧盟可再生能源占能源消费总量的份额达到16%。第二，欧盟成功实现其经济增长与温室气体排放的解耦。1990—2015年，欧盟GDP增长了50%，而排放量减少22%。根据当前趋势预测，欧盟将继续保持经济增长和温室气体排放解耦的趋势。第三，欧盟显著减少了温室气体排放强度。欧盟是目前温室气体排放最具经济效率的主要经济体之一，并通过实施设定2030年气候和能源目标，成为最具温室气体排放经济效率的地区。

②欧盟碳市场运作。欧盟碳排放交易体系（EU-ETS）配额盈余在2015年首次下降。第一，在实施EU-ETS第3阶段的第3年，该体系继续实现减排。温室气体排放量减少约0.4%，保持了过去5年的下降趋势。第二，2015年，EU-ETS自2009年以来的累积排放配额盈余首次出现市场下降，下降约3亿吨。这在很大程度上是由于深度而持续的经济衰退和排放减少量超过预期造成的。第三，根据第四阶段（2021—2030年）提出的修订规则，欧盟碳排放交易体系仍将是未来几年低碳投资的成本—效益驱动力。一个更强大且运作良好的欧洲碳市场将为欧洲向低碳和能源安全的经济转型作出重大贡献。

③CCS指令实施。欧盟委员会采用CCS指令实施报告。第一，欧盟委员会通过了关于CCS指令的第二份实施报告，其中规定了欧盟二氧化碳安全地质封存的规则。报告指出，在2013年5月至2016年4月报告期，欧盟成员国一致遵守CCS指令的规定。一些成员国在封存能力评估方面取得进展，但所有新项目都需要进一步开

展更详细的评估。第二，新建电厂大体上都超额满足 CCS 指令的要求，并为进行 CCS 的必要设备预留土地，未来在技术和经济上可行。第三，2014 年 2 月，欧盟委员会发布了 CCS 指令实施情况的第一份报告。欧盟委员会将继续评估该指令的实施情况，计划于 2019 年 10 月制定第三份报告。

④运输系统。欧洲大多数公路运输燃料符合严格的欧盟质量规则。第一，2016 年，欧盟委员会发布《欧洲低碳排放运输战略》，提出到 21 世纪中叶，运输行业温室气体排放量至少比 1990 年减少 60%，坚定地完成零碳排放目标，同时确保人员和货物的流通需求和全球连通性。第二，在欧盟内部，用于公路运输的燃料必须满足严格的质量要求，以保护健康和环境，确保车辆在成员国之间安全行驶。该报告重点关注欧盟在 2014 年和 2015 年用于道路运输的汽油和柴油的质量，报告指出，运输燃料的内部市场运行良好，欧盟的政策实现了高水平的环境和健康保护。第三，绝大多数燃料符合燃料质量指令中规定的规格。成员国不断改进燃料质量的监测和报告，取样变得更加完整和健全。罕见的不合规情况通常经过了成员国批准，没有出现不合规燃料对车辆排放或发动机功能造成负面影响的情况。

⑤航空碳排放。欧盟委员会为修订 EU-ETS 提出建议，以期解决日益增长的航空排放问题。第一，欧盟是解决快速增长的航空排放问题的主要倡导者。在 2016 年国际民航组织大会（ICAO）上，欧盟及其成员国在确保以全球市场措施来控制国际航空排放量方面发挥了重要作用。该系统要求航空公司监测和报告其国际航线的年度二氧化碳排放量并在 2020 年抵消这些排放。第二，欧盟需要修订 EU-ETS，以保持航空部门对欧洲气候目标的贡献和顺利实施国际民航组织全球市场措施。欧盟委员会建议继续保持当前欧盟航空排放交易体系的覆盖范围，确保欧洲所有航空公司的公平竞争和平等待遇。

⑥HFC 减排。欧盟委员会通过了一项关于欧盟批准"全球逐步减少氢氟碳化合物的蒙特利尔议定书"修正案的建议，以解决这些强效温室气体排放的快速增长问题。该提案遵照 2016 年 10 月签署的"基加利修正案"协议，197 个缔约方同意逐步限制氢氟碳化物的生产和使用。发达国家的第一次削减控制期限为 2019 年，

大多数发展中国家将在2024年之前控制氢氟碳化物水平不再上升。

2.2.5　2030年环境与能源框架文件

2014年1月22日，欧盟委员会发布《欧盟2030年环境与能源框架文件》，主要内容见表2-16。

表2-16　　　　　　　《欧盟2030年环境与能源框架文件》的主要内容

项目	2030年目标	当前
温室气体减排	40%	19.2%（2012年）
可再生能源普及率	不低于27%（电力占45%）	12.7%（2012年），电力占21%
节能	NA	节能率：5.2%（2005—2011年）
可再生能源燃料	NA	4.7%（2010年）
EU-ETS改革	实施市场稳定储备机制 削减率：2.20%/年（2021年以后） 碳价：>35欧元	排放权冗余 削减率：1.74%/年（截至2020年） 碳价：5欧元
投资与效果	年均投资380亿欧元 与节约的燃料费基本抵消，同时创造就业	能源成本增加

资料来源：根据欧盟委员会资料整理.

（1）设定具有约束力的减排目标

到2030年，温室气体排放在1990年基础上减少40%。

（2）设定具有约束力的清洁能源占比目标

到2030年，清洁能源占欧盟能源消费总量的27%。欧盟整体实现此目标即可，不会通过立法将该目标分解到各成员国。

（3）提高能源效率

欧盟将评估能源效率指令，界定能效措施在欧盟环境与能源整体框架中的作用。各成员国的能源计划中应涵盖提高能效这一内容。

（4）改革欧盟碳排放交易体系

欧盟委员会提议建立市场稳定储备（market stability reserve）机制，解决排放配额剩余问题，同时提高交易体系对剧烈波动的缓冲能力。

此外，欧盟委员会还提出了一套包括能源价差、能源供应多元化、自主能源开发等内容在内的指标体系和新的能源管理体系，以便更好评估欧盟在能源安全方面的进展，为制定能源政策奠定"事实基础"，并确保成员国间能源政策的一致性。

2.2.6 2050年欧盟能源、交通及温室气体排放趋势

2013年12月18日，欧盟委员会能源、交通和气候变化三个总司联合发布《2050年欧盟能源、交通及温室气体排放趋势》研究报告，主要内容如下：

（1）减排目标

科学家及欧盟领导层一致同意，要避免发生灾难性气候变化，确保到2050年全球气温上升不超过2℃，欧盟需在1990年排放量基础上减少80%~95%。但是，如果2020年后不采取新的能源和气候政策，欧盟到2030年将仅能在1990年排放量基础上减排约1/3，到2050年减排约44%。

（2）清洁能源

报告预测，到2050年，天然气、风能、核能将各自占欧洲能源供应量的1/4，欧洲经济总量将在2010年基础上增长78%，能源消费只降低8%。

（3）非常规能源

页岩气革命及非常规能源开采将在长期内影响燃料价格，到2035年，由于欧洲本土化石燃料资源贫乏、更多依赖进口，整体能源价格将呈上升趋势。

2.2.7 可再生与清洁能源政策

（1）氢能政策趋势

氢能属于清洁能源，较其他能源具有不少"天然优势"，可谓"减碳能手"。2019年12月发布的《欧洲绿色协议》专门将氢能列为欧盟能源转型的"投资关键

领域"。发展氢能符合欧盟技术引领战略需求。欧洲投资银行仍在此次联合国气候变化大会期间与氢能理事会签署了增加氢能投资的融资框架协议。欧洲投资银行在欧盟委员会支持下，将为首批20个氢能项目提供战略融资建议，以支持其规模化发展，双方将共同致力于为氢能项目提供公司贷款、风险投资等多种形式的融资便利。

欧洲投资银行测算，2030年前发展"氢能经济"每年需要200亿美元至250亿美元。欧洲投资银行副行长法尤勒表示，作为欧盟的"气候银行"，该行将大力支持欧洲氢能市场发展成具有全球影响力的市场。

2019年11月，中国石化与法国液化空气集团（简称"法液空"）签署合作备忘录，成立氢能公司，加强氢能领域合作。该公司将致力于氢能技术研发以及基础设施网络建设，并引入国际领先的氢能企业作为战略投资者，联合打造氢能产业链和氢能经济生态圈。根据合作备忘录，法液空将成为中国石化氢能公司的参股方之一，共同推动氢能和燃料电池汽车整体解决方案在中国的推广和应用。法液空和中国石化目前已经合资成立了三家工业气体公司。此次合作，将发挥法液空在氢气制、储、运、加全产业链的专业经验，为中国发展氢能和燃料电池提供有竞争力的氢气供应方案。

（2）可再生能源目标

2015年6月，欧盟委员会发布报告，指出欧盟在实现2020年可再生能源占总能耗比重达到20%的目标上进展顺利，2014年这一比例已达到15.3%。报告指出，为实现欧盟2020年总体目标，各成员国分别制定了国别目标，根据初步评估结果，25个成员国将能够实现2013—2014年度目标，仅英国、卢森堡和荷兰难以达标；到2020年，奥地利、丹麦、德国、意大利等19个成员国的可再生能源比重很可能大幅超过既定目标，例如奥地利2020年目标为34%，而2013年即已达到32.6%。报告再次证明了欧盟可再生能源发展保持着世界领先地位；欧盟人均可再生能源发电量是世界其他国家的3倍以上；约100万人在可再生能源领域工作，年产值超过1 300亿欧元。

（3）各成员国可再生能源政策

欧盟能源政策是，到2020年有20%的电力来自可再生能源。然而，欧盟各成员国却各有自己的目标，以及对如何实现目标的判断。应该说，到目前为止，进展程度参差不齐。如卢森堡目前只有5%的电力来自可再生能源，而德国则是28%。在煤炭的使用上，各成员国情况也是千差万别。波兰严重依赖煤炭，而法国煤炭发电仅占电力生产的5%。荷兰的燃气发电份额高达53%，而德国燃气发电份额仅为6%。因而，能源政策主要是由一个国家的资源状况和政客来决定的。

在欧洲，各政党对能源有各种不同的观点。如英国独立党、波兰统一工人党、法国国民阵线这样的右翼政党否认气候变化的存在，同时反对发展包括风能和太阳能在内的可再生能源。而左翼的环保主义政党，如德国绿党、英国绿党和苏格兰民族党，则完全反对发展核电和包括页岩气在内的化石燃料。而处于执政中心的主流政党，如德国的基督教民主党、西班牙人民党，则后悔最初对可再生能源的支持，这是因为可再生能源补贴费用高昂，政客必须在艰难的经济现实中寻求平衡，而这就与公众保护环境的呼声相冲突。如英国公众强烈反对开采页岩气与政府的热情支持形成鲜明对比。这些特点使得可再生能源、页岩气、煤炭和核能在欧洲各个地方扮演的角色不同。

德国绿党鼓励德国加快可再生能源发展步伐，争取到2040年可再生能源电力份额达到65%，这将意味着核能、煤炭和燃气发电份额的减少。

在法国，可再生能源得到奥朗德政府及其联盟党和反对党的支持。法国能源部长赛格琳·罗亚尔已设定一个初步目标，即到2030年可再生能源占法国能源消费的32%。

而在英国，面对工党和苏格兰民族党的反对，保守党政府将停止对陆上风力涡轮机的补贴。

水力压裂法

用于开采页岩气的水力压裂法在欧洲引起广泛争议。法国、德国和保加利亚已宣布，暂停用水力压裂法开采页岩气。虽然商业可行性尚未被证实，但波兰和英国政府均支持把页岩气开采作为提高能源安全的手段。

法国的态度也在发生转变。时任总统萨科齐称，"我不能容忍美国得益于页岩气获得能源独立，而法国却不能受益于这种能源带来的福音，尤其是在整个国家都遭遇失业打击的情况下"。

煤炭

德国关闭核电站的决定，以及打压天然气的分布式可再生能源的决定促进了煤炭的发展。

2020年二氧化碳的排放目标一直受多方质疑，成为人们争论的焦点。而该目标可能会根据经济状况作出相应改变。德国其他政党虽不反对建燃煤电厂，但它们坚持使用环保技术，提议在商业可行的情况下安装CCS设备。据路透社报道，德国已有计划逐步淘汰煤炭。

在波兰，执政党计划让国家的发电结构多样化，支持天然气、核能和可再生能源，以应对欧盟的脱碳政策、老旧煤矿的现状，以及来自美国和俄罗斯的廉价煤炭供应。然而，波兰经济部副部长杰基·皮尔特维茨称，波兰不会增加燃煤电厂的数量，但会将重点放在提高现有燃煤电厂的效率上。

核能

2023年4月15日，德国最后3座核电站停止运行，德国核电生产正式宣告结束。同时，德国也在推进目前占电力行业28%的可再生能源的发展。不过，德国仍很大程度上依赖碳排放量很高的燃煤发电。此外，能源密集型产业的高补贴也给政府带来很大压力。

而英国的情况则不同。在2015年大选中获胜的保守党称，支持核电，并希望在财政、建设和设计问题解决的情况下，2030年前敲定5个建设地点的12个新核反应堆合同。而法国对核电的支持在福岛核事故后已备受打击，这是缘于安全成本的升级、诺曼底的弗拉芒维尔三厂施工的延误，以及老旧电厂更替的巨额成本。昂贵的核电促使奥朗德政府决定，到2025年，对核电的依赖将从目前的75%减至50%。

对核能、化石燃料和可再生能源的政治支持不仅要将欧洲的脱碳目标考虑在内，而且要衡量能源安全和经济竞争力。毫无疑问，新的技术解决方案正为欧洲的政策制定者提供决定欧洲未来的新选择。

（4）能源价格——欧盟能源价格与成本报告

2014年1月22日，欧盟委员会发布"欧盟能源价格与成本报告"，分析电力和天然气价格走势，比较欧盟与世界主要经济体的能源价格，并提出控制能源价格的建议。主要内容包括：

①欧盟能源价格走势。2008至2012年间，欧盟能源零售价格明显上涨，家庭用电和用气价格年均涨幅分别为4%和3%，工业零售用电和用气价格年均涨幅分别为3.5%和1%。但欧盟批发电价下降1/3，批发天然气价格维持不变。预计在化石能源价格上涨的情况下欧盟电价和气价在短期内将继续走高。

②成员国间能源价格存在较大差异。成员国能源结构、能源输送成本和税率等各不相同，造成成员国间能源价格不一。

③欧盟能源价格普遍高于世界其他主要经济体。欧盟工业用气价格是美国、印度和俄罗斯的4倍，比中国高12%，与巴西持平，仅低于日本。欧盟工业用电价格是美国、俄罗斯的2倍多，比中国高20%，仅比日本低20%。

控制能源价格的主要建议包括：完善内部能源市场；提高能效；改善能源基础设施、实现能源供给多元化、在能源谈判中欧盟应一致对外；落实欧盟能源政策时应充分考虑对能源价格、消费者和纳税人的影响；统一税收，贯通能源输送网络，统筹可再生能源开发，以提高效率，降低成本。

（5）清洁燃料战略

2013年3月，欧盟委员会宣布实施清洁燃料战略，着手在欧洲推行符合统一设计和使用标准的替代燃料站点。该战略指出，车辆价格较高、消费者接受程度较低以及缺少替代燃料供应站等因素制约了欧盟清洁燃料的发展。该战略的主要内容包括：

①关于充电站。目前，欧盟各成员国的充电站建设数量差异较大，领先的国家

包括德国、法国、荷兰、西班牙等。欧盟委员会提出了各成员国充电站发展目标，并要求其中10%用于公共用途，同时提出欧盟将采用通用的充电接口。

②关于加氢站。目前，德国、意大利和丹麦已建有相当数量的加氢站。该战略提议将现有加氢站连接形成具有通用技术标准的网络，适用于目前已有氢气网络的14个成员国。

③关于液化天然气（LNG）。欧盟目前用于船舶加燃料的LNG基础设施还处于发展初期，仅瑞典拥有用于海上船舶的小规模LNG储存设施。欧盟委员会提议，到2025年前，在"泛欧核心网络"涵盖的所有139个港口、内陆码头修建固定式或移动式的LNG加注站。

④关于其他清洁燃料。该战略还提出要促进利用生物燃料、压缩天然气（CNG）等清洁燃料的发展，并为此进行基础设施建设。生物燃料目前已占据欧盟近5%的市场份额，关键是要确保其可持续性。

2.2.8 欧盟碳排放交易体系（EU-ETS）救市措施

（1）折量拍卖

鉴于经济低迷和配额超发引起的连锁反应，欧盟碳市场碳价格持续低迷，在欧盟内部甚至有关闭欧盟碳排放交易体系的呼声。

2014年1月8日，欧盟28国在布鲁塞尔讨论并通过提高碳价法案，即一项名为"折量拍卖"的法案。折量拍卖允许欧盟暂时收回9亿吨碳交易许可，通过减少供应的方式提升碳价。

欧洲政策制定者进一步推高碳价意在表明，碳交易作为控制气候变化的主要手段这一功能不会变。虽然有人预测，折量拍卖只会在短期内发挥作用，一旦到2025年，延迟拍卖的碳重新回到市场，碳价依旧会下降，指望一个救市法案解决所有问题是不现实的，欧盟必须有更加具有约束力和明确的目标才可以，但是，这一政策至少为欧洲政策制定者抢回一部分时间，能够进一步从结构上完善碳交易体系。

（2）市场稳定储备机制（market stability reserve）

欧盟2030年环境与能源框架文件指出应重组EU-ETS，引进储备机制。目前的EU-ETS状况十分凄惨。排放权冗余巨大（目前为20亿吨），价格骤跌到了5欧元。而在顶峰的2008年，排放权的价格曾一度达到了30欧元。价格骤跌的原因包括分配的排放权冗余、能源消费低迷、CDM等境外流入的低价格权利等诸多方面。对于欧盟委员会提出的排放权延期的方案，因为担心境内产业竞争力下降，欧盟议会曾一度否决，甚至造成了混乱局面。排放交易原本应该通过低成本促进减排，但实际上并没有发挥应有的作用。

作为改革方案，欧盟委员会设立了"市场稳定储备机制"，其原理是，让一定量的冗余排放权在储备（积累额度）中进出，起到稳定排放权价格的作用。欧盟委员会为储备的进出制定了明确的规则，以确保透明度。出现冗余时，每年减少12%的配额（在储备中积累）。例如，冗余量为15亿吨时，第二年的排放权拍卖将从预定量中减少1.8亿吨。而在冗余少的时候（不到4亿吨），则从储备中释放1亿吨的配额。市场稳定储备机制从2021年开始实施，到2030年，排放权的价格将从12欧元的自然水平上涨到35欧元。

（3）实施效果

2017年2月16日，为履行《巴黎协定》的义务，欧洲议会批准了通过欧洲碳交易市场限制温室气体排放的若干计划。

欧洲议会批准欧盟委员会的建议，包括增加所谓"线性减缩因素"，从2021年起每年减少"碳信用"额度（即碳排放额度）2.2%（根据目前的规定，每年减少1.74%）。另外，还将持续审查有关因素，最早到2024年，将"碳信用"额度年削减比例提高到2.4%。欧洲议会还希望将排放市场稳定储备翻番，以吸收市场上过剩的排放额度。一旦启动，在最初4年，每年可吸收高达24%的过剩额度。欧盟还将通过拍卖排放交易配额所得支持设立两个基金：一是现代化基金，将帮助低收入成员国升级能源系统；二是创新基金，将对可再生能源、碳捕获与封存以及低碳创新项目提供资金支持。欧洲议会还建议设立过渡基金，支持受脱碳经济影响的过渡性工作技能培养和劳动力再分配。

根据上述计划，航空行业获得的配额将比 2014 至 2016 年的平均水平少 10%。航空业配额拍卖收入将被用于欧盟和第三国气候行动。欧洲议会还建议设立海上气候基金，以补偿航海排放、提高能源效率、促进航海领域技术创新和减少二氧化碳排放。

欧盟最新报告还公布了欧盟碳市场的一些积极信息，过剩的碳指标数量（或称配额）已经极大地下降。在欧盟碳排放交易体系中，欧盟各国（以及冰岛、列支敦士登和挪威）的企业得到分配的碳配额，并可进行拍卖。配额可以买卖以实现总体的碳排放总额控制，这个总额也一直在逐年递减。过剩配额的问题自从全球金融危机爆发以来就一直困扰着这个体系，导致欧盟使用很多的方法来重组系统以增加其有效性，刺激对低碳技术的更大投资以及确保长期的可持续性。2017 年 2 月发布的报告显示，2015 年过剩配额下降了大约 3 亿吨，表明碳排放交易体系在削减欧盟范围的排放方面实现了进步。

①近期趋势

欧盟碳排放交易体系配额余量已经企稳，并开始下降。虽然炼油厂、化工厂、采矿业和航空业等行业的排放量仍在增加，但 2015 年欧盟碳排放交易体系内涵盖的温室气体排放量较 2014 年下降了 0.7%。这一减少量主要是发电企业的燃烧设备贡献的，这是京都议定书第一承诺期（2008—2012 年）结束后，第一个排放量减少的年份。钢铁、水泥、石灰、造纸和化工部门的配额均能够满足其排放量需求，然而，火力发电企业还是需要购买大量的配额以满足排放需求。此外，2015 年欧盟碳排放交易体系拍卖平台的平均价格略有上升，二氧化碳当量每吨约为 8 欧元，现阶段的这一价格对长期、高资金投入的减排设施需求的刺激十分有限。

随着排放量的缓慢下降，2015 年欧盟碳排放交易体系减少了 17% 用于无偿分配、拍卖、出售以及国际减排项目的配额。这一配额削减量超过了二氧化碳减排量，使得自 2008 年至今，系统内积累的 21 亿吨二氧化碳配额在 2015 年减少了 3 亿吨，相当于欧洲一年的计划配额。为保证碳市场解决结构性供需不平衡的问题以保障其有序运行，欧盟决定于2019年启动市场稳定储备机制（MSR）。

②远期趋势

2005年以来电力生产减排已经取得了显著效果，主要在于能源结构调整：硬煤和褐煤燃料使用量降低，可再生能源的使用量几乎翻了一倍。但欧盟整体排放趋势并不能完全反映各成员国趋势，例如波兰仍然在很大程度上依赖固体化石燃料发电，相比之下，英国煤炭发电正在逐步被淘汰。其他纳入欧盟排放交易体系的工业活动排放量也有所减少，在欧洲排放交易体系发展第三交易周期（2013—2020年）的前三年较为稳定。此外，欧盟碳排放交易体系配额分配有多种方式，其中拍卖是其默认方式，尤其是对电力部门。2013—2020年间，每年用于拍卖的配额都将增加，这意味着电力企业必须通过一级市场拍卖以及二级市场购买更多配额。

为确保新建工业设施的平等交易，欧盟为第三交易周期的初始阶段储备了4.8亿吨配额，以应对新设备的投入或旧设备的扩建。在八年交易周期的前三年（2013—2015年），大部分储备配额被用于旧设备的扩建，只有20%的配额被使用或预留以备未来新建设备使用，而未来储备在很大程度上取决于经济的发展，因此还有诸多不确定性。2015年年底绝大部分交易周期内的排放配额都已用尽，仅剩4%。

2017年11月，欧盟批准了一个支撑碳排放许可价格和调整排放市场的计划，以在未来十年实现更具雄心的气候目标。

2.2.9 航空、航海碳税

（1）航空碳税

2014年3月4日，欧洲议会与欧盟成员国就排放交易体系（ETS）达成协议，决定免征非欧盟航空公司的碳排放税。该协议出台历经波折，是欧盟迫于国际压力达成的妥协。因俄罗斯、中国和美国不断施压以及空客等公司密集游说，欧盟在ETS上步步退让。2008年ETS制定时，规定所有欧盟境内机场起飞或降落的航班均需就飞行全程产生的排放缴税。此后，欧盟委员会以国际民航组织大会同意在

2016 年前出台航空排放机制为由，修改欧盟 ETS 规则，规定非欧盟航空公司仅需就其在欧盟境内飞行产生的排放缴税。该提案得到了欧洲议会投票支持。但德法英等国因惧怕与他国开启贸易战，所以力压欧洲议会，一道推翻了欧盟委员会提案，最终形成了现有协议。

2016 年 11 月 5 日，国际民用航空组织（ICAO）通过了减少全球航空业碳排放的市场机制决议。2017 年 2 月，为配合该决议，欧盟委员会对欧盟排放交易体系进行修改。新系统要求航空公司监控并报告其国际航线的碳排放数据，并对超标排放给予补偿。新措施能够确保航空业辅助完成欧盟气候变化行动目标。

（2）航海碳税

在单边推动航空业碳减排受挫之后，欧盟收回了之前对航运业的"威胁"，改为考虑在 2013 年开启第一步行动，即对海上运输所产生的温室气体排放量进行监测、报告和核查（MRV）。

欧洲环境署（EEA）2013 年 3 月 14 日最新发布的报告指出，航运业是目前最不受管制的空气污染来源之一。根据国际海事组织（以下简称"IMO"）在 2009 年所作出的评估，目前全球航运业气体排放量约占全球人为排放量的 3.3%，如果监管不到位，到 2050 年，其排放量可能占到全球 18%。

2013 年 6 月 28 日，欧盟委员会向欧洲议会和欧盟理事会提交立法建议，建议在欧盟层面建立关于航海排放的监测、报告和核查体系，从 2018 年 1 月 1 日起，所有抵离欧盟港口（包括在欧盟港口之间航行）、总吨位超过 5 000 吨的大型船舶，不分所属船旗国，均应向欧盟委员会及船旗国提交前一年度二氧化碳排放相关数据。欧盟委员会称，作为推动国际航海减排的第一步，该建议旨在为现有船舶设立全球能效标准。如国际海事组织（IMO）就有关问题达成全球协定，欧盟将相应调整其体系。

欧盟认为 IMO 在推行减排方面不够积极。因此，为了履行欧盟在 2009 年达成的气候和能源一揽子协议，欧盟一直在考虑采取措施将船舶排放纳入欧盟现有的减排承诺。欧盟在 2013 年开启第一步行动，即对海上运输所产生的温室气体排放量进行监测、报告和核查。欧盟参照其将航空部门纳入欧盟排放交易体系的设计，在2013年执行自己的航运法规。不过，在航空碳税引起重大外交纷争之后，欧盟宣布推迟航空碳税，并在海运业减排方面也收缩了推行力度。

欧洲共同体船东协会（ECSA）强调，对于国际航运界任何MRV方面的强制性规定，必须在IMO层面上得以商讨且需要确保其系统全球统一，任何MRV系统必须具有准确、操作简单、符合成本效益的特点。为了减缓减排压力，IMO所作出的反应机制包括设立前文提到的EEDI，即以二氧化碳排放量为指标来衡量船舶设计和建造能效水平，对于2013年1月1日之后签订建造合同的400吨及以上的新船，规定了目标年限和折减系数。

2014年11月26日，欧盟理事会宣布，欧盟常驻代表委员会与欧洲议会已就一项针对船舶二氧化碳排放的监管草案达成共识，旨在推动在欧盟范围内对海上船舶的二氧化碳排放进行监控。

海上航运是目前欧盟减少温室气体排放承诺中唯一没有覆盖到的运输方式。联合国国际海事组织表示，国际航运业的二氧化碳排放量占到全球总量的3%左右。但如果控制措施不及时就位，到2050年该比例可能会增至18%。在逐步减少运输行业温室气体排放方面，监控海上船舶的二氧化碳排放将是第一步。

新草案主要覆盖总吨位超过500吨的商用船只。按规定，从2018年1月1日起，船舶所有人需要对单艘船每个航次和每年的二氧化碳排放进行监控。欧盟委员会将负责对海上航运的二氧化碳排放情况发布年度报告，每两年针对海上航运对全球气候的整体影响进行评估。

2.2.10 建筑领域

建筑物的能源消费，占欧盟总能源消耗量的40%，占欧盟温室气体总排放量的36%。建筑能源消费主要包括：家庭住宅、公共和私人办公用房、商店和娱乐建筑以及其他建筑设施。欧盟27个成员国家庭住宅的平均能源消费分布为：67%用于室内空间的热量平衡；15%用于照明和家用电器；14%用于热水供应；4%用于烹饪餐饮。

随着欧盟可再生能源技术、节能建筑技术和提高能效技术的日益成熟，在欧盟委员会的倡议下，欧盟第七研发框架计划（FP7）提供部分资助，集成欧盟16家一流的科研机构与企业，组成欧洲 R2CITIES 研发创新网络平台，旨在通过优化设计、规划、执行和管理，实施欧盟近零排放城市的试点示范，加速战略新能源技术的实战演练，早日形成新能源技术工业规模的产业化，积累近零排放城市的治理经验与知识，努力实现欧盟2020战略确定的节能减排目标。

2013年5月6日，欧盟委员会通过《绿色基础设施——提高欧洲的自然资本》的报告，实施这一战略有利于实现环保和经济效益的双赢。根据这一战略，今后欧盟制定重要政策时都要考虑到绿色基础设施的建设，2013年年底欧盟委员会出台意见，指导2014—2020年欧盟在制定政策时考虑绿色基础设施；加强绿色基础设施基本数据的收集工作，加大有关技术研发力度；欧盟委员会与欧洲投资银行2014年前出台措施为绿色基础设施建设提供资金支持。绿色基础设施是前些年开始流行的新概念。相对于完全由人工设施组成的"灰色基础设施"，它把人工设施和自然环境有机结合起来，充分利用森林、湿地、绿化带等形成一个人工与自然相互联系、相互作用的有机整体，可改善生态环境，保护生物多样性，提供新的经济增长点。

2.2.11 碳捕获与封存（CCS）技术

2013年3月27日，欧盟委员会发布欧盟可再生能源进展报告和欧洲 CCS 技术进展文件。在进展文件中，欧盟委员会提出要促进 CCS 技术的商业应用，并呼吁利益相关方就加快 CCS 在欧洲的发展提出意见和建议，欧盟委员会将在征求各界意见基础上出台鼓励 CCS 发展的新政策。

尽管欧盟2050年能源路线图和2050年低碳经济路线图均将 CCS 作为实现低碳发展的重要举措，但 CCS 在欧洲的商业应用仍然进展缓慢。进展文件指出，其主要原因是：（1）缺乏长期的商业运行案例；（2）CCS 技术的成本较高，在当前碳价低迷的情况下，欧盟缺乏其他政策约束和激励机制，使得投资者对 CCS 缺乏热情；（3）涉及二氧化碳封存的项目遭到公众强烈反对，部分成员国甚至明确禁止或限制境内的二氧化碳封存；（4）欧洲虽然有充足的二氧化碳封存能力，但封存地点离排放源太远或运输条件不佳。鉴于当前欧洲碳交易市场的碳价低迷，无法发挥刺激 CCS 投资的作用，欧盟委员会将单独制定鼓励 CCS 发展的政策措施，并加强对长期运行的 CCS 商业示范项目的支持。

2014 年 1 月 14 日，欧盟议会全体会议表决通过了《2013 年欧洲推广应用碳捕获与封存技术执行报告》，该报告对欧洲重回积极的 CCS 技术发展轨道给出了总体指导方针和具体建议。其围绕 CCS 作出如下几个方面的阐述：提升目标、欧盟成员国的主导作用、欧盟监管和资助、运输和封存选址、CCS 就绪状态和碳捕获与利用等。资金安排是其中最重要的内容，包括在缺乏稳定碳价时，号召成员国在财政支持和监管安排方面发挥更积极的作用。欧盟被迫支持包括 CCS 旗舰项目在内的创新型技术的发展，以及对这些技术进行资助的"工业创新投资"。在封存方面，该报告建议把北海作为欧盟委员会在对 CCS 指令进行更全面的修订时可考察的封存点之一，该指令也将会提到封存负债。北海已被标记为碳封存的黄金地段，也是化石燃料企业将它们的业务由取出变为注入的最好机会。欧盟委员会还要求成员国上报 CCS 技术要为 2030 年和 2050 年减排目标作出重大贡献所需达到的水平。

2.2.12　资金支持

（1）欧洲公平机制基金

2020 年 1 月 15 日，欧盟委员会在法国斯特拉斯堡举行的欧洲议会全体会议上提交了《欧洲绿色协议》审议报告，欧盟委员会决定首先拿出约定 1 万亿欧元中的 1 000 亿欧元成立"公平机制基金"，用于成员国调整传统行业产业结构，以减少化石燃料的使用。这 1 000 亿欧元来自欧盟委员会、成员国、欧洲投资计划以及银行借贷。

此计划要得以实现，还需要欧盟成员国内部统一的意见，坚持 10 年计划实施期政策的稳定等。尽管如此，这一计划仍表明新一届欧盟领导层履行诺言的决心和对环境和气候变化的高度重视。

（2）欧盟2020地平线（Horizon 2020）计划

全球能源资源和气候变化愈演愈烈，已成为人类历史上和我们这个时代最大的社会挑战。现实压力让世界上越来越多的国家积极采取政策措施与行动计划，加入到应对日益威胁全球的气候变化行列之中。最新推出的欧盟2030能源与气候战略政策框架，确定了到2030年，在1990年水平上降低温室气体（GHG）排放40%以上，可再生能源生产占总能源消费结构比例27%以上和提高能效27%以上的约束性总体战略目标。一方面，为2015年年底巴黎举行的联合国气候变化框架公约（UNFCCC）缔约方大会做准备，明确欧盟的庄严承诺；另一方面，进一步刺激欧盟战略新兴技术的研发创新活动并创造新机遇，加速欧盟经济社会向更节能、更低碳和更绿色转型。

为此，欧盟委员会于2014年初正式启动总额为800亿欧元、新的7年期（2014—2020年）研发创新框架计划，即欧盟2020地平线（Horizon 2020）计划已通过决定，对气候变化、生态环境、资源效率和原材料主题进行了综合调整。新调整的气候变化综合主题被确定为欧盟2020地平线重点优先领域的"重中之重"，集中资源加大研发投入力度，并已完成首批研发创新项目公开招标，提前部署落实欧盟能源资源高效利用和经济社会适应气候变化的总体目标任务。

2020预算是欧盟7年期预算中的最后一个年度预算，相当于28个成员国GDP之和的1%。欧盟已经承诺，2020年向价值约1 687亿欧元的项目拨款，其中21%将用于应对气候变化。具体来看，环境和气候变化生命项目将获得5.896亿欧元（与2019年相比增长5.6%）的拨款。对实现气候目标作出重大贡献的"2020地平线"项目将获得134.6亿欧元（比2019年增加8.8%）的拨款。此外，欧盟还将大规模投资部署可再生能源，升级现有的能源传输基础设施并开发新的基础设施，推动节能减排。欧盟的下一个7年期预算从2021年开始，持续到2027年年底。

（3）欧盟战略能源技术行动计划（SET-Plan）

2013年5月7日，欧盟战略能源技术行动计划（SET-Plan）大会在爱尔兰首都都柏林举行，大会成为欧盟及其成员国有关新能源技术开发的政府部门、科技界、工业界和利益相关方聚会的又一次盛大活动。鉴于新能源技术在欧盟可持续发展、低碳经济、能源安全和应对气候变化挑战中扮演着重要角色，自2008年起，欧盟及其成员国正式实施战略能源技术行动计划，旨在加速欧盟新能源技术产业的快速扩张，提升欧盟能源工业的竞争力，促进经济增长和扩大就业，建立起符合21世纪可持续发展的欧盟新型能源供求体系。

欧盟战略能源技术行动计划实施以来，除欧盟的其他计划如经济恢复计划、NER300计划等以外，仅欧盟第七研发框架计划（FP7）能源主题就资助了350个能源技术研发创新项目，资助金额超过18亿欧元。欧盟委员会的财政投入产生了积极的放大效应，目前，SET-Plan的研发投入70%来自工业界，20%来自成员国政府，10%来自欧盟委员会。

迄今为止，SET-Plan已获得巨大成功：欧盟第一座集中式太阳能发电厂投入商业化运营；智能电网成功接入间歇式可再生能源（风力发电和光伏发电）；年产4万吨到8万吨木质纤维素燃料的9座精炼厂示范项目顺利实施；欧盟首座海上风力发电浮动研发平台落成；欧盟数个城市利用燃料电池技术实现零排放的氢能公共交通运输系统建设等。

（4）LIFE计划

2013年7月19日，欧盟委员会宣布，在新一轮的多年期财政预算中，安排34.56亿欧元支持欧盟LIFE+计划，用于支持环境与气候变化研发和创新。其中25.9亿欧元用于环境保护项目，8.64亿欧元用于支持气候变化项目。

LIFE+计划是欧盟于1992年启动的一项专门支持环境及资源保护项目的金融机制，面向欧盟成员国、候任国及欧盟周边国家的研究机构、学术组织和私有企业开放。目前，该计划已实施4期，分别是：LIFE I（1992—1995）；LIFE II（1996—1999）；LIFE III（2000—2006）；LIFE+（2007—2013）。迄今，LIFE计划已支持

3 708个环境研发创新项目，是欧盟层面环境保护领域的一项重要研发计划。

与以往LIFE计划相比，新一轮的LIFE计划将设立环境、气候变化和多学科综合研究3个专题。环境专题重点支持环境与资源效率、生物多样性、环境监管与信息交流项目；气候变化专题的重点领域包括气候变化减缓、气候变化适应、气候变化管理与信息交流等；多学科综合专题将调动其他欧盟及其成员国专项资金、私有企业资金参与，重点开展大范围的战略性环境与气候变化研发创新行动计划，如水资源管理、废弃物管理、空气污染防治、气候变化减缓与适应等。

新一轮LIFE计划的一个重要变化是，大力鼓励私有企业的参与，LIFE资金将与银行合作，以贷款和担保金的形式对项目进行资助。此外，新一轮的LIFE计划对项目的资助比例也有所变化。一般项目的资助比例为50%~60%，重要物种及栖息地环保项目的资助比例为75%。

2014年4月30日欧盟委员会批准为LIFE+（欧盟环境融资工具）规划项下225个新项目提供资金，新项目涉及自然保护、气候变化、环境政策、欧盟内部相关环境情况信息与通信。上述项目共需资金5.893亿欧元，其中欧盟出资2.826亿欧元。欧盟环境委员波托奇尼克表示，最新甄选的项目将为欧盟开展自然保护、提升自然资本、通过投资实现可持续增长贡献力量。

2017年10月，欧盟委员会批准2.22亿欧元，支持欧洲在"环境与气候行动LIFE计划"的推动下向更可持续和低碳发展转型。欧盟此项投入将撬动外界投资，总投资额将达到3.79亿欧元，用于20个成员国开展139个新项目。此次投入之中，1.189亿欧元将用于环境和资源效率、自然和生物多样性，以及环境治理和信息领域的项目。根据欧盟委员会循环经济一揽子计划，这些项目将帮助成员国发展更加可循环的经济。项目实例包括：意大利对可以经济有效地将汽油车转换为混合动力汽车的原型设备进行检测，荷兰从污水污泥中合成生物基产品，西班牙应用生物处理措施去除其南部水域中的农药和硝酸盐等。其他项目将支持执行"自然行动计划"。物种保护是另一个重点领域，例如斯洛文尼亚的一个跨国界项目将帮助高濒危的山猫物种存活下来。

在气候行动方面，欧盟将投资 4 020 万欧元来支持气候变化适应、减缓和治理以及信息项目。所选项目将支持欧盟减排目标，即到2030年欧盟温室气体排放量比1990年减少至少40%。LIFE 资金还将有助于提高欧洲最繁忙的水道——比利时斯海尔德河的运力，开发预测沙漠沙尘暴的工具，并弱化城市热岛效应。

59个LIFE环境与资源效率项目将带动共1.346亿欧元的投资，其中欧盟将提供7 300万欧元。这些项目涵盖了空气、环境与健康、资源效率、废物和水等五个主题领域的行动。仅15个资源效率项目就将获得3 790万欧元，来帮助欧洲进一步向循环经济转型。

39个LIFE自然与生物多样性项目将支持实施"自然、鸟类和栖息地指令行动计划"和"面向2020欧盟生物多样性战略"，总预算为1.355亿欧元，其中欧盟将提供9 090万欧元。

14个LIFE环境治理和信息项目将提高公众环境事务的意识。总预算为3 020万欧元，其中欧盟将投入1 800万欧元。

12个LIFE气候变化适应项目将带动共4 260万欧元的投资，其中欧盟将提供2 060万欧元。这些资金支持六个主题领域的项目：基于生态系统的适应，健康和福祉，山区和岛屿地区适应性农业，城市适应与规划，脆弱性评估和适应战略，以及水（包括洪水管理、沿海地区和荒漠化）。

9个LIFE气候变化减缓项目的总投资额为2 570万欧元，其中欧盟将出资1 360万欧元。这些资金支持三个主题领域的最佳实践、试点和示范项目：工业，温室气体核算与报告，以及土地利用和林业、农业。

6个LIFE气候治理和信息项目将改善气候变化治理并提高公众意识。总预算为1 040万欧元，其中欧盟将提供600万欧元。

（5）电厂补贴

2013年7月，欧洲投资银行表示，停止向二氧化碳排放量高于550克/千瓦时燃煤发电站发放贷款，以帮助28国集团减少污染、实现气候目标。自2007年开始，欧洲投资银行向化石燃料发电厂提供了约110亿欧元的贷款，仅占其能源领域830

亿欧元贷款总额的一小部分。在欧洲投资银行之前,许多多边金融机构已经采取了相似的措施,例如世界银行只在"极少数情况下"资助燃煤发电厂。越来越多的私营贷款机构也开始重新考虑其在煤炭相关资产方面的借贷。

2018年12月6日—18日,欧洲理事会、欧洲议会和欧盟委员会召开了两次三方调解会议,最终就欧盟电力市场改革达成政治协议,攻破了《清洁能源一揽子法》立法中最后一个重要堡垒。新规生效后,新建电厂自发电之日起如果化石燃料排放二氧化碳超过550克/千瓦时就不能参加"容量机制";已有电厂如果化石燃料排放二氧化碳超过550克/千瓦时且年平均装机排放超过350克/千瓦时,2025年7月1日后将不再享受"容量机制"支持。在波兰强烈反对取消"容量机制"的情况下,为了能够早日推出《清洁能源一揽子法》,新规同时也为波兰设置了一个特殊条款,保护2019年12月31日前其根据国家能力计划批准的所有合同。

(6)可再生能源补贴

2013年11月,欧盟委员会向各成员国政府发布可再生能源支持方案指南,要求各成员国对太阳能和风电的支持政策应考虑技术进步、投资成本降低及产能扩大等因素,灵活调整相关激励政策。随着可再生能源竞争力的提高,各成员国应最终取消对该行业的政府支持。现行的优惠电价补贴政策应逐步代之以其他的支持手段,但不应突然性和追溯性地改变政府对可再生能源的激励措施。

(7)加大对能源基础设施的投入

2014年5月12日,欧盟委员会宣布在"连接欧洲设施(Connecting Europe Facility,CEF)"项目下首批释放7.5亿欧元资金用于欧盟能源基础设施建设,项目工程主要集中在天然气和电力领域,重点解决能源供应安全问题,结束部分成员国"能源孤岛"现状,同时有助于完善欧盟内部能源市场,加速新能源在能源结构中的融合进程。欧盟委员会能源委员奥廷格称,欧盟这一巨大财政投入将有效改变能源现状,乌克兰危机显示了欧盟升级能源基础设施、加强成员国互联互通、提升能源安全的重要性,同时,加强能源基础设施建设也是完善内部能源市场的先决条件。在欧盟2014—2020多年度财政预算框架下,CEF项目总资金为58.5亿欧元,由欧盟委员会对资金项目筛选评定。

（8）支持应对气候变化技术研发

欧盟委员会2014年7月8日决定，拨款10亿欧元支持19个应对气候变化的项目，资金来源于出售碳排放权所取得的收入。这些项目将为欧盟每天节省10亿欧元的化石燃料进口费用，同时也有益于展示欧盟在提高可再生能源产出以及碳收集和储存方面的技术。上述19个项目中目前已落实配套资金的涉及多种能源技术，包括生物能、地热能、光伏、风能、潮汐能、智能电网及首次CCS等技术，项目在12个成员国分别展开。

（9）气候银行

2019年12月发布的《欧洲绿色协议》中，欧盟计划未来十年内为气候投资1万亿欧元，并将欧洲投资银行的部分业务部门转变成一个专门的气候银行，将私人投资引入"欧盟各个领域"的气候和清洁能源项目。

作为全球最大多边融资机构、全球最大绿色债券发行方，欧洲投资银行（EIB）提出了建成全球首家气候银行、10年内新增1万亿欧元绿色投资、2021年开始全面停止石化类能源项目的贷款和投资等一系列雄心勃勃的计划。

（10）实施效果

2015年，全球太阳能、风能和其他可再生能源的投资达到了创纪录的3 289亿美元。在世界其他地区清洁能源投资蓬勃发展之际，欧洲的投资却由2014年的620亿美元下降到了488亿美元，降幅达21%。除世界最大的清洁能源投资方中国以外，亚洲其他国家对可再生能源的总投资在2015年首次超过了欧洲。受南非成功的可再生能源电力企业项目推动，同期中东和非洲的新能源投资增长了58%，达到125亿美元。上述报告认为，可再生能源投资从发达国家向新兴经济体转移是新兴经济体能源需求增长和欧洲削减补贴的结果。2015年，太阳能再度成为吸引最多投资的领域，超过了包括水力发电在内所有其他新能源技术吸收投资的总和。上述报告跟踪的七大新能源技术中，2015年，只有风力和太阳能的投资增长了，其中风力电站投资增长了4%，而太阳能投资增长了12%。

2.2.13 废弃物与垃圾处理

（1）塑料废品绿皮书

欧盟委员会2013年3月7日发布有关塑料废品的绿皮书，就提高塑料制品的利用效率和降低塑料制品对环境的影响征求公众意见。

塑料制品一旦进入环境，特别是海洋环境，其降解周期往往高达数百年。目前全球每年有1 000多万吨废品被倒入海洋，其中大部分是塑料制品，使得海洋成为全球最大的塑料废品"填埋场"。

绿皮书详细介绍了塑料在工业生产各环节中发挥的作用，以及提高塑料回收利用率对经济增长的潜在效果。随着人口的增长和资源的日渐消耗，对塑料的回收和再利用将成为保护资源的另一种选择。为了加快这一进程，需要在塑料制品的设计中考虑加入回收再利用、环境保护等因素。

（2）垃圾回收计划

2014年7月2日，欧盟公布了新的垃圾回收目标——到2030年使城市垃圾和包装垃圾的回收率分别达到70%和80%。与此同时，欧盟还在争取通过一条新的禁令，即到2025年时禁止将纸张和塑料等可回收的废品扔进垃圾填埋场，并将食物垃圾量降低30%。之前欧盟已设立了到2020年前使垃圾回收率达到50%的目标，但欧盟成员国的达标情况并不乐观。欧洲统计局的数据显示，欧盟成员国2012年只回收了27%的城市垃圾，有1/3的城市垃圾都被送入了填埋场。德国是最接近这一目标的国家，2012年回收了47%的垃圾。相比之下，罗马尼亚填埋了其99%的垃圾。

2017年12月18日，欧盟各机构达成了一项临时协议，提出了4项"废物处理方案"的立法建议，这是欧洲向"循环经济"过渡的又一步骤。目前，近1/3的欧盟城市垃圾都是垃圾填埋，在总回收量中份额有限。

已议定的废物立法建议，包括建立有约束力的减少废物的目标和更新的规则，以减少废物产生，确保更好地控制废物管理，鼓励产品的再使用及改善所有欧盟国家的废物回收质量。自2017年5月以来,欧盟相关机构与议会进行了漫长而艰难的谈判。它修正了以下六项立法:废弃物框架指令、包装废物指令、垃圾填埋场指令、电池和蓄电池指令、废电池和蓄电池有关电子及电子废物的指令。主要内容包括对垃圾进行清晰的定义。欧盟将在2025年、2030年和2035年实现减少废物的新约束性指标。这些目标涵盖了城市垃圾和包装废物回收(针对不同包装材料的具体目标)的份额,同时也是到2035年城市垃圾填埋的目标。

2.3 区域产业发展受国内外气候变化政策影响

交通部门是欧盟主要排放源之一,约占欧盟排放量的20%。值得关注的是,在工业、农业、建筑业等诸多排放部门中,交通部门是碳排放增长的唯一部门。

2.3.1 机动车行业

2018年10月欧盟各国环境部长在卢森堡召开会议,会议通过了2030年将汽车二氧化碳排放量减少35%的决议。而以德国车企为代表的欧洲汽车厂商对于这一结果并不满意,认为将削弱欧洲汽车业的竞争力,并影响该地区就业。

道路交通领域的碳排放量占欧盟碳排放总量的20%。从20世纪90年代起,欧盟交通领域的碳排放量一直处于增长状态,是唯一一个温室气体排放仍处于增长状态的领域。因此,欧盟极力推动2030年汽车碳排放立法。

汽车行业无疑是欧洲工业的推动力。欧洲汽车业既受到绿色环保的驱动,也受到来自欧洲以外竞争的驱动,特别是德国担心过于严格的汽车尾气排放目标会损害其竞争力。2018年12月17日,欧洲议会和欧盟理事会就新上市汽车的二氧化碳排放法规草案达成一致,为欧盟确定了2021—2030年汽车二氧化碳排放减少37.5%的最终目标,以及到2025年二氧化碳排放减少15%的中期目标。

在立法过程中,德国柏林行政法院在2018年10月9日作出裁决,柏林市需要在城市的重要区域禁止欧五标准或更早标准的柴油车,禁令最晚在2019年7月开始实施。还有更多的欧洲城市（如米兰、伦敦）推出柴油车上路禁令。欧洲国家的司法裁决和行政法规推动了欧盟的汽车尾气排放立法，这有助于欧盟尽早实现《巴黎协定》目标，也对其领导全球抗击气候变化具有积极意义。

综上所述，《巴黎协定》生效后，欧盟委员会在能源联盟建设中以更为积极的态度推进了清洁能源的发展，并试图以此带动欧盟温室气体减排力度的提升。然而，欧盟虽然制定了新的2030年清洁能源发展和汽车二氧化碳排放目标，但这些立法进展并没能带动欧盟将温室气体减排目标提升至新高度。事实上，《清洁能源一揽子法》生效后如能严格执行，欧盟2030年温室气体减排水平将会被推至比1990年水平减少45%的程度，但仍有一些成员国不同意欧盟提高2030年温室气体减排目标，其主要原因是欧盟内部在气候能源领域存在多种行动意愿和利益诉求。2018年12月，欧盟发布报告指出，欧盟计划到2030年使客车和货车的二氧化碳排放量分别比2021年减少37.5%和31%。

（1）电动汽车

2018年，全球新能源乘用车销量为201.8万辆，占全球汽车总销量的份额为2.1%。2018年，纯电动车和插电式混合动力车约占整个欧盟乘用车销量的1.5%。根据行业数据，在2019年第三季度，欧洲电动汽车销量占新车登记量的3.1%。

作为汽车行业重要减排手段，欧洲电动汽车的快速增长趋势正在形成。欧洲纯电动汽车和插电式混合动力车型的销量，在2020年前9个月增长了35%，超过中国和美国。欧洲电动汽车的快速发展，主要得益于欧洲各国政府为消费者购买新能源车提供了越来越优惠的激励措施。汽车制造商在欧洲已经感受到了较大的环保压力，如果它们不能达到欧盟的强制减排目标，就要向欧盟支付高额罚款。如今，各大汽车制造商纷纷加快了在欧洲市场的电动化转型。

2019年年初，德国市场的纯电动车销量首次超越挪威，成为欧洲电动车年销量第一的区域市场。德国联邦机动车管理局数据显示，2019年1—11月德国新上牌照的电动汽车约为57 500辆。而挪威官方数据显示，同期挪威新上牌照电动汽车数量约56 900辆。2019年9月，德国政府对电动车的购置补贴政策无疑将对电动车市场的壮大起到重要的推动作用。根据相关政策，购买40 000欧元以下的电动汽车的德国消费者，可以获得来自国家和企业的最高6 000欧元的补贴。同时，德国联邦政府将投入35亿欧元扩建5万个电动汽车公共充电桩。预计到2030年，德国能够拥有700万至1 000万辆电动汽车，并建设100万个公共充电桩。

作为欧洲第二大汽车市场，英国车市近几年受到了"脱欧"所带来的不确定性的影响，而电动汽车销量的增长给车市的总体衰退带来了一些缓解。英国汽车制造商和贸易商协会（SMMT）的数据显示，2019年前11个月，英国纯电动汽车的销量同比翻了一番有余，达到了32 911辆。不过，在整个英国汽车市场中，电动汽车所占的份额只有1.5%。

身为巴黎气候协定的主要成员之一，法国希望通过提供相关政策支持，推动电动汽车和充电站的普及，降低碳排放并支持国内产业。咨询公司Inovev的数据显示，在法国的电动汽车市场上，雷诺的紧凑车型Zoe成为了迄今为止最畅销的电动汽车，其市场占有率达到了43%，领先于特斯拉Model 3和日产聆风。

2020年1月，法国正式颁布施行《交通未来导向法》，鼓励法国民众绿色出行。这一法律提出了法国减少碳排放的路线图，并给出了法国交通领域2050年实现"碳中和"的目标。实现这一目标需要分两个阶段：第一，在2030年前把法国二氧化碳排放量减少37.5%；第二，在2040年前停止出售使用汽柴油和天然气等化石燃料的车辆。

为促进民众更多选择公共交通、自行车等绿色出行方式，《交通未来导向法》指出，2019年至2023年间，法国政府将拨款137亿欧元用于发展基础设施，对现有交通网络进行维护。2020年，法国政府推出电动公交车，在2022年将电动汽车充电桩数量增加了5倍。法国政府还将设立总额为3.5亿欧元的自行车基金，加强对共享自行车、电动滑板车的管理，为市民提供更加安全的出行环境。

2020年起，购买清洁能源汽车的消费者将根据购买价格区间的不同，获得3 000欧元至6 000欧元不等的"生态奖金"。对于二氧化碳排放量少于20克/千米的汽车，法国政府则把奖励额度提高50%。

此外,作为欧洲较早推广电动汽车的市场,也是较早为消费者提供电动车购买补贴的市场,北欧国家已经开辟出了一条适合自己的推广道路。

(2)氢能汽车

氢能是重要的清洁能源,其安全使用对于全球减排具有重要意义。2019年12月的《欧洲绿色协议》中,欧盟将氢能列为欧盟能源转型的"投资关键领域"。在COP25气候大会期间,意大利卡车生产商依维柯与美国初创科技公司尼克拉摩托联手,宣布将于2023年在欧洲市场推出单次充电里程达966千米的氢能动力卡车。

(3)排放标准

欧盟终端能源消耗三大用户为建筑、工业和交通。其中汽车碳排放目前已占欧盟碳排放的12%,而且这个数字仍然在不断上升。因此,交通领域的减排措施成为欧盟减排目标实现的关键。欧盟在2050年能源路线图和2050年低碳经济路线图这两个战略文件中,均将交通节能视为减排的重要领域。

2014年2月25日,欧洲议会决定,要求到2020年欧盟范围内所销售的95%的新车二氧化碳排放平均水平须达到每千米不超过95克的标准,到2021年这一要求必须覆盖所有在欧盟范围内销售的新车。如果届时汽车制造商无法达到上述标准,超出碳排放标准的车辆将受到欧盟每辆车每千米95欧元/克的处罚。2014年欧盟范围内所适用的新车二氧化碳排放控制目标为,到2015年实现二氧化碳排放量均值为每千米130克,2012年欧盟内新车的碳排放水平为每千米132克。在欧盟以外的国家,美国新车二氧化碳排放控制目标为每千米121克,中国新车二氧化碳排放控制目标为每千米117克,日本新车二氧化碳排放控制目标为每千米105克。

在此法案通过进程中,欧洲议会内部进行了激烈的辩论。该提案在遏制温室气体排放的同时,也会限制燃油的使用。在欧盟委员会建议的2020年每千米95克碳排放目标基础上,欧盟希望2025年能够达到每千米70克。代表欧洲消费者利益的欧洲消费者组织表示,对于消费者和希望降低石油进口的欧盟来说,可选的方案是选择那些耗油尽可能少的汽车。油价上涨会让消费者受到直接财务损失。受经济衰退和需求减少影响，欧洲汽车制造业分裂为两大阵营：专门生产豪车的制造商和生产轻型节油汽车的制造商。除了汽车部门，其他利益团体也受到影响，例如冶炼厂希望汽车能够使用更多轻型铝材料，长期遭受利润不佳影响的炼油厂将面临需求下降。拥有众多高档车制造商的德国表示，应该推行"超级积分"来鼓励电动汽车等低排放汽车的发展。由于每千米95克的排放标准是欧洲汽车的平均水平，所以"超级积分"可以用于抵消继续制造的高排放车辆产生的排放。

2013年11月，欧洲议会环境委员会通过了一项法律草案，拟提高欧盟境内出售的轻型商用车新车的碳排放标准。这项已获得欧盟各国首脑非正式认可的法律文本将为欧盟2020年之后的进一步减排奠定基础。欧盟目前的商用车碳排放标准是每千米203克。如果该草案最终成为法律，从2017年开始碳排放标准将降低到每千米175克，并在2020年进一步降低到每千米147克。147克/千米的标准将适用于所有自重2.61吨以下或满载重量低于3.5吨的厢式货车。到2020年，为了达到147克/千米的标准，汽车制造商必须生产更多清洁能源车型，以抵消过去生产的污染程度更高的车型的排放，否则它们将被课以罚金。

2009年，欧盟出台了乘用车企业二氧化碳排放法规，由初期企业自愿承诺减排转变为强制性法规。超额排放企业须交纳费用，允许企业自由组合共同达到法规要求。在此法规约束下，欧盟乘用车二氧化碳排放自2009年到2014年期间降低了15.3%。

2018年4月，欧洲议会在法国斯特拉斯堡通过了一项旨在防止大众柴油排放丑闻重演的新法律，欧盟委员会获得了对汽车制造商的处罚权，不达标车每辆最高可罚款3万欧元，并可要求车企召回。此项法案的通过表明欧盟各国将对机动车排放实行更为集中的市场监管。

西班牙计划2040年停止汽油车、柴油车和混合动力汽车销售。

（4）新的排放测试程序

2016年11月25日，欧盟委员会科学建议机制（SAM）下的高水平小组发布其第一份意见书，阐述加强针对汽车二氧化碳排放的措施，其中一条重要措施是采用新的排放测试程序。SAM 高水平小组的第一份意见书将成为 2020 年后欧盟汽车和货车排放标准的关键参考。新的排放测试程序将于 2017 年生效。该测试程序配套有道路驾驶二氧化碳排放监控作为补充，包括乘用车燃料消耗的正式报告。

欧盟要实现气候和可持续性目标，就需要减少汽车和货车的二氧化碳排放，现在有了额外的科学证据作为基础来塑造未来该领域的气候政策，限制二氧化碳排放和出台更有代表性的措施将支持欧洲和全球的去碳化交通。

（5）成员国行业排放

2014 年 12 月，民间"交通与环境"组织发布报告称，由于荷兰从 2013 年开始实施鼓励燃油经济性和低碳排放的汽车税收政策，不仅提高了燃油效率，而且刺激了低碳排放汽车的消费，成为欧盟境内新车碳排放量最低的国家。而德国和波兰则由于政策宽松，两国的新车排放量为欧盟最高。

轿车的二氧化碳排放量占欧洲总体排放量的 15%，也是交通领域里排放总量最大的单一来源。在"交通与环境"组织的报告里，荷兰、丹麦、法国等国家被列入汽车排放税绿色名单，这些国家的车辆登记制度与车辆购置税制度都鼓励消费者选择低碳排放的车型。

但如果只将二氧化碳排放与很多欧洲国家的汽车排放税联系起来，可能会让人忽视柴油动力汽车对汽车市场的影响。目前欧盟境内有一半的新车销售都是柴油动力的，而且与汽油动力汽车相比，柴油动力汽车的二氧化碳排放量要低 15%。

但是在丹麦与荷兰等汽车排放量较低的欧洲国家，柴油消费量也较小。"交通与环境"组织认为，柴油车是造成当地城市空气污染的重要因素。

在荷兰，仅有 1/4 的新车是柴油动力的，而丹麦只有 1/3，而且这两个国家都额外追加了燃油附加税。2013 年在欧洲 28 个国家里，荷兰的新车平均二氧化碳排放量是最低的，每千米仅 109.1 克。而且自 2008 年欧盟实施新车二氧化碳排放限制法令以来，荷兰的新车减排量位居第二，减排比重达 30.3%（见表 2-17）。

表2-17　　　　　　　欧盟各国碳税对于本国低碳汽车销售的刺激作用

国家	新车平均二氧化碳排放量 （2013年，克/千米）	减排比重 （与2008年相比）	电动汽车占比	"交通与环境"组织的 绿色汽车税率评级
荷兰	109.1	30.3%	5.3%	☆☆☆
希腊	111.9	30.4%	0.0%	☆
葡萄牙	112.2	18.8%	0.2%	☆☆
丹麦	112.7	23.0%	0.2%	☆☆☆
法国	117.4	16.2%	0.5%	☆☆☆
爱尔兰	120.7	23.0%	0.1%	☆☆
意大利	121.2	16.3%	0.1%	☆
西班牙	122.4	17.4%	0.1%	☆
比利时	124.0	16.1%	0.2%	☆☆
英国	128.3	18.9%	0.2%	☆☆
奥地利	131.6	16.8%	0.3%	☆
芬兰	131.8	19.1%	0.2%	☆
瑞典	133.4	23.3%	0.6%	☆
捷克	134.6	12.8%	0.0%	☆
德国	136.1	17.4%	0.3%	☆
波兰	138.1	9.8%	0.0%	☆

☆☆☆表示较好的税收体系（总体较低的排放水平）；☆☆ 表示一般的税收体系（总体一般的排放水平）；☆表示较差的税收体系（总体较高的排放水平）。

资料来源："交通与环境"组织.

而德国2013年的新车排放量达到了每千米136.1克，德国是欧洲最大的汽车市场，在2013年登记销售了300万辆新车。但"交通与环境"组织认为德国并未实施有效的汽车注册税，而且德国对二氧化碳排放的流转税太轻，几乎不能对消费者的选择起什么作用。

荷兰对单位用车制定了完全不同于额外补贴的强有力的二氧化碳排放税制,并自2012年以来做进一步的修订。欧盟首次对轿车碳排放提出的强制标准是,2015年前碳排放在每千米130克以下,到2021年进一步降低到每千米95克。

目前欧洲的汽车生产国都对其国内的汽车租赁提供巨额补贴,这助长了更大排量汽车的使用,也造成了更多污染。

德国是经济合作与发展组织中对汽车租赁补贴额度第三高的国家,补贴最高的国家是比利时,其次是葡萄牙。该组织表示:"只有结束对于租赁用车的低税率,经合组织成员的环境才能得到大幅改善。"

德国对租用车辆的额外补贴每年达到车价的12%,而且没有与二氧化碳排放问题挂钩,例如每千米排放191克的保时捷卡宴与每千米排放114克的雪铁龙C3的补贴相同。

(6)购置税

2016年6月,瑞典计划2030年汽车尾气排放较2010年下降70%,温室气体总排放量较1990年下降63%,并在2045年达到温室气体零排放的目标。为确保目标实现,有关研究机构提出应增加汽柴油车购置税、大幅提升汽柴油中的温室气体排放税、加速发展生物质能源等举措。

(7)卡车排放

欧盟的数据表明,在1990年至2010年间,重卡排放量增长了36%,重卡的排放量相当于欧盟道路交通排放总和的1/4,占欧盟温室气体排放总量的5%。2014年5月,欧盟委员会通过提高燃油效率标准的方法,开始治理卡车二氧化碳排放,但尚未制定具体目标来促使汽车制造商生产排放更少的卡车。

2016年6月,国际清洁交通委员会(ICCT)发布的研究报告显示,交通是欧洲能源行业之外碳排放第二集中的行业,约占欧盟绿色气体排放的1/4。在欧盟层面引入卡车的二氧化碳排放标准将使欧洲二氧化碳排放显著减少。报告称,卡车的能效标准能够减少交通行业碳排放达10%。

ICCT的研究称，已有的新兴技术可以使卡车能效在2025年提高27%。如果有法规推动能效技术的发展，2030年将实现40%的获益，欧盟的一辆卡车燃油成本每年为3.5万欧元，能效提高40%意味着每辆车节省燃油1.4万欧元。同时，提高卡车能效也有利于保持卡车产业的竞争力。

与日本、中国和美国不同，欧洲目前没有卡车的碳排放限制标准。尽管汽车排放标准导致燃料消耗显著降低，但卡车的油耗仍保持稳定。欧盟委员会在2016年7月20日发布交通行业去碳化战略，而卡车的排放被认为是碳排放行动中唾手可得的成果。卡车的二氧化碳排放标准对实现欧盟气候变化雄心必不可少。

2.3.2　钢铁行业

（1）废气回收技术

德国联邦教研部2016年6月27日宣布，来自德国工业界和学术界的17个合作伙伴将开展大型研究项目，回收利用钢铁厂排放的二氧化碳等废气，将其用作化学工业所需原材料。这个研发项目由8家工业企业、马克斯·普朗克协会、弗劳恩霍夫协会以及一些高校共同参与，涉及钢铁、化工等不同行业，集基础研究、应用研究和工业实践于一体。

（2）企业呼声

2017年3月13日，全球钢铁制造业巨头阿赛洛米塔尔公司呼吁欧盟议会谨慎考虑碳交易价格改革，并加大对欧盟进口钢材收取碳排放税的力度，以帮助欧洲企业减少来自不交纳碳排放税企业的冲击。

阿赛洛米塔尔公司主席担忧，在欧洲钢铁业已受到来自中国产能过剩的不利影响下，此次改革将损害欧洲钢铁行业长期利益，推动低环保标准国家钢铁出口，弱化欧盟环境标准，对欧洲32万钢铁行业直接从业人员产生不良影响，建议欧盟调整碳关税。但欧盟委员会认为此调整碳关税的建议不可行，而且对国际社会释放了错误的信号。

（3）未来趋势

2018年4月，国际评级机构穆迪发布报告称，鉴于炼钢生产线以及整个行业的监管环境各异，全球钢铁行业从高碳排放工艺流程向低碳转型的举措对发行人造成的信用风险各异。"全球经济脱碳可能令钢铁行业的能源和碳排放强度审查趋严，该行业在全球碳排放量的占比为6%~7%。"在需求强劲增长时降低碳排放强度将是钢铁行业面临的挑战。

报告称，钢铁生产企业面临的一个主要风险是各地的排放法规因地区而异，而减排挑战最大的是中国等积极承诺减排的发展中市场。相比之下，大多数发达国家已制定了强有力的政策，且钢铁企业也已就此进行调整。然而，未来收紧这些政策将具有挑战性，尤其是对未使用现代技术和工艺流程的公司而言。

尽管各司法管辖地的减排措施在监管方面存在诸多不确定性，但显然有些钢铁企业的调整比其他公司轻松。例如，行业盈利能力较差将影响许多钢铁生产企业在清洁技术和工艺流程方面的投入。行业盈利能力较差也体现在此行业受评公司的评级向高收益级倾斜（截至2018年2月，36家受评钢铁企业中有25家为高收益级），凸显了企业在未来有效排放投资方面所面临的挑战。

同时，生产线的差异也将决定各公司在全球钢铁行业向低碳转型中的成败。高炉炼钢企业将承担大部分风险，而使用电弧炉的钢铁生产企业可能更容易实现目标。钢铁生产企业的产品类型组合也将是另一大重要考虑因素。非交通运输类终端市场（尤其是构成全球钢铁市场需求一半的建筑行业）中份额占比较大的公司，其被替代风险相对更低。随着汽车的电动化进程，汽车制造商寻求减轻车身重量以容纳重型电池的举动，比如对铝和碳纤维等轻质材料的应用，将会提高钢铁企业现存较高的替代风险。

报告指出，该行业近期没有实现行业大规模碳减排的技术解决方案。穆迪高级副总裁卡洛·科万表示："可大幅降低碳排放强度的新炼钢技术仍处于开发初期，缺乏商业或技术可行性，并且在未来10年内被广泛采用的可能性不大。"

2.3.3　石化行业

占据世界油气产量两成多的10家石油公司，正在采取一项集体行动，以应对全球气候变化。

2016年11月4日，油气行业气候倡议组织（以下简称OGCI）企业领导人峰会发布了由中国石油天然气集团公司董事长王宜林、BP公司CEO戴德利等10个成员公司领导签署的《OGCI2016年年报》和《OGCI共同宣言》。会议期间，OGCI宣布设立总额为10亿美元的气候投资，以专业化运营的方式，促进低碳技术的创新和商业化应用。OGCI已明确和启动了到2040年需要开展的各项工作，并将致力于探索可实现21世纪下半叶净零排放宏伟目标的技术和项目。

10亿美元的气候投资只是OGCI减排的一个起点，OGCI还将通过各种途径放大10亿美元的影响力，比如与其他倡议组织开展合作，撬动更多资金加入，在自营业务和主要生产运营领域增加投资，应用成熟的低碳技术，利用OGCI成员的专业资源、设施和运营网络的强大影响力，推动油气行业低碳减排工作向前发展。

作为传统化石能源的生产者，油气行业被认为是具有减排潜力的产业之一。石油公司认为，在大规模减少温室气体排放的众多解决方案中，一定蕴含着很多创新和投资的机遇，这些投资合作将产生巨大的示范效应。

《OGCI共同宣言》提出了油气行业控制和减少温室气体排放的行动方向，包括：减少天然气生产储运过程的甲烷排放；碳捕获、利用与封存（CCUS）；提高工业领域能效；减少交通运输业的碳排放强度。OGCI成员公司相信这些创新科技一旦实现商业化，在规模化削减温室气体排放方面将具有巨大的潜力。

OGCI的气候投资将聚焦于与气候相关的技术和业务，并通过油气行业内合作、与油气产品用户合作获益。目前石油公司已经与许多利益相关者进行沟通，对一些油气行业关联度极强、对减排工作极为重要的项目进行评估。上述优先投资的领域，被认为将在短期和长期范围内产生积极影响。

《巴黎协定》在短短一年后生效，被认为是为全球行动明确了方向——帮助所有参与者、各国政府、工业界及个人采取措施，共同投资更加低碳的未来。《巴黎协定》签署后，国际社会正在加快制定完善后《京都议定书》时代应对气候变化行动规则。《OGCI2016年年报》全篇贯穿"付诸行动，加速构建低碳未来"的主旨，企业也在积极努力彰显责任担当。

一年来，作为唯一来自中国的石油公司成员——中国石油全面参与OGCI各项工作，特别是在《OGCI低碳发展路线图》的制定进程中，提出了多项建设性意见，发挥了中国石油企业在国际行业组织中的作用。中国石油目前正在加快制定完善公司自身的《低碳发展路线图》，加大研发投入，力争成为低碳技术的引领者；同时开展全面翔实的碳盘查，建立完善碳排放管控体系，力争达到国际先进水平。

在2014年1月达沃斯论坛上，沙特阿美等多个石油公司CEO提议成立应对气候变化的国际组织，2014年9月联合国气候峰会上，OGCI宣布正式成立，成员包括英国石油公司、雷普索尔公司、英荷壳牌公司、埃尼集团、沙特阿拉伯石油公司、墨西哥国家石油公司、挪威国家石油公司、印度莱瑞斯实业公司、道达尔石油公司。

中国石油天然气集团公司董事长王宜林在书面致辞中指出，落实巴黎气候协定需要推动能源供给侧结构性改革，OGCI为全球油气行业低碳转型提供了良好的合作平台。

作为自愿倡议组织，OGCI是唯一的自发组织，没有政府和联合国等机构参与，它是全球油气行业应对四大气候变化组织之一，致力于在油气行业应对气候变化中发挥领导作用，旨在通过油气公司共同努力，为全球经济发展提供更多清洁能源，同时减少温室气体排放，在国际社会树立油气行业整体绿色低碳发展的形象。目前OGCI成员油气产量占全球总产量的25%，能源供应占全球的10%。

2.3.4　航运业

2017年2月11日，在欧洲海运界举足轻重的希腊海运界向欧盟施加压力，希望其承认国际海事组织（IMO）是最重要和最好的国际组织，能够促进、规范和实施减少海洋航行船舶温室气体排放的行动。在希腊船东联盟（UGS）的全体会议上，联盟主席 Theodore Veniamis 称这一立场在联盟内部日益取得共识，正在与欧洲共同体船东协会（ECSA）、国际船运协会（ICS）和其他友好航运组织通力合作，努力改变欧盟立场。希腊航运公司和船东积极游说反对仅适用于欧洲航运和欧洲港口的较严格的排放标准，称全球标准更公平和有效。

2018年5月，国际海事组织（IMO）在英国伦敦举行了谈判会议，会上全球航运业首次同意减少温室气体排放，承诺到2050年，航运业的温室气体排放量将比2008年减少50%。

全球航运业全年的温室气体排放量与德国年排放量大致相同，如果将其视为一个国家，航运业是世界第六大排放国。但因为航运涉及国际活动，而《京都议定书》和《巴黎协定》都只针对各个国家，所以和航空业一样，它在气候谈判的范畴之外。

其中，美国、沙特阿拉伯、巴西和部分国家并不想制定削减航运排放的目标。相比之下，欧盟、英国和一些小岛屿国家都曾要求减少70%~100%的排放量。因此，减少50%是一个折中方法。不过有些人认为目标不现实，有些人则认为目标还不够。

主持这次谈判的国际海事组织秘书长基塔克·林表示："这次战略性谈判并不是最后的声明，而是一个关键的起点。"

太平洋小国马绍尔群岛在会议开幕时请求采取行动。尽管该国的船舶登记居全球第二，但该国警告称，由于全球变暖导致海平面上升，如不采取大幅减排将威胁到其国家存亡。正如会谈结束时该国环境部长大卫·保罗说："要实现减排是艰难的，它需要所有国家作出让步。但如果像马绍尔群岛这样依赖于国际航运的国家都能够支持协议，那么其他国家不应该有任何退让的借口。"

太平洋岛国瓦努阿图大使劳伦特·帕伦特对协议的减排力度仍不满意，他希望今后各方可以采取更多行动。"这是现在我们所能做的最好的事情，将来应该进一步提升目标。"

相比之下，出席会谈的美国代表团团长杰弗里·兰茨明确表示反对该协议。他说："美国目前不支持设立绝对削减目标。此外，国际航运业大幅减排将取决于技术创新和能源效率的进一步提高。"兰茨重申，美国总统特朗普已宣布退出《巴黎协定》。他还批评国际海事组织的谈判方式，称其"不可接受"。

100多个国家参加了此次国际海事组织会议，多数代表赞成采取行动。

英国航运部部长努斯拉特·加尼称，该协议的达成是历史时刻，显示出航运业愿意在保护地球方面发挥作用。

此举将向整个行业发出信号——现在就需要快速创新。为了减少燃料消耗，船只或许需要开得更慢；新的船舶发动机要更加清洁，使用氢、电池，甚至由风提供动力。

2.4 各地区对外国际合作情况介绍

欧盟是气候变化问题进入国际政治议程的积极参与者，是国际气候谈判进程的主导者和国际气候合作规则的主要制定者，从《京都议定书》的签署到哥本哈根会议前后，一直是国际气候领域的领导者。

欧盟十分注重以国际合作的方式，在全球范围内推广其应对气候变化经验及低碳理念，借助经贸和资金往来，与非洲、加勒比、太平洋及南美洲等地区的国家和国家集团，在能源、应对气候变化、低碳发展、国际气候谈判等领域保持了长期密切的合作关系。

2009年之后，随着欧盟陷入金融危机的泥潭，受国家利益诉求等多方面因素的影响，中国和美国在国际气候领域的地位逐渐增强。欧盟的一家独大式领导者地位，逐渐被中、美、欧三驾马车所取代。中美两国对于2015年《巴黎协定》起到了巨大的推动作用，更加印证了全球气候治理新模式的诞生。

美国退出《巴黎协定》后，欧盟一直试图领导全球气候治理，一方面，在

2018年伊始提出了新的气候外交决议，站在气候变化引发安全风险的高度，提示国际社会以行动迎接全球变暖挑战的紧迫性；另一方面，欧盟重视争取气候伙伴国的支持，强调采取国际行动特别是加强与中国共同推动国际气候治理机制的构建。

细致梳理国际气候变化领域就会发现，该领域长期存在不同利益集团的利益角逐，多边主义将是欧盟新的全球战略的核心原则与优先事项之一。总结欧盟国际合作取向，可大致归纳出如下特征。

2.4.1 对非、加、太和南美国家的弱外交

近几年，欧盟继续强化与拉、非、加、太等发展中国家的交流合作。通过频繁的高级别会晤、资金和技术援助，提高其在这些地区的影响力，拉拢这些地区的国家，在国际气候谈判中获取更多的声援。

事实上，自中美2014年公布《气候变化联合声明》以来，欧盟就开始着手在2015年进行新一轮的气候攻势，以展示其气候领导力以及向主要温室气体排放国施加压力。欧盟也希望通过外交手段巩固联盟，获得在谈判中的有利位置。

欧洲官员计划加强与2012年新成立的气候谈判集团——拉丁美洲和加勒比独立协会（AILAC）的合作，其中包括哥斯达黎加、智利、哥伦比亚、秘鲁等。

除此之外，路易斯认为，"欧盟还将与小岛屿国家、最不发达国家、非洲国家以及卡塔赫纳集团（Carthagena Dialogue countries）进行合作"。

卡塔赫纳集团由来自伞形集团、最不发达国家（LDC）和小岛屿发展中国家（SIDS）的代表组成。通常它的立场与欧盟相似。近年来，该集团一直主张所有的国家共同减排，以实现将全球温升控制在2℃以内的目标，甚至公开表示新兴经济体国家需要承担更大的减排义务。欧盟、伞形集团和其他发达国家都将其视为联合国谈判中的积极团体之一。

近年来，受金融危机的影响，欧盟内部爆发主权债务危机，经济发展受到较大影响，资金缺乏成为欧盟对外政策的瓶颈；同时，美、中等排放大国迟迟不能按照预期参加全球减排行动，议定书延续工作也迟迟未能达成，全球气候谈判各利益集

团谨守各自底线，使谈判陷入困境。

为了尽快促成新的全球气候协议，引领各国进入既定谈判轨道，欧盟通过多种渠道在国际上不断寻求支持者，拉拢分化发展中国家集团，在谈判进程中，给中、美等排放大国施压，迫使其加入全球减排协议。欧盟积极运用外交手段，拉拢拉、非、加、太地区国家，通过共同的利益诉求和资金注入，以获取这些国家的支持，达到控制其竭力推行的国际气候谈判走势，将美、中各国纳入欧盟主导下的巨大经济政治利益圈，最终达成掌舵世界经济政治新秩序的终极目标。据分析，欧盟拉拢发展中国家的外交途径主要有三：

（1）"欧盟和拉美及加勒比国家首脑会议"（简称"欧盟–拉美峰会"）

由于西班牙、葡萄牙等欧盟成员国在拉美地区特殊的政治、经济、文化影响力，欧盟与拉美国家较早建立了合作平台——欧盟–拉美峰会。依托峰会平台，欧盟先后搭建了伊比利亚美洲首脑会议、欧盟与南方共同市场峰会、欧盟与安第斯集团峰会、欧盟与中美洲国家峰会及欧盟与加勒比论坛峰会等多条交流渠道，加强与拉美国家的政治、经济、文化的交流合作。通过给予拉美、加勒比地区国家资金、技术的支持，换取这些国家对欧盟国际气候政策的支持，以争取在国际气候谈判中掌握主动。哥本哈根会议之后，美、中等国在国际气候谈判中崛起，打乱了欧盟的谈判战略部署，威胁到了谈判格局分布，增强了欧盟通过外交途径寻求谈判盟友的迫切性。2010年5月举行的欧盟–拉美峰会，以《马德里宣言》的形式，表明双方携手应对气候变化的共同立场，成为欧盟对外寻求气候盟友的重要表现。2011年7月及2012年2月，欧盟连续两次以气候变化的名义，向加勒比地区国家注资，以争取、拉拢这些国家的支持，进一步说明了欧盟后哥本哈根时代的主要外交动向。

（2）《洛美–科托努协定》，又称"非加太–欧盟联合大会"

20世纪70年代延续至今的《洛美–科托努协定》，是欧盟与非、加、太地区国家交流、沟通与合作的重要外交平台与渠道。长期以来，欧盟通过此平台向非、加、太地区成员国提供资金支持、技术援助和贸易优惠等措施，拉拢这些国家，支持欧盟政策。2012年5月结束的非加太–欧盟联合大会上，欧盟表达了成立跨洲联盟实现可持续发展的战略意愿，并以联合非加太地区发表联合声明的形式，表达了力推全球可持续发展的立场和决心。

（3）"非洲–欧盟首脑会议"。

非洲各国是国际气候谈判进程中发展中国家的重要力量，最不发达国家集团大部分来自非洲。从2000年首届欧非峰会召开，到2005年欧盟出台首份面向全非洲的战略，再到2007年欧非共同发布"联合战略"，欧盟一直有意将欧非关系由传统的"援助–受援"型"主仆"转变为相对平等的"伙伴"。新战略不仅沿袭欧盟的既有思路，更进一步高调宣称欧非是"基于历史纽带，有密切政治、经贸与人文联系"的"天然伙伴"，应构建"更加全面、综合而长期的关系框架"。通过10余年的努力经营，非洲–欧盟首脑会议成为欧盟争取非洲支持的重要平台和途径。2020年3月，欧盟委员会发布《欧盟对非洲关系新战略》，提议欧非应建立5大领域的伙伴关系和加强在10个领域的合作，其核心是把非洲从目前的"发展援助对象"上升为"伙伴关系"。

2.4.2　与中、美等国际气候领域大国的合作

受金融危机的影响，欧盟的国际气候领导力日渐削弱，自2014年中美气候变化联合声明开始，中国国家主席习近平和美国总统奥巴马在2014年、2015年、2016年共同发表了三个气候变化的联合声明，三个声明对《巴黎协定》的达成作出了重要的贡献。中国是最大的发展中国家、全球第二大经济体，美国是最大的发达国家、全球第一大经济体。作为主要的碳排放国家，中美两国的气候合作为低迷的全球气候谈判进程注入了新活力，两国已经成为领导全球气候治理的新动力。

面对中美两国合作趋势日益凸显，欧盟不甘落后，在中美两国间，采取了分而治之的策略。一方面，欧盟借巴黎气候大会将美国拉入欧盟的谈判集团，成立"雄心联盟"，占据道德制高点；另一方面，欧盟借中国碳市场之势，在资金和技术层面，加强与中国的合作。

（1）"雄心联盟"的推出

巴黎气候大会上突然浮现一个由发达国家和发展中国家共同组成的新集团，里面包括欧盟、美国和79个非洲、加勒比海和太平洋国家，自称为"雄心联盟"（High Ambition Coalition），中国、印度目前不在该联盟之中。

该联盟的立场是推动以"把全球温度上升控制在1.5℃以内"为代表的一系列看起来更有雄心和力度的目标。

在"雄心联盟"之前，巴黎气候大会上国家数最多的集团是"77国加中国"集团，基本是发展中国家。"雄心联盟"的形成，显示出发达国家和发展中国家是可以站在一起的，这个集团是在巴黎气候大会开始6个月前暗中形成的，其诉求是"要求巴黎形成有法律约束力、有最大减排雄心的气候协议"。在巴黎气候大会中的196个缔约方（包括195个国家和欧盟），已经有超过半数国家参加了该联盟。

新联盟的"突然"登场固然让许多人感到错愕，但一位多次参会的观察人士也直言，这种操作手法其实还是发达国家在气候谈判中的老一套战术："抢道德制高点的位子"和"扣阻碍谈判的帽子"。

该战术的有效性和联合国气候谈判的机制有关。在"协商一致"的原则下，理论上只要有一个国家说"不"，协议就无法达成。但过去几年，大会动辄"拖堂"，大会主席经常选择无视反对者意见强行通过协议，这让谈判机制向"少数服从多数"靠拢。

因此，每当大会进入第二周，技术细节就会成为次要问题。如何让自身立场看起来更具道德正当性、看起来得到了更多国家支持就成为国家和集团间博弈的核心所在。毕竟很少有人愿意承担"阻碍者"的名声。

在这种情况下，各国都选择协调立场抱团发声。有媒体报道，"雄心联盟"的成员目前已经接近90个国家，其中包括很多发展中国家。

作为全球变暖的主要责任方、未兑现气候资金承诺的失信者，欧盟能够拉起"雄心联盟"大旗的关键在于其在谈判中采取了"绑定"战术。

一位国际观察人士表示，作为气候变化最显著的受害者，国土可能沉入水底的小岛国在谈判中最具备"道德正当性"，欧盟的策略就是和它们站在一起分享道德光环。

在"雄心联盟"之前，最大的"第三方"是非洲集团和最不发达国家集团。目前，"最不发达国家集团"的国家已经成为"雄心联盟"成员，大部分非洲国家也已加入。

2015年12月8日，欧盟宣布与79个非洲、加勒比海和太平洋国家签订协议，这些国家需要按标准汇报碳排放情况——中国和印度目前不同意这样的汇报机制。欧盟宣布将向这些国家提供4.75亿欧元的支持。

（2）中欧合作

①欧盟–中国关系新战略

2016年6月22日，欧盟委员会会议通过了一项欧盟–中国关系的新战略（即欧盟外交事务与安全政策高级代表和欧盟委员会联合向欧洲议会和欧盟理事会提交的通讯），为中欧关系的发展确定新的要素和重要机遇。

新战略旨在为欧洲创造就业，促进增长，敦促中国对欧洲企业进一步开放市场，为以欧盟委员会前主席容克为首的欧盟提出的优先议程作贡献。

新战略明确的要素和机遇包括：达成具有雄心水平且涵盖内容广泛的双边投资协定；推动中国对欧洲战略投资基金捐款；鼓励双方开展联合研究和创新活动；建立与欧洲大陆联通的实体和数字网络，促进贸易、投资和人员交往便利化；加强中欧在对外和安全政策上的合作与伙伴关系；在国际层面，加强合作，共同应对全球性挑战，包括移民、国际发展合作、环境保护以及气候变化等。

新战略明确，欧盟将继续通过现行的机制与中国保持对话，支持中国在经济和社会领域实施以市场为导向的改革并从中获益，包括消除由于政府干预经济而产生的市场扭曲，推动国有企业改革等。

新战略强调，未来双方需达成雄心勃勃的投资协定；中国要为消除本国企业和外资企业之间的差距而进行改革。在取得实效的基础上，欧盟可以考虑开展旨在实现开放水平更高的自贸区谈判。有鉴于此，中国必须采取有时效和可测量的方式，大幅削减过剩产能，特别是钢铁行业的过剩产能，防止不公平竞争带来的负面影响。

新战略还强调，欧盟与中国的交往将恪守原则，采取务实易行的方式，确保双方的关系体现欧盟的核心利益和价值观，符合国际规则与准则，尊重人权。

该文件尚待欧洲理事会和欧洲议会商讨，一旦获得通过，这将是2006年以来欧盟出台的最新对华政策文件。

②中欧气候变化联合声明

在中美气候合作如火如荼进行的同时，中欧气候合作也在悄然进行。

2015年6月29日，中欧在布鲁塞尔发表了《中欧气候变化联合声明》（以下简称《声明》），《声明》指出，中欧双方认识到它们在应对全球气候变化这一人类面临的重大挑战方面具有重要作用，强调双方致力于携手努力推动2015年巴黎气候大会达成一项具有法律约束力的协议。欧洲已经历过很多中国当下正面临的难题，如空气污染、环境恶化、城市人口流动带来的挑战等，因此欧洲有大量经验可与中国分享。

欧盟和中国是"天然的伙伴"，正如《声明》中提到的，双方将在碳市场、清洁和可再生能源、低碳技术等方面展开合作，这已经成为双方关系中的重要组成部分。此外，欧中两大经济体在碳市场方面的成功探索也将为世界其他国家树立榜样。

中欧双方同意建立中欧低碳城市伙伴关系，促进关于低碳和气候适应型城市政策、规划和最佳实践的相互交流。欧洲的经验表明，减排的同时，GDP也能保持增长。目前中国正在走类似的发展道路，通过实施经济和技术改革来减少排放，同时保持经济增长。

③中欧领导人会晤

中国与欧盟合作频繁，2019年4月9日，中欧领导人第21次会晤在北京举行，双方强调落实《巴黎协定》和《蒙特利尔议定书》的坚定承诺，并鉴于采取国内和国际行动有效应对气候变化威胁的紧迫性，在2018年《中欧领导人气候变化和清洁能源联合声明》的基础上进一步加强合作。双方认为碳价和化石燃料补贴改革是这一方面的关键步骤。在此背景下，双方将加强绿色金融合作，以引导民间资本流向更具环境可持续性的经济活动中。双方将共同努力推动2019年9月联合国可持续发展峰会及联合国气候行动峰会取得成功。

双方强调就清洁能源转型展现决心、在全球环境议程上发挥更多引领作用的重要性。双方将积极落实《循环经济合作谅解备忘录》，促进双方产业务实合作。

双方认识到合作应对全球环境挑战，包括治理污染和处理海洋垃圾的重要性。双方将在阻止生物多样性丧失、《濒危野生动植物种国际贸易公约》（CITES）履行和执法、打击野生动植物和野生动植物产品非法贸易、森林可持续经营、打击木材非法采伐和相关贸易，以及荒漠化和土地退化等问题上深化合作。

双方期待2020年在昆明举办一届成功、具有里程碑意义的《生物多样性公约》缔约方大会。2020年在中国举办的缔约方大会上双方共同努力推动通过一个富有雄心、现实的2020年后全球生物多样性框架。

双方还重申致力于有效落实海洋领域蓝色伙伴关系，包括合作促进可持续渔业发展以及打击非法、不报告和无管制的捕鱼活动。双方赞同促进海洋可持续投资的"可持续蓝色经济金融原则"。

④中欧低碳城市会议

2016年6月28日，由国家发展改革委、欧盟委员会和武汉市人民政府联合主办的中欧低碳城市会议在武汉开幕。城市作为人类经济社会生活最为集中的区域，对实现低碳发展目标的意义重大。中国注重发挥城市在落实应对气候变化行动目标中的积极性和创造性，42个低碳试点在体制机制创新、产业结构转型、基础能力建设等方面取得了积极进展，形成了符合实际、各具特色的低碳发展模式，创造出一大批城市低碳发展的好经验、好做法，并开始实施进一步扩大低碳城市试点的计划。中欧双方合作互补性强、前景广阔，深化气候变化领域的政策交流和务实合作，可以成为中欧和平、增长、改革、文明伙伴关系稳步发展的新亮点，为推动中欧全面战略伙伴关系健康稳定发展、应对全球气候变化作出积极贡献。

会议围绕低碳城市转型、碳市场建设、可持续城市规划与交通、低碳建筑、适应气候变化、可持续能源和智慧城市等议题开展交流和讨论。欧盟7个城市、我国18个城市代表以及关心全球气候变化的中欧各界人士250余人参加了会议。

⑤资金合作与支持

欧洲投资银行与中国伙伴加强合作，对中国及世界各地的关键投资活动予以支持，其中包括共同支持气候变化相关投资。推动共同应对气候变化已成为欧洲投资银行在中国的工作重点。欧洲投资银行对气候变化相关投资的借贷规模为世界最大，绿色债券发行量亦领跑全球。欧洲投资银行与中国财政部签署谅解备忘录，加强对中国气候变化相关投资方案的联合支持。2015年，欧洲投资银行共计为全球气候变化相关项目提供206亿欧元贷款，对欧洲以外气候变化项目的借贷额占放贷总额的30%。到2020年，欧洲投资银行计划将放贷总额的35%用于欧盟以外发展中国家的气候融资。

⑥碳市场的合作

2016年6月28日，欧盟委员会进一步与中国就碳排放交易进行合作，达成一项1 000万欧元的合作项目。该项目始于2017年，旨在加强欧盟与中国在碳排放交易方面的合作。新的合作项目将积极应对建立国家碳排放交易体系时所产生的挑战，还将建立定期对话机制讨论中国和欧盟碳排放交易的发展问题。

⑦核能技术合作研发

在核能方面，英国与中国成立中英核联合研发与创新中心，未来5年将投入5 000万英镑，打造具有潜力和行业影响力的中英核技术合作连接纽带和研发平台，这标志着中英核能合作开始迈向全产业链合作阶段。

在核电领域，法国电力集团批准通过英国欣克利角C核电站最终投资决定，为中法英三方合作建设第三代核电站开绿灯。

⑧气候外交合作

2016年9月12日—18日世界各地的欧盟外交机构举办了"气候外交周"，展示欧盟的气候变化行动。欧盟在《巴黎协定》中发挥了关键作用，目前欧盟正在聚焦批准协定并落地实施。

欧盟外长们同意向伙伴国家及受援的发展中国家加强宣导，强化各国的气候风险意识，使其认识到应展开能源可持续发展行动。外长们在联合声明中表示，考虑到最新的发展与地缘政治景观的改变，承诺"强化欧盟的气候外交"。气候问题活跃人士、欧洲气候行动网络成员阿尔尼奥指出，在美国政府偏离全球气候行动之后，欧盟此时展开外交活动是非常重要的。

⑨中法合作

第一，元首气候变化联合声明。2015年11月2日，中国国家主席习近平在人民大会堂同法国总统奥朗德举行会谈。两国元首高度评价中法关系发展，同意继续合力前行，不断开创两国友好合作新局面。两国元首共同发表了《中法元首气候变化联合声明》（以下简称《声明》），共同见证了两国政府和企业间多项合作文件的签署，涉及经贸、金融、能源、环保、人文等多个领域。

作为《声明》的延续，巴黎气候大会后，中欧在碳市场、低碳城市方面开展了多轮交流。2016年4月25日至29日，"中欧碳交易能力建设项目"连续举办3场专题培训研讨活动。各省、自治区、直辖市、计划单列市、新疆生产建设兵团发展改革委及其技术支撑单位有关同志，电力、石化、钢铁、民航等行业企业有关工作人员，数据收集和报告核查领域有关专家学者共计350余人次参加培训，就碳交易体系基本原理和核心要素、全国碳市场建设进展、企业碳资产管理、数据核算与报告核查等内容开展了系统学习研讨。"中欧碳交易能力建设项目"由国家发展改革委气候司提供业务指导，欧盟委员会提供资助，旨在帮助中国政府和企业提高建设和参与碳排放交易市场的能力。

第二，中法关系行动计划。2019年11月，中法两国一致同意，在2018年1月9日和2019年3月25日的联合声明基础上继续深化中法全面战略伙伴关系，基于保护地球的目的，两国决心继续在应对气候变暖和保护生物多样性方面开展合作，两国鼓励其开发机构的行动与《联合国气候变化框架公约》及《巴黎协定》和《联合国生物多样性公约》目标保持一致。两国支持对绿色和可持续金融的推动和发展。两国将发展在能源转型和无碳技术领域的伙伴关系，将继续开展可持续城市化方面的合作，推进中法武汉生态示范城项目和中法成都生态园项目。

2.5　本区域绿色发展对外合作规划及展望

毫无疑问，欧盟气候政策经过20多年的发展，已经形成了一个相对稳定的政策体系，取得了一定的成就。从当前来看，借助应对气候变化，实现欧盟可持续发展转型，推动欧洲一体化的发展，扩展解决国际问题的"欧洲模式"和提高欧洲国家在世界上的地位等动因决定了在未来数年内欧盟气候政策仍将是欧洲一体化发展中欧盟及成员国的优先议程之一。推动欧洲一体化，实现欧洲向可持续和绿色发展的转型，并引领世界低碳技术的革命，是欧盟气候政策制定的根本。

2008年的金融危机及随之引发的部分欧盟国家主权债务危机，使欧盟各国疲于应对，也使欧盟内部经济发展的不均衡性愈发放大。2016年，英国脱欧事件更是给了欧洲一体化进程沉重的打击。欧盟频发的事件还是由经济发展乏力、内部空心化等因素所致，而低碳技术革命能给欧盟带来急需的经济增长潜力点，可以从根本上为欧盟经济发展提供强劲的动力。

全球的低碳转型，光靠欧盟一家，显然势单力薄，必须在世界各国达成低碳发展的共识，形成低碳发展的潮流。这样，欧盟可凭其低碳技术和经验的先发优势，引领全球的低碳革新，创造巨大的经济增长点，激发欧盟经济的整体活力，摆脱长期的经济低迷。

以上可见，后巴黎协定时代，欧盟在低碳和应对气候变化领域的国际合作，对于欧盟2020战略乃至更远的战略目标的实现显得尤其重要。正如欧盟外交和安全政策高级代表、意大利前外交部长莫盖里尼所说，"欧盟外交和安全政策全球战略中，多边主义将成为核心原则和优先工作事项之一"，展望未来，欧盟的低碳和气候政策依然会持续，主要表现在如下领域。

2.5.1 欧盟最新的对外合作战略文件

2016年11月22日，欧盟委员会发布三份通讯文件，旨在为欧盟内政和外交的可持续发展提出战略方向。第一份文件是《关于欧洲未来可持续性的下一步工作方案》，它具体说明了欧盟委员会的10大政策重心将如何推进欧盟实现其可持续发展目标及联合国2030年可持续发展议程。

第二份文件是《欧洲发展共识》，它提出了欧盟及其成员国推进全球发展合作的共同愿景和政策框架，以及将欧盟的发展政策与联合国2030可持续发展议程相结合的蓝图。为更好推进发展合作，欧盟建议整合经济、社会和环境方面的努力，加强与成员国的协调以促进联合计划和行动，通过制订一揽子计划将官方发展援助与国内资源和私人投资结合起来。欧洲理事会和欧洲议会将在未来数月对此进行审议并通过联合文本，作为欧洲发展政策的共同框架。

第三份文件是《与非洲、加勒比和太平洋国家的伙伴关系全面升级》，它是关于与非洲、加勒比和太平洋（ACP）国家伙伴关系的联合通讯，提出了2020年科托努伙伴关系协定有效期结束后，欧盟与ACP国家建立新的可持续发展关系的建议。欧盟委员会与欧盟外交与安全政策高级代表的意图是，以此为基础，在2017年征集包含谈判指令在内的建议，并在欧洲理事会批准谈判指令后，与伙伴国家就新的伙伴协议进行谈判。

这三份文件旨在加强欧盟与伙伴国家的合作，同时在欧盟内部乃至全球推动可持续发展。欧盟将继续为推动共同繁荣持续努力。

2.5.2 强化与非、加、太和南美既有合作伙伴的合作关系

当今的气候谈判，依然延续着利益集团化的趋势，单个国家的声音相对弱小，只有抱团发声才能得到重视。从基础四国、伞形国家、小岛屿国家集团、77国集团、雨林集团等，到现如今的雄心联盟、卡塔赫纳集团等的出现，无不印证着这样的规律。后巴黎协定时代，欧盟必然会强化与这些集团的合作，来争取更大的政治

支持。

2.5.3　壮大"雄心联盟"

"雄心联盟"在巴黎气候大会上的出现,打破了发达国家和发展中国家的壁垒,在国际气候谈判中首次出现了发达国家和发展中国家站在一起的利益集团,这个集团中不仅包含欧盟、美国这样的发达地区和国家,同时还有小岛屿国家和最不发达国家这样的发展中国家阵营中的子集团,这说明欧盟拉拢分化发展中国家阵营的措施取得了初步效果,同时美国也被拉入阵营中,可在一定程度上防止美中在国际气候谈判中"联手对欧"。在未来的气候谈判中,欧盟势必巩固平台阵营,争取拉拢更多的国家加入,以压制发展中国家日益强大的挑战。

2.5.4　培育中欧的高层合作

随着中国宣布2030年前后实现二氧化碳达峰的目标——建立全国统一的碳排放交易市场,中欧在气候合作领域的根本性分歧已经清除,双方存在很大的合作空间,中欧在新能源及低碳技术、碳排放交易等领域的合作存在极强的互补性。近年来,中欧合作一直停留在技术交流层面,缺乏高层的发展理念和认识方面的深入交流。可以说,在世界范围内,如果中欧联手合作,将会出现巨大的市场和发展空间。因此,在打破根本性分歧后,中欧在未来应进一步加强政治互信,开展多层次多领域的务实合作,将原本的技术合作推进一步。

2.6　总结及展望

后巴黎协定时代,欧盟内部深陷金融危机,经济还在复苏阶段,经济增长和就业率提升的关注度超出了减排雄心和可再生能源目标的实现;英国脱欧引发了对欧洲一体化的整体质疑,也大大破坏了欧盟整体的能源战略和低碳路线图。中美通过多领域的合作和数次联合声明,在国际气候治理中发挥了越来越重要的角色。

英国脱欧和特朗普当选，为全球气候治理增添了许多不确定性。特朗普当选美国总统后，气候问题上成功的中美联盟几近破裂，作为"影子人物"的欧盟走到聚光灯下，填补美国留下的空缺，中欧联手成为国际气候保护的新引擎。

当美国上一次在气候外交上打退堂鼓，即在前总统小布什任上抛弃有关二氧化碳排放的《京都议定书》的时候，欧洲曾担负起了领导阻止全球变暖的全球谈判的角色。目前欧盟又将率先进行立法，为实现在2030年前把碳排放削减40%的承诺而在成员国中分摊责任。

2.6.1 多边主义与欧盟外交新战略

欧盟各国作为国际社会负责任的成员目前正面临诸多严峻挑战。在这样的困难时期，欧盟需要同联合国以及所有国家团结合作，携手探寻未来前进的方向。在新的欧盟外交和安全政策全球战略中，多边主义将成为核心原则和优先工作事项之一。更重要的是，欧盟正在日复一日地将这一承诺付诸实践。欧盟与联合国今后可以在可持续发展、人口迁徙以及全球治理等领域进一步加强合作。目前，欧盟正致力于为非洲的增长与安全投资，以帮助消除不平等，改善医疗保健系统，促进政府治理、民主和法治，并让当地社区拥有抵御外部和内部威胁的韧性。借助联合国的平台与救援系统，欧盟的发展援助将发挥更大的效力，同时有助于推进"2030年可持续发展议程"以及"巴黎气候变化协定"的落实。

2.6.2 低碳发展的目标不能变

一直以来，欧盟始终怀有摆脱美国经济控制、寻回世界经济霸主的雄心。推进世界向低碳经济的转型始于欧洲，欧盟就是想借此契机，掌控未来世界发展的船舵，成为经济霸主。欧盟自20世纪90年代开始引领的全球气候治理和低碳经济潮流，已经在很大程度上带给全球一股全新的发展理念，这种理念背后引发的经济发展方式、能源生产和消费模式的历史变革正席卷全球。尽管如今这种雄心受到了种种不利因素的影响，但应该肯定的是，这条低碳之路在全球的传播是毋庸置疑的，无论采取何种政策模式，走低碳发展之路的目标都要坚持，这是一切前进的基础。

2.6.3　要提出更具雄心的减排目标

在相当长的一段时间内，欧盟大多数成员国认为，在其他国家未作出可比性减排努力情况下的欧盟减排行为将会大大削弱欧盟经济的国际竞争力，因而迟迟不愿意作出雄心勃勃的气候变化承诺。在欧盟里斯本战略出台后，诸多欧洲国家更是认为减排不利于其经济发展和实现充分就业，欧盟在2015年3月6日向联合国递交的NDC中，将2030年减排目标确定为40%，这说明欧盟内部就深度减排和发展道路还存在着诸多争端。

英国在通过脱欧决定后公布的第五个碳预算提案指出到2030年将减少57%的碳排放，这也给欧盟提供了参照，现有的40%减排目标显然不利于欧盟可再生能源和低碳产业的发展，欧盟需要更具雄心的减排目标。

此外，欧盟还应尽早开展对2040年和2050年减排目标的前期研究，提早抛出符合欧盟战略意义的目标，引领世界的减排潮流。

希腊的主权债务危机和英国脱欧从另一层面反映了一个经济疲软的欧洲将面临四分五裂的风险，几代欧洲人的一体化梦想面临着巨大的夭折风险。为此，努力刺激经济发展，提高人民就业率和养老保障，尽早摆脱金融危机的困扰，维持社会稳定，是欧盟保持稳定对外政策的根本。

2.6.4　强化与非、加、太和南美国家合作，分化拉拢发展中国家

这点在前面已经多次论述，一直以来，欧盟与非洲、加勒比、太平洋小岛屿国家和南美等发展中国家和集团的合作交流一直未变，这些国家对欧盟的全球气候领导地位的确立起到了重要作用，也在气候谈判中给予了欧盟一定程度的支持，尤其是小岛屿国家联盟，在哥本哈根会议之后逐渐浮现，成为欧盟推动全球气候谈判的马前卒，曾使我国在全球气候谈判中陷入非常被动的境地。

在2015年的巴黎气候大会上，雄心联盟的出现更是出人意料。作为发展中国

家阵营77国集团的大多数国家，纷纷加入欧盟、美国组织的雄心联盟。在全球气候谈判的历史上，第一次出现发达国家和发展中国家组成的利益集团，矛头直指中印，也给我国的气候谈判制造了诸多困难。

2.6.5 妥善处理欧美关系，巩固发达国家联盟

发达国家集团一直是全球气候合作的主导者，在全球气候谈判中扮演着重要的角色。但集团内部由于种种因素长期处于分化状态，对比发展中国家集团，则要松散很多。在巴黎气候大会上，美国等发达国家加入了欧盟主导建立的雄心联盟。这也是发达国家继伞形集团后又一利益集团，这一集团的出现有利于在全球气候谈判中表达发达国家的利益诉求，压制发展中国家，尤其是中印等排放大国的主张。

2.6.6 大力推进中欧深层次合作

长期以来，在全球气候谈判领域，中欧分属不同阵营，气候谈判立场长期处于对立状态；在全球气候合作领域，中欧之间仅存在资金和技术层面的民间和半官方交流合作。中国是当今世界最大的可再生能源投资国，中国的经济发展增速和潜力令欧盟羡慕，中国效仿欧盟，要在7个试点省市的基础上推出全国统一的碳排放交易市场，而欧盟拥有成熟的碳市场经验，其可再生能源和清洁能源技术领先全球，这些充分说明双方存在广阔的合作空间。

资金和技术经验层面的交流，显然与中欧两个世界巨人的身份不相符合，后巴黎协定时代，随着双方根本性气候谈判政策的逐渐消弭，中欧的低碳、可再生及清洁能源技术层面的合作交流空间广阔。欧盟必须重视与中国的深层次合作，这是两国互利共赢的根本。

3 德国

3.1 德国经济社会发展

德国是世界上公认的具备低碳发展所需条件的国家：法律框架相对完整、科技水平比较先进。掌握德国低碳战略现状及未来发展动向，能够为我国双碳目标的实现和产业发展提供一定的参考和借鉴。

3.1.1 德国经济发展状况

（1）自然资源

德国属于自然资源相对匮乏的国家，在工业原料和能源方面主要依靠进口。其矿物原料（钢、铝土矿、锰、钨和锡）对外国的依赖较大。德国拥有少量铁矿和石油，天然气需求量的三分之一可以由国内资源满足，硬煤、褐煤、钾盐的储量较充足。德国森林覆盖面积约占全国土地面积的三分之一。褐煤是采矿工业中最大的一个工业部门。褐煤矿主要分布在勃兰登堡州南部和萨克森州。由于铀的储量有限，自1981年起，德国不再开采铀矿，核电站所需浓缩铀由国外进口。

（2）经济概况

德国是高度发达的工业国家，是欧洲最大经济体，以及全球国内生产总值第四大国（国际汇率）。从工业革命时期以后，德国一直是日益全球化的经济的先驱、创新者和受益者。德国是欧盟和欧元区的创始成员之一。其凭借在2012年1.516万亿美元的出口额，成为世界第三大出口国。在2013年，德国在全球取得了2 700亿美元的贸易顺差，成为全球最大的资本输出国。

德国是世界上最大的褐煤生产国。德国还有丰富的木材、钾肥、盐、铀、镍、铜和天然气资源。德国的能源主要是化石燃料，其次是核电、类似生物质能的可再生能源（木材和生物燃料）、风能、水能和太阳能。

德国是世界贸易大国，同230多个国家和地区保持贸易关系。其产品以品质精良著称，技术领先，做工细腻，但成本较高。德国出口业素以质量高、服务周到、交货准时而享誉世界。主要出口产品有汽车、机械产品、化学品、通信技术、供配电设备和医学及化学设备。主要进口产品有化学品、汽车、石油天然气、机械、通信技术和钢铁产品。主要贸易对象是西方工业国家，其中进出口一半以上来自或销往欧盟国家。

（3）行业概况

农业领域：德国农业产值约占国内生产总值的1%，农业从业人员约占总劳动力的4%。德国拥有高度发达的农业，80%以上的农产品能够自给，部分农产品进口也是出于调剂品种或价格因素。德国北部农户经营种植业的较多，南部则饲养业较发达。以产值论，德国种植业中最大项目是谷物，其次是水果、甜菜、鲜花和观赏植物、其他蔬菜等。在饲养业中，最大项目为奶牛，其次为猪、肉牛、鸡等。

工业领域：德国经济的主要支柱是工业，工业对于其经济发展起到了极其重要的作用。在过去20年间，德国工业增加值在国内生产总值中的占比基本稳定。从业人员约占总劳动力的40%。重要的工业产业有钢铁、采矿、精密仪器和光学仪器、航空航天、纺织和服装、食品工业和造船工业等。虽然国民经济逐年增长，但由于德国的工业技术水平不断地提高，其能耗反而持续下降。汽车工业、机械制造业、化工工业、电子电气工业、食品工业成为德国的五大工业支柱，其销售额占整个工业的一半以上。

服务业领域：德国第三产业在国内生产总值中占比最大，2016年已经达到69%。从就业人数看，在全部就业人员中，第三产业占50%。德国第三产业主要包括交通运输、电信、银行、保险、出租房屋、旅馆、教育、文化、医疗卫生等部门。其旅游业发达，每年有大量游客到德国旅游。

3.1.2 德国经济在欧盟经济中的地位

德国国土面积约 357 600 平方公里，占欧盟国家总面积的 8.5%，经济总量占欧盟的 24.7%，是欧盟中最大、最重要的市场。虽然德国服务业在经济总量中占比最高，但是制造业才是德国国民经济名副其实的强势产业。德国是欧洲制造业的心脏。2015 年，德国制造业对欧盟 27 国制造业增加值的贡献为 30.5%，而排在第二位的意大利的贡献仅为 12.5%，法国为 10.4%，英国为 9.8%，西班牙为 7.2%[①]。2015 年，在欧盟大国中只有德国制造业对欧盟制造业的贡献比 2000 年有所上升，且上升超过 5 个百分点。2016 年德国取代英国成为 G7 工业大国中经济增长最快速的国家，成为欧洲最大经济体。德国的机械制造、汽车、电子电器产业以及化工产品在世界范围内享有美誉。先进的技术、出色的产品质量和售后服务赋予"德国制造"强大的国际竞争力。

德国经济能够长久以来保持很强的竞争力的秘诀之一是在优势领域的高研发投入，四个最强的工业出口部门也是德国研发投入最高和最有创新活力的产业。德国政府不仅为经济发展制定良好的法律和政策框架条件，同时也对企业的研发创新给予充分的支持，正是政府和企业这种有效的合作使能源环保产业在较短的时间内成为德国新的支柱产业。德国另一个官民合作的成功领域是双元制职业培训体系，优秀的熟练工人队伍不仅是"德国制造"高质量的根本保障，也是德国解决就业问题的制度优势所在。目前，德国这一体系已经被西班牙等一些欧元区国家效仿。虽然德国在传统制造业领域取得了举世瞩目的成绩，但德国政府认识到其在尖端科技方面与世界最高水平仍有差距，因此其制定了"2020 年高科技战略"，并实施了旨在推进高校科学研究的"精英促进计划"，决心利用德国国家创新体系所取得的经验，实现官产学研通力合作，在尖端科技以及有未来前途的领域达到世界最高水平。

---

① 资料来源：德国统计局官方网站 https://www.destatis.de/.

3.2 德国能源及碳排放

德国可再生能源发电占该国净发电量的份额逐年上升。2003年德国可再生能源发电占净发电量的份额仅为8.5%，2010年达到19.1%，2015年达到33.3%，2018年达到40.3%。而2019年前9个月其可再生能源发电占净发电量的份额已经达到46.8%（风能发电23.2%、太阳能发电10.8%、生物质能发电8.7%、水能发电4.1%），同期煤炭发电占比29.0%、天然气发电占比10.2%、核能发电占比13.4%[①]（如图3-1所示）。

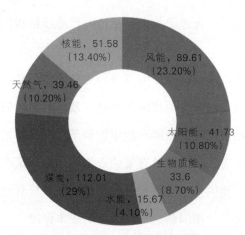

图3-1　2019年前9个月可再生能源发电占比

3.2.1 能源结构

德国是全球第一大电力出口国，欧洲第一大生物燃料生产国，同时也是欧洲（不包括俄罗斯）第一大能源消耗国，是全球最大的天然气、煤炭、石油进口国。除了褐煤与可再生能源，德国的其他自然资源较为匮乏。

石油仍然是德国的主要能源，虽然德国是欧洲第二大（仅次于俄罗斯）炼油

---

① 资料来源：德国弗劳恩霍夫太阳能系统研究所数据。

国，但石油资源来自进口，几乎所有进口的天然气都来自俄罗斯、挪威与荷兰。尽管煤炭是德国最丰富的资源，但是煤炭在德国能源结构中所占比重一直在稳步下降。然而，福岛核事故后，德国煤炭消耗量逐步上升，用以弥补核电厂关闭造成的电力缺口。2019年，德国成为全球第八大煤炭生产国[①]，几乎所有煤炭都用于电力与工业领域。

德国在有关可再生能源使用的若干领域处于全球领先地位。德国为欧洲最大的非水电可再生能源电力、太阳能电力、风能电力、生物燃料（主要是生物柴油）电力生产国。另外，德国政府还强调，将继续推进核能向可再生能源的转型。而德国的周边国家如法国、波兰和俄罗斯则希望增加对德国的能源出口，以弥补德国关闭核电站带来的能源空缺。

3.2.2　碳排放

德国政府在2015年6月公布的数据显示该国2014年碳排放量下降，这也是其碳排放量经过3年的上升之后再度回落。但是，德国政府坦承这一时期气候偏暖是一个决定性因素。如果德国不采取行动来减少高污染褐煤的使用量，其将难以实现2020年气候变化行动目标。

德国在2010年制订的《能源方案》中确定的未来40年德国能源转型主要目标是在温室气体减排领域，2020年、2030年、2040年和2050年与1990年相比，德国温室气体排放量分别降低40%、55%、70%和80%（见表3-1）。其重点行动领域主要包括加快可再生能源发展、扩建输电管网设施、加强能源储存能力、实施建筑物节能翻新改造、提高能源利用效率、促进电动汽车技术研发创新等。

德国的总目标是减少能源领域的碳排放，但对其他领域涉及的不是特别多，包括工业、交通运输业、服务业的减排做得都不够。德国不仅有推广可再生能源的计划，还有温室气体减排的目标，所以现在处在一个非常有趣的阶段——其大面积地

---

① 资料来源：bp.世界能源展望（2020年版）[EB/OL].[2020-09-14]. https://www.bp.com/ zh_cn/china/home/ news/ reports/news- 09-14.html.

表3-1   德国《能源方案》主要指标   单位：%

年份	2010	2020	2030	2040	2050
温室气体排放下降幅度	−27	−40	−55	−70	−80

资料来源：德国联邦政府网站.

部署了可再生能源，却没有看到明显的二氧化碳减排的效果。这也就意味着，德国必须通过其他发电领域的政策来削减二氧化碳排放，这恐怕也就是欧盟的碳排放交易体系非常重要的原因。因为用这样的工具可以让传统的火力发电厂削减排放，同时结合可再生能源的推广，形成互补式的政策。促进传统电厂的温室气体减排也是很重要的，只发展可再生能源是不够的。

3.2.3 德国产业结构发展状况

德国的产业结构一直朝着农业比重不断下降、工业比重也有下降、服务业比重不断上升的方向发展。德国三大产业结构的变化主要经历了以下几个阶段：

第一阶段：20世纪50年代至60年代。这一时期是德国工业快速发展的时期，第一产业比重不断下降，第二产业比重不断上升。由于德国资源匮乏，国土面积狭小，只有依靠"加工贸易"型的经济发展战略，即采用第二产业带动型的产业结构模式才能推动经济的发展。第二次世界大战以后，德国快速发展第二产业，1960年，德国三个产业所占比重分别为：5.5%、53.5%、40.9%。第二产业在三大产业中占有明显的优势地位，这是典型的工业社会产业结构。到1970年，德国第一产业的比重已经进一步下降到3.9%，第二产业的比重达到57.6%，第三产业的比重略有下降，占38.7%。第二产业在国内生产总值中的比重已经大大超过了第一产业和第三产业之和，达到最高值。

第二阶段：20世纪70年代至80年代。进入20世纪70年代后，由于德国经济的快速发展，德国劳动力价格逐渐上升，成本劣势逐渐凸显，劳动密集型制造业大量向外转移，使得国内经济产业结构开始发生改变。1975年，德国第三产业比重达到 49.4%，第二产业比重为 47.7%，第三产业在国内生产总值中的比重开始超越第二产业，成为占比最高的产业。之后，第三产业比重继续上升，到 1980 年，德国三大产业比重分别为：2.2%、44.8%、53%。第三产业的比重不仅超越了第二产业，而且超越了第一产业和第二产业的比重之和。

第三阶段：20 世纪 90 年代至今。20 世纪 90 年代以后，德国开始了以发展新经济产业为核心的产业结构调整。1990 年，三个产业结构比值为 1.29∶33.2∶65.57。这一时期，德国采取了相应的产业政策，对制造业比重的过快下降进行了干预。2001 年，德国三个产业结构比值为 0.98∶28.86∶70.16。但是到了 2005 年，这一比值为 0.96∶30.43∶68.61，第二产业比重略有上升，第三产业比重略有下降，德国的产业干预政策取得了一定成效[①]。

3.3 德国低碳发展政策及实施效果

德国的二氧化碳排放量在 1979 年达峰后，经过 41 年的努力，到 2020 年减少了 42.4%（如图 3-2 所示）。虽然其间呈现一定的波动性，但总体下降趋势比较明显。这种趋势是否能够随着国际能源政治的影响持续下去，以及影响这些波动的重大因素是什么值得我们去深入研究和思考。

3.3.1 2009 年以前德国低碳发展政策及实施效果

（1）低碳政策

早在 20 世纪 70 年代，当时的联邦德国政府就出台了一系列环境保护政策。1971 年，联邦德国政府推出了全面的环境保护项目。2004 年，德国政府又出台了《可持续发展的国家战略》，此项法案中明确指出了"化石燃料战略"，着重于化石燃料的革新与被替代。很明显，这一时代的战略主要倾向于减少对传统化石燃料的使用，并有效减少温室气体的排放。值得一提的是，在德国绿党登上历史舞台并

---

① 资料来源：德国统计局官方网站 https：//www.destatis.de/.

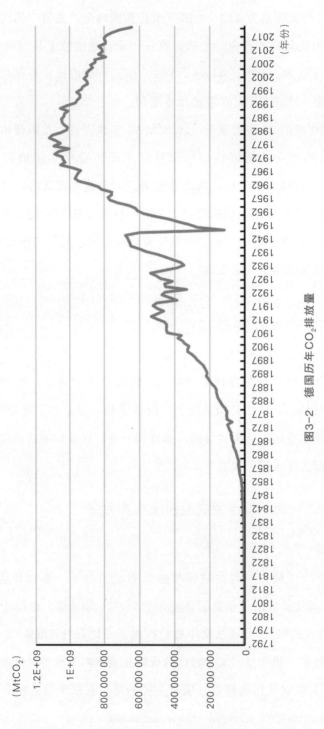

图3-2 德国历年CO₂排放量

作为一支新的政治力量进入各级议会和政府后，其有关绿色的政治理念也融入了德国的国家相关立法与政策。德国政府制定了一系列的法律措施来为环境保护提供保障，因此德国低碳环保立法的演变与绿党有着莫大的联系。1991年，被誉为环境污染损害赔偿领域专门法案的《德国环境责任法》生效，而在这之前，德国的刑法也将环境刑法条款纳入其中。德国于1994年对《德意志联邦共和国基本法》进行了修改，从内容上看该法为德国的可持续发展及环境管理领域奠定了坚实的宪政基础。在这一强大的法律保障下，一系列的环保目标被德国政府所采纳。而《垃圾管理法》是德国第一个环境保护法，并在20世纪90年代被德国议会将其内容加入基本法中。其中有章节明确指出国家应该为人类的下一代负责，不对其生存条件进行破坏，而这一条款也在德国的政治领域起到了意义深远的作用。当《垃圾管理法》于1972年生效后，德国可以说在环保方面已经拥有了健全和完善的法律框架。1986年，德国政府对《垃圾管理法》进行修改后将其改名为《循环经济及垃圾管理法》，在相关领域实施后，一项新的《循环经济及垃圾管理法》终于生效。与此同时，能源立法也是德国法律框架的一个特色。20世纪70年代石油危机发生之后，德国政府就试图减少传统能源的使用，以可再生能源取而代之以调整其能源结构。这一领域的法律主要包括《可再生能源法》和《节能法》。发展可再生能源是德国能源政策的主要内容。在1991年，德国政府颁布了《电能传送法》，此项法律为可再生能源的发展提供了最坚定的基石，其主要内容为所有的电力公司都需购买和使用可再生能源。以法律约束为依托，可再生能源在用于发电的能源中所占的份额逐年增加。进入21世纪，2000年，德国政府又颁布了优先使用可再生能源的法律，此法律被誉为可再生能源领域最为先进的法律，它不仅着重提高能源的使用效率，更为提高可再生能源在发电领域的份额树立了新的目标。

除了发展可再生能源之外，德国政府也注重能源的节约和提高能源的使用效率。相关的法律主要有1976年颁布的《建筑物节能法》，1977年的《建筑物热能保护条例》，以及1978年的《供暖设备条例》等。在2001年，德国政府颁布了一项新的《能源保护条例》以替代早期的法律条款，这一新的条例制定了对于新修建的以及现存的建筑物关于能源消耗的新标准。除此以外，为了有效地防止对自然资源的过度使用和减少温室气体的排放量，德国政府还考虑运用经济手段来进行更有力的约束，并颁布了生态税收改革的相关法律。一系列的改革措施主要包括了对天然气、电以及矿物征税；对来自诸如太阳能、水能、风能以及生物质能等可再生能源的电力取消征税。此举非常有效地对可再生能源的发展起到了激励作用，在改进了德国能源结构的同时，卓有成效地减低了温室气体的排放。

在德国能源立法领域特别值得一提的是《可再生能源法》，其于2000年4月出台，前身是1991年生效的《强制输电法案》。《可再生能源法》是开发和利用可再生能源、加强节能环保的纲领性法规，后随时间推移和形势变化被多次修改、补充。

作为对气候变化的回应，德国政府采取了一系列平衡及有效的混合手段。例如，《可再生能源法》、《能源节约条例》（EnEV）等法律法规和条例建立起了能源立法领域的管理框架。经济手段也是不可缺少的，基金的建立是为了刺激相关人员的主观能动性，使其采取适宜的行动措施。经济与法律手段并施也是管理欧盟排放贸易体系和生态税改革的基本原则。例如，旨在促进科技研发、提高能源效率和增加可再生能源的使用的基金项目也是可行的，这些都是通过市场手段对可再生能源和气候领域的有效刺激。这些手段的最终目标在于让各个层面的大众接受并实践对气候无害的行为。表3-2是2011年由德国环境部发布的历年来德国政府颁布的有关气候问题的法律，不仅涉及技术研发方面，也涵盖了运用经济手段的相关措施。无论是能源政策还是排放贸易体制，都会有与之对应的法律法规予以约束和监督，这在执行方面起到了很好的保障作用。笔者认为，德国的法律框架如此严谨，不仅对低碳发展起到了激励作用，也通过相应的经济手段有效地避免了违规的可能。

表3-2　　　　　　　　2009年以前德国应对气候变化的主要法律政策

颁布时间	法律政策
1990年	德国环境责任法
1994年	循环经济及垃圾管理法
1995年	排放控制法
2000年	气候保护国家方案（2005年修订）
2000年	可再生能源法（2004年、2008年、2012年三次修订）
2002年	热电联产法、节能法
2003年	进一步发展生态税改革法案
2006年	生物燃料配额法
2007年	能源与气候保护综合方案
2008年	可再生能源供暖法

（2）实施效果

①德国能源消耗总量下降。

1990—2009年间，德国每年能源消耗量总体趋于下降，其中1990—1994年持续下降，1995—2005年在波动中保持相对稳定，而后再继续下降。总体上，1990—2009年，德国国内能源消耗总量（油当量数）从3.57亿吨降为3.27亿吨，最终能源消耗总量从2.3亿吨降为2.13亿吨，人均能源消耗量从4.49吨降为3.99吨[①]。

②德国温室气体排放总量持续下降。

1990年以来，德国二氧化碳排放总量和人均二氧化碳排放量基本呈连续下降态势。1990年、1995年、2000年，德国二氧化碳排放总量分别为10.6亿吨、9.5亿吨、9.2亿吨，2005年下降为9亿吨，2008年、2009年再分别下降至8.8亿吨、8.2亿吨。1990年德国人均二氧化碳排放量为13.4吨，1995年、2000年、2005年分别

---

① 资料来源：德国统计局官方网站 https://www.destatis.de/.

为 11.7 吨、11.2 吨、10.9 吨，2008 年、2009 年再分别降至 10.8 吨、10 吨[①]。

③德国 GDP 能源密度和碳排放密度持续显著下降。

在实现能耗和温室气体排放减少的同时，德国 GDP 保持增长态势，因此，1990 年以来德国单位 GDP 对应能源消耗量和碳排放量持续显著下降。这种趋势表明，德国经济增长已和碳排放增加脱开关系。

3.3.2　2009 年后德国低碳发展政策

（1）主要新政策及对以往政策的调整

2000 年年初，德国联邦众议院和参议院通过了《可再生能源法》（EEG-2000）[②]，该法案替代了 1991 年开始实施的《电力上网法》（StrEG），成为推动德国可再生能源电力发展的重要法律基础。

在此后的十几年时间里，根据可再生能源发展的实际情况，德国又对《可再生能源法》进行了数次修改和完善：2004 年，通过了《可再生能源法》（EEG-2004）；2008 年，通过了《可再生能源法》（EEG-2008），法律条款由最初的 12 条扩充为 66 条，形成了较完备的框架；目前最新的《可再生能源法》（EEG-2012）于 2011 年 6 月通过，并在 2012 年又进行了两次局部修订。

德国《可再生能源法》（EEG-2012）对支持可再生能源电力的发展有着全面、深入、细致的考虑和设计，经过十多年的发展完善，已经成为世界可再生能源立法领域的典范。德国《可再生能源法》的主要目标是促进可再生能源电力的发展。《可再生能源法》（EEG-2012）不仅提高了德国可再生能源电力的中期发展目标，即在 2020 年之前，可再生能源在德国电力供应中的份额达到 35%，比 EEG-2009 的要求提高了 5 个百分点；而且将德国可再生能源电力的长期目标写入了法律文件，要求可再生能源在德国电力供应中的份额在 2030 年之前达到 50%，在 2040 年之前

---

① 资料来源：德国统计局官方网站 https://www.destatis.de/.

② BMWK. Erneuerbare-Energien-Gesetz（EEG）[EB/OL].[2022-11-01]. https://www.erneuerbare-energien.de/EE/Navigation/DE/Recht-Politik/Das_EEG/das_eeg.htm.

达到65%，在2050年之前达到80%。这些新的发展目标表明德国已经确立了以可再生能源为中心的电力发展战略。总体来看，《可再生能源法》（EEG-2012）对于可再生能源并网和收购的要求包括了两个方面，一是电网运营商需要承担的义务，二是可再生能源发电商需要承担的义务。归纳起来，电网运营商的主要义务包括：将可再生能源发电设施接入电网，由于德国有着数量众多的电网运营商，距离最近的电网运营商有义务将可再生能源发电设施优先接入电压等级适合的电网接入点；按照法律明确规定的具体程序和时间节点处理并网要求；优先收购可再生能源发电设施生产的所有电量，但也允许和可再生能源发电商达成不优先收购的合同；收到并网要求后需要立即基于最佳可行技术对电网进行优化、加强和扩建，并承担电网优化、加强和扩建的费用；在控制发电设施出力时，要确保收购的来自可再生能源和热电联产的电量是最大可能的电量；可以采取减出力控制，但需要对可再生能源发电设施因出力受控而造成的损失进行补偿。可再生能源发电商的主要义务是满足相关技术要求，这包括：装机容量超过100kW时，需要配备一定的技术设备，以满足电网远程控制减少发电设施的出力或随时将发电设施接入电网的需求；太阳能发电设施装机容量在30kW到100kW之间时，也需要配备上述技术设备；装机容量小于30kW时，可以选择配备这种技术设备，也可以选择将最大负荷限制在装机容量的70%；风电机组还需要满足德国有关风电的系统服务条例要求。

德国《可再生能源法》（EEG-2012）采用了固定电价政策，精确规定了水电、生物质发电、沼气发电、风电、太阳能发电、地热发电等十多种可再生能源发电设施的具体上网电价，为可再生能源发电投资者创造了长期稳定的投资环境。

《可再生能源法》（EEG-2012）根据可再生能源发电技术类别、电站装机规模、建设的难易程度等进行了差异化定价。例如，德国按照装机规模大小划分了4种屋顶光伏发电系统的上网电价，从13.50~19.50欧分/kWh不等，这种差异性鼓励推动了德国小型分布式屋顶光伏系统的快速发展；此外，德国按照机组距离海岸远近和水深情况，对海上风电所享受较高初始电价的期限进行相应延长，这种差异性加大了对离海岸较远、水深较深的海上风电机组的支持力度。

《可再生能源法》(EEG-2012)通过一些巧妙的机制设计,对发展可再生能源电力起到了事半功倍的效果。例如,德国在陆上风电上网电价中引入了风电参考电量对比与补偿机制,当陆上风电机组发电量低于参考电量的150%时,每低于参考电量的0.75%,该陆上风电机组享受较高初始电价的期限便延长两个月,这一机制有效保证了由于各种可控和非可控因素造成发电量较少的风电机组可以享受较长时间的高上网电价,降低了风电投资的风险;此外,德国还设计了额外奖励机制,对投产开始就满足风电并网技术规范的机组提供了额外0.48欧分/kWh的系统服务奖励。

德国《可再生能源法》(EEG-2012)根据自身情况设计了平衡方案进行电价疏导。首先,输电网运营商需要向收购可再生能源电量的电网运营商支付《可再生能源法》(EEG-2012)确定的可再生能源上网电价,但需扣除过网费;其次,由配电网经营商向输电网运营商支付可再生能源附加费,2013年,德国可再生能源附加费水平为5.28欧分/kWh,年征收额度达到203亿欧元;最后,配电网经营商将支付给输电网运营商的可再生能源附加费作为成本让终端电力用户承担,2012年德国终端居民电价中约14%为可再生能源附加费。该法也设计了一些保障机制以更好地推动法律的实施,其中重要的保障机制有信息通报与公开机制、追踪评估机制。信息通报与公开机制要求可再生能源发电商、电网运营商、输电网运营商、配电网经营商按照规定的详细内容和时间节点相互通报信息,也要求电网运营商、配电网经营商向德国联邦网络署按时提供企业可再生能源收购、输配的详细信息,还要求配电网经营商向消费者公开可再生能源附加费、可再生能源电力份额等信息。追踪评估机制要求德国政府完成对该法执行情况的评估,在2014年年底前向德国联邦议院提交相关的进展报告,并且每4年提交一份进展报告;此外,德国政府还新增了监测报告制度,要求德国联邦环境、自然保护与核安全部每年提交有关德国可再生能源发展现状、可再生能源目标实现情况、面临的挑战等问题的报告,进一步加大了对于可再生能源发展的追踪评估力度。

德国政府于2010年9月28日推出"能源方案"长期战略(Energiekonzept der

Bundesregierung）[①]，其目的是使德国在能源效率和绿色经济方面走在世界最前列。该规定包括德国在能源供应和使用等方面至2050年要实现的长期和阶段性目标，并提出了相关行动计划和主要措施。

从实现减排目标、保护环境、确保可靠可行能源供应等多方面综合考虑，德国政府"能源方案"长期战略在主要方面的分阶段目标涵盖以下内容（主要指标分阶段目标列于表3-3）。

表3-3　　　　　　　　　　德国"能源方案"长期战略主要愿景目标　　　　　　　单位：%

	2020年	2030年	2040年	2050年
和1990年相比温室气体排放	-40	-55	-70	-80
可再生能源在最终能源消耗总量中占比		30	45	60
可再生能源在电力消费中占比	35	50	65	80
和2008年相比初级能源使用量	-20			-50
和2008年相比电力消耗量	-10			-25
和2005年相比交通部门最终能源使用量	-10			-40
和2010年相比建筑物初级能源使用量				-50

资料来源：德国经济部、环境部《能源方案》.

自2009年1月1日起，德国政府要求所有新建、出售或出租的居住建筑都必须出具能效证书，以便购房者或租房者了解在房屋能源消费方面可能支出的费用。对非居住建筑，则从2009年7月1日起实施这一规定，同时要求面积超过1 000平方米的公共建筑必须在建筑物显著位置悬挂能效证书。能源认证证书系统的实施，对增强建筑商和消费者的节能意识、提高建筑物节能水平起到了重要推动作用。

2009年4月29日，德国政府内阁会议审议通过了由农业部、环境部（BMU）共同提交的《国家生物质能行动计划》（以下简称《行动计划》），提出到2020年

①　Hans-Stefan Müller.Energiekonzept der Bundesregierung［EB/OL］.［2019-08-08］. https：// energie-m.de/info/energiekonzept-2010.htm.

德国持续推进生物质能开发利用的总体战略设想及行动领域，强调开发利用生物质能以贯彻落实德国政府2007年提出的《能源与气候保护一揽子计划》。

德国政府已在2010年5月3日公告电动车战略，目标是上路电动车到2020年达到100万辆，到2030年达到600万辆。2011年德国推行电动车标识管理政策，并为电动车享受诸如免费停车等优待政策作准备，但是由于电池及充电桩等技术问题，目前进展缓慢。

设立能源效率基金并开展工作。从2011年开始，在能源和气候基金经济计划框架下，由联邦经济和技术部（BMWI，简称经济部）主持的能源效率基金被设立。经济部将和联邦环境部（BMU）一道，通过该基金，以消费者、企业、地方政府为管道或对象，多途径开展工作。（1）在消费者方面，为消费者提供信息和建议；为私人家庭开展节能节电检查；为建筑物核定颁发能效证书。（2）在企业方面，支持能效市场，为企业引入诸如发动、驱动、制冷等方面的高效率交叉应用技术；面向企业，特别是小企业推出能源管理系统；优化能源密集型制造过程；加强政府出口行动在能效方面的工作；与企业社团一道建设工业能效工作网络；为提升能效创新技术提供更多资金，可选择对象包括产品市场化启动、研发项目、新技术示范等。（3）在地方政府方面，地方政府将促进能效创新，开展样板项目，资助信息和培训。

2011年，德国按照欧盟和国内规则停止硬煤补助。德国贯彻欧盟第3轮内部市场一揽子法规，为推动在全国范围内作出前后连贯、相互一致的电网扩充决策而制定相关管理规定。通过协调所有电网运营商，德国打算先制定一个10年期国家电网提升规划，并为政府和企业电网扩充规划和决策提供具有一定约束性的指导。但是这一规划被推延，2015年2月，德国能源监管机构表示，德国不再快速扩张输电网络，计划于2017年拟订一个备用电力方案。电网扩建计划的推迟，或将导致德国电力短缺。

2011年，日本福岛核电站发生事故后，"核电"在德国一直是敏感话题。2011年5月，时任德国总理默克尔宣布，德国将在2022年前关闭境内所有17座核电站，这意味着德国将成为日本福岛核事故后，首个宣布放弃核电的主要工业国家。德国政府早在2002年就通过了一项核电逐步退出的法令，确定到2022年左右关闭德国境内全部核电站。但迫于能源公司的压力和经济形势，德国政府于2010年9月决定退出原定的"核电逐步退出"计划，推出了一项着眼2050年的能源新方案，其中包括延长核电站运营期限。新方案将德国关闭最后一座核电站的时间由2022年前后推迟到2035年前后。2010年10月，德国联邦议院通过了这一方案。这一能源政策的反向调整在德国引起极大争议，绿色组织和反核人士游行抗议不断。2011年日本福岛核事故爆发，默克尔政府迫于压力不得不权衡利弊作出新的核电退出计划。2010年，德国核能发电在总发电量中所占比例约为1/4，这一数据在巅峰时的20世纪80年代曾高达30%，因此，德国的这一计划导致其不得不寻求新能源的发展。

2014年，德国新的《节能法》规定将已经较高的新建筑节能标准再提高25%。高节能的解决方案——包括采用热回收系统的机械通风和安装三层玻璃的窗户等措施——从2016年1月1日开始成为新建造房屋的统一标准。

2014年12月，德国宣布了截至2020年的气候行动目标即气候行动计划，在电力、交通、建筑、农业等各领域加大温室气体减排力度，以保证达到其早先设定的2020年在1990年基础上减排40%的目标。但是由于放弃使用核能等因素，德国要完成这一目标面临挑战。德国政府预计，如果不加大行动力度，至2020年，德国只能减排32%至35%。新增的减排指标中，2 200万吨二氧化碳当量减排指标将被分配给电力领域，由联邦经济部负责向全国的发电厂分摊。交通运输领域将减排700万至1 000万吨二氧化碳当量，农业领域减排360万吨二氧化碳当量，工业、服务、贸易、垃圾处理等领域减排300万至770万吨二氧化碳当量，建筑领域减排150万至470万吨二氧化碳当量。

2014年12月，德国通过的《国家能效行动计划》引入激励建筑能效提升的减税政策和节能项目竞争性拍卖措施，并与企业界联合建立500个能效网络平台。

2015年，德国政府要求沼气发电量的新增速度低于替代率，即沼气发电占比将逐渐降低；小型光伏项目将在竞拍模式系统外发展；除去海上风电项目，风电功率达到 6.5 吉瓦，并且到 2017 年达到 7.7 吉瓦，政府将调整竞拍系统内的风电和大型光伏容量。2014 年，德国海上风电发电量达 6.7 吉瓦时，相当于德国用电需求的 1.1%。按照这个增长速度，陆上风电几乎没有增长空间，德国将更侧重发展海上风电，因此，尽管德国可再生能源占比获得重大突破，但一些领域的未来发展还是令人担忧。

2016 年 11 月，德国通过《2050 年气候行动计划》。这使德国成为首个通过此类详尽长期减排计划的国家。该计划重申了到 2050 年德国温室气体排放量比 1990 年下降 80%～95% 的目标，并就气候行动制定了政策性的目标和规划。该行动计划提出了能源、建筑、交通、工业、农业和林业等领域的总体目标和举措，其中一些战略措施包括：第一，在能源方面，基于德国经济和能源部，德国政府将设立专门委员会，以实现经济增长、结构变化和区域发展。该委员会将与其他政府部门、有一定影响力的企业、工会分支以及各区域利益相关者协同合作。第二，在建筑方面，构建气候中立型建筑物路线图，包括逐渐发展针对新建筑物和旧建筑物翻新的节能标准；对基于可再生能源的供热系统进行资金筹集。第三，在交通方面，新战略将解决来自汽车、轻型和重型商用车辆的排放问题，以及与无温室气体排放能源供应、基础设施相关的问题。第四，在工业方面，通过与工业行业的合作，德国政府将启动一项旨在减少工业过程中温室气体排放的研究及发展计划，并将工业二氧化碳回收（碳捕获与利用）考虑在内。第五，在农业方面，德国政府将协同各联邦州提倡使用具备严格标准的农业化肥，特别是要符合《化肥条例》及农业生产过程中有关营养处理的相关法规条例，以确保在《德国国家可持续发展战略》实施期间（2028—2032 年），实现每公顷 70 kg 氮的目标值。第六，在林业方面，土地利用和林业的重点是加强森林碳汇保护和提高碳封存。德国政府将努力扩大德国的森林面积，改善农业结构和开展海岸保护。

2019 年 9 月，德国出台《气候变化方案 2030》[①]。该方案的核心内容包括为二

---

① The Federal Govermant.Climate Action Programme 2030 [EB/OL]. [2019-09-20]. https：//www.bundesregierung.de/breg-en/issues/climate-action/klimaschutzprogramm-2030-1674080.

氧化碳排放定价、鼓励建筑节能改造、资助相关科研等具体措施，涵盖能源、交通、建筑、农业等多个领域，并将在2023年前投入540亿欧元用于应对气候变化。出台这一方案是为了确保在2030年实现比1990年的温室气体排放量减少55%的目标，这就需要在未来10年中，德国的年碳排放量从目前的8.6亿吨减少到5.63亿吨。

2021年6月21日，德国联邦议院通过《气候变化法》修改稿，将德国实现温室气体中性的时间提前到2045年——比之前提前了5年，并在2050年实现负排放；将2030年二氧化碳减排目标由比1990年减少55%提升到减少65%，到2040年减少88%；2030年采用行业年度排放预算；2030年后对土地利用的贡献实行年度排放预算目标；强化气候变化专家委员会的作用；在联邦投资和采购决策中进一步考虑气候影响。该修改稿充分体现了德国实现目标的决心和战略远见。

（2）实施效果及评价

2009年以后，德国低碳发展政策取得显著效果。

第一，可再生能源发展迅速。2010—2015年，德国可再生能源发电量占比平均每年增长3.1%，2015年可再生能源发电占比30%[①]。德国目前传统发电供应量只占66%，若按照之前的增长速度，大约只需20年就可达到100%使用可再生能源发电。然而想要实现这个愿望，还有很多问题需要解决，特别是电力储存和电网构建问题。此外，德国目前还无法承担完全放弃传统电力系统构架所带来的金融风险。基于以上原因，2014年德国政府决定限制可再生能源发展，到2025年，可再生能源发电量占比将不会超过45%。此外，在接下来的10年中，可再生能源增长速度将会减少约2/3。总之，德国可再生能源发电目标是到2050年占比达到80%，而不是到2035年占比达到100%。

第二，建筑节能成效显著。建筑物能耗占德国总能耗的31.1%。根据德国政府的监测报告，2015年能源消费在居民家庭支出中所占比例，与1996年最高峰值相比下降11%[②]，尽管同期居民房屋面积有所增加，其主要原因是对建筑物进行了节

---

① 资料来源：德国统计局官方网站 https://www.destatis.de/.
② 资料来源：德国统计局官方网站 https://www.destatis.de/.

能改造，从而减少了居民家庭的能源支出。

第三，交通运输能耗下降。根据德国政府的监测报告，从1999年开始虽然交通运输量不断增加，但交通领域能效不断上升。例如，近年来德国客运和货运平均能源消耗以年均3.1%的速度下降，新登记注册的轿车和家用汽车平均燃油消耗也有所下降。

第四，温室气体排放出现反弹。德国放弃了核电，但可再生能源在短时间内还无法替代核电，所以廉价火电的兴起是不可避免的结果。由于火电廉价，使用者增加，又进一步推动了火电的需求。褐煤发电的结果之一是二氧化碳排放量增加，德国计划到2020年减少40%的温室气体排放，但近几年德国的温室气体排放量出现了反弹。

德国采取的低碳发展政策虽然取得较好效果，但也存在一些短板。首先，德国仍将长期依赖化石能源。尽管德国积极实施能源转型计划，但未来数十年仍将长期依赖石油、天然气和煤炭等化石能源。在能源转型计划实施10多年后，石油、天然气和煤炭仍占德国能源消费的80%。但由于2013年通过的能源转型计划修正案促进了可再生能源的发展并逐步淘汰核能，可再生能源所占份额已提升了5%。石油将逐渐稀缺，但在一次能源消费结构中所占主要地位在未来数十年仍不太可能改变；天然气和煤炭由于储量丰富，其供应还将持续很长时间。其次，相关战略目标存在问题。从经济对能源需求的角度看，将初级能源使用削减50%、电力消耗减少25%、最终运输能源需求下降40%，都是非常雄伟的目标。但是，将温室气体减少排放80%，其力度和全球趋势相比则显得不足。要将温度上升相比工业化之前控制在2摄氏度以内，工业化国家温室气体排放需减少95%。此外，2050年实现可再生能源在电力消费中占80%的目标和德国环境部长一贯宣称的100%目标不同。最后，德国所提出的部分措施的可行性和合理性存在问题。德国的一些低碳措施是否足以促使目标实现，并不十分明朗，特别是在建筑物翻新改造、离岸风电和电网扩充方面，有的措施存在可行性问题；关于如何实现社会接受电网扩充其没有充分阐述，这也导致电网扩充计划一再推延；生物质开发利用可能和国际食品安全之间存在冲突；在战略规划中没有抓住机会将延长核电使用时间和老旧低效煤炭火电站废弃、停止新建煤炭火电站联系起来；能源效率基金行动在目标设定方面则仍有潜力；能源效率措施低估了政府规制措施的需要；关于运输部门的能效，相对集中在电动化上面，没有充分考虑扩充铁路运输的潜能。

3.4　德国产业发展受国内外气候变化政策影响

3.4.1　汽车工业

（1）全球布局

德国汽车行业注重贴近市场，全球布局，利用各地有利资源提高竞争力。德国汽车业在西欧始终保持着较高的占有率，其在俄罗斯、乌克兰、保加利亚、罗马尼亚等国家的市场比重也明显上升。同时，德国汽车厂商在北美地区设立了300多个生产基地，汽配企业数量大幅增加。

德国汽车业近年还特别关注亚洲市场，中国是不少厂商在海外最重要的生产基地之一，大众和奥迪公司早已在中国扎根，宝马和戴姆勒-克莱斯勒也在中国投资设厂。

（2）行业合作

由于汽车市场竞争激烈，德国的汽车生产企业与汽配企业非常重视行业合作。建立研发、生产、物流等一系列合作关系成为一种趋势。当前汽车工业价值链的结构已经发生很大变化，汽配企业在汽车工业中扮演的角色越来越重要，承担着越来越多的研发和生产任务。汽车整车与汽配工业的紧密合作，提高了各自的竞争力和抗风险能力。

原材料价格飞涨之所以未对德国汽车业产生严重影响，主要是因为德国汽车整车生产企业和汽配企业合作紧密。另外，德国汽车工业正在重点推进的新一代发动机技术和替代燃料技术的研发，也体现了产业链条上的深度合作关系。

（3）依赖中国市场

德国汽车业的繁荣取决于中国市场。中国市场销售份额逼近它们全球销售总量的三分之一。中短期内这些制造商还不需要太过于担心这种依赖，但必须开发美国市场，以摆脱这种依赖。据中汽协公布的数据，中国市场销量在德国汽车制造商全球总销售量中的占比从2018年度的21.4%上升至2019年度的24.2%。

（4）大众"排放门"对德国汽车业的影响

2015年9月18日，美国环境保护署指控大众汽车所售部分柴油车安装了专门应对尾气排放检测的软件，可以识别汽车是否处于被检测状态，继而在车检时秘密启动，从而使汽车能够在车检时以"高环保标准"过关，而在平时行驶时，这些汽车却大量排放污染物，最大可达美国法定标准的40倍。违规排放涉及的车款包括2008年之后销售的捷达、甲壳虫、高尔夫、奥迪A3，以及2014年至2015年款帕萨特。根据美国《清洁空气法》，每辆违规排放的汽车可能会被处以最高3.75万美元的罚款，总额可高达180亿美元。2018年6月13日，针对大众汽车引发的"排放门"事件，德国布伦瑞克检方对大众公司作出了10亿欧元的罚款令，大众汽车集团当天表示认罚，并承担相应的责任。大众汽车集团的最新措施是：提出"综合性"的重装计划，包括在全球召回1 100万辆问题车辆进行尾气系统重装，预计耗资人民币464亿元。

"排放门"不只是大众汽车集团（以下简称大众）的问题，或许还是整个德国汽车业甚至德国经济的问题。因为大众是德国最大的制造商，如果大众最终无法凭借有效的危机公关手段止损，后期将有可能拉高失业率，为德国经济增长埋下隐患，削弱德国制造业的竞争力。但是客观上，市场上并没有绝对的竞争对手来"填充"大众缺位的份额，所以只要刚性需求存在，且大众危机公关顺利，那么其目前的销售萎靡会是暂时的现象，"排放门"更不会持续发酵以致影响到德国经济增长。事实上，一方面，大众在员工大会上郑重声明"排放门"不会对大众员工当下的工作岗位造成影响，保证了短期内大众不会给德国失业数据带来负担。另一方面，大众将对原定的企业规划进行调整，包括实施紧缩政策、企业效率规划等，以保证企业的正常经营和财务收支。这是大众通过结构调整进行成本控制，在保证车辆召回和政府罚款的成本损耗前提下，力争将对公司的经营冲击降至最低。

早在2013年，国际清洁运输委员会委托西弗吉尼亚大学对美国在售的多款柴油发动机汽车开展尾气排放检测时，就发现大众汽车尾气排放最严重时达到美国法定标准的40倍。按照美国环保署的说法，大众公司的"作弊"行为涉及2009年至2015年款的多款柴油版汽车，意味着大众已经向监管部门隐瞒了7年。7年时间内监管部门都没有深究，唯独在2015年有所发现并迅速展开调查进而引发市场动荡，这个时间点令人怀疑。这也令人联想到之前的丰田事件。在2010年，当时美国政府突然宣布日本丰田汽车存在刹车隐患，要求丰田召回在美国生产的910万辆汽车。这一决定几乎让丰田破产，而作为日本经济支柱的丰田的破产，也意味着日本经济的衰落。结果一年后美国政府宣布为丰田平反，表示其刹车系统并不存在隐患。但经历之前的调查，丰田在美国元气大伤。丰田刹车门事件恰好发生在美国次贷危机后，美国金融业元气大伤，当时美国国会强调美国必须要回归制造业，汽车业是制造业相当重要的一环，而当时日本丰田汽车在美国汽车销售榜上是第一位的。当时美国经济也处于敏感的恢复期，通过量化宽松政策推高的美国经济数据尚无法取代本土制造业恢复带来的实际增长，眼见市场对其加息的呼声越来越高，如果不能尽早将金融刺激增长转化为制造业生产增长，美国经济的"当下繁荣"或将成为"昙花一现"，而汽车业恰恰是制造业里的重要产业。德国媒体认为大众汽车美国"排放门"事件并非由简单的汽车排放测试造假引起，其涉及美国与德国乃至欧洲之间的大国博弈。

（5）汽车行业趋势

2016年2月5日，默克尔召集汽车行业高管开会，讨论推广电动汽车与混合动力汽车。大众汽车排放丑闻令默克尔面临的政治压力上升。在补贴电动汽车，尤其是设立电动汽车充电站方面，德国落后于挪威和荷兰等市场。德国的基本策略是：在2011年5月到2015年12月之间购买的新能源汽车，免征10年机动车税（Kfz Steuer），在2016年1月到2020年12月之间购买的新能源汽车，免征5年机动车税。

机动车税在欧洲其实是比较普遍的，类似中国的车船税，主要和汽车排量、二氧化碳排放、燃油种类及达到的欧标等级有关。德国一辆 1 500kg 的新能源汽车每年理论上应交的机动车税为 45 欧元。2014 年，许多国家的电动车进入"补贴时代"，德国仍旧按兵不动，在 2014 年更新的法案中，只增加了允许新能源汽车免费享受停车位并且允许使用公共汽车车道的条款。2015 年德国一家环保机构 NGO Nabu 作出的民调显示，近三分之二的德国民众对电动车补贴并不支持。因为民众认为电动汽车依旧会对环境造成影响，"排放门"带来的巨额罚金和赔偿、电动汽车补贴的融资问题也成为质疑的原因之一。德国的电动汽车销量并不理想，民众对电动汽车的需求十分疲软。2015 年，德国电动汽车及插电式混合动力汽车销量达 2.35 万辆，其中1.2363 万辆为纯电动汽车。而相比之下，全年新注册的乘用车却达到了 320 万辆。

德国的电池生产技术成为阻碍电动汽车市场快速扩张的首要问题。另外，在公共充电设施的建设方面德国也很匮乏。目前，德国共有 4 000 个公共充电站，但是大多数位于大城市和人口密集的地区。电动汽车在充满电的情况下，最长行程为150 公里，无法满足人们的出行需求，因此在城市中，80% 的人将电动汽车作为家庭的第二辆汽车。

3.4.2 其他

（1）德国"工业 4.0"战略

2009—2012 年，欧洲深陷债务危机，德国经济却一枝独秀，依然坚挺。德国经济增长的动力来自其基础产业——制造业——所维持的国际竞争力。对于德国而言，制造业是传统的经济增长动力，制造业的发展是德国工业增长的不可或缺的因素，基于这一共识，德国政府倾力推动进一步的技术创新，即"工业 4.0"战略。"工业 4.0"战略在德国被认为是第四次工业革命。

2010 年德国政府在公布的《高科技战略 2020》中，提出了一系列促进制造业发展的创新政策，旨在支持工业领域新一代革命性技术的研发与创新，保持德国的国际竞争力。

2012 年德国政府公布《十大未来项目》的跨政府部门联合行动计划，并在 2012—2015 年间向十大项目资助 84 亿欧元。"工业 4.0"未来项目，主要是通过深度应用 ICT（信息通信技术），总体掌控从消费需求到生产制造的所有过程，由此实现高效生产管理。

2013 年，德国机械及制造商协会，德国信息技术、电信和新媒体协会，德国电子电气制造商协会合作设立了"工业 4.0"平台，并向德国政府提交了平台工作组的最终报告——《保障德国制造业的未来——关于实施工业 4.0 战略的建议》。报告提出，德国向"工业 4.0"转变需要采取双重策略，即德国要成为智能制造技术的主要供应商和 CPS（信息物理系统）技术及产品的领先市场，其本质是基于"信息物理系统"实现"智能工厂"，并确定规范与标准、安全、研究与创新三大主题。

2015 年 3 月 16 日，德国经济和能源部、教育和研究部共同启动升级版"工业 4.0"平台建设，接管由上述三大协会负责的"工业 4.0"平台，并在主题和结构上对其重新改造。新"工业 4.0"平台的管理层由德国经济和能源部、教育和研究部，以及经济、工会、科技界代表提供决策支撑，由指导委员会、四大工作组负责标准、研发、安全等方面，由艾纳安德尔领导的科技顾问委员会负责政策监管、社会及多部门协作，由产业财团负责应用成果转化，由德国电气电工信息技术委员会（DKE）等标准化组织负责标准的国际化推广。

"工业 4.0"体现出德国对美国和中国产生的危机感和极强的竞争意识。CPU、操作系统、软件及云计算等网络平台几乎都由美国掌控。近年来，谷歌开始进军机器人领域，研发自动驾驶汽车；亚马逊进入手机终端业务，开始实施由无人机配送商品……美国互联网巨头正在从"信息"领域加速进入"物理"业务领域。显而易见，这一趋势对德国制造业产生破坏性影响只是时间问题，因此，德国产生了前所未有的危机感。近年来，从中国机械产业的高速增长中，德国看到的更多是"德国制造"自身的危机。德国以 11.07% 的份额占据 2016 年全球机械出口第二位，中国以 16.33% 的份额位于全球第一①。德国认为"中国机械制造业严重威胁德国"。

———————————
① 资料来源：World Trade Organization，https://www.wto.org/.

（2）钢铁工业

钢铁工业在德国现代国民经济体系中拥有重要地位，也是德国的优势产业之一。钢铁工业不仅构筑了德国汽车及配件工业、机械工业和农业的基础，而且是占德国外贸出口比重较大的优势产业。德国是欧盟最大产钢国，其钢产量占欧盟粗钢总产量的近四分之一，位居世界第七[①]。德国钢铁工业的主要特点有：

第一，生产区域集中。德国钢铁工业区域化生产体现在能源、原料、物流及市场优势上。德国在推行工业区域化优势政策的背景下，已经建成了以传统钢铁产区鲁尔区为依托，以杜伊斯堡（Duisburg）为核心城市，覆盖北莱茵-威斯特法伦州（Nordreihn-Westfalen）、巴符州（Baden-Würtenburg）和萨尔州（Saarland）的钢铁生产中心，目前该区域集中了德国钢铁工业前15强企业的大部分炼钢厂，年粗钢产量已占全德总产量的一半以上。

第二，产品结构的专业化与企业组织结构高效化。一方面，钢铁巨头利用其规模优势保持在粗钢生产领域的垄断地位，而中小型企业则需依靠其较为灵活的创新体制和经营理念，将主营产品定位于贴近企业生产需求的特种钢材领域，以产品的高附加值赢得企业的生存空间；另一方面，德国钢铁企业已与德国汽车、机械、桥梁和铁路等钢材需求量较大的行业建立起了新型合作伙伴关系，将自身定位由传统的原料供应商转换为产品生产过程中的系统合作伙伴，根据相关行业企业产品结构的变化及时调整自身产品的研发和生产，使生产更加贴近市场需求。目前，钢铁企业主要从促进钢铁工业的循环经济发展和改进冶炼技术两大方面着手，使钢铁业发展符合可持续发展的长远目标，并实行严格的行业废气减排自律原则。德国积极改进冶炼技术。目前德国的高炉炼钢法所需能耗和废气排放都已接近理论最低值，新工艺的研发已经成为钢铁工业科研的重要任务。研发由传统的高校、行业协会和企业条块分割的局面转变为产学研一体化模式。

第三，产品技术优势大、竞争力强。为保持德国钢铁工业在全球市场上的竞争力，德国在钢铁加工、新材料开发和应用途径开发中投入了大量资金和人力，制订

---

① 资料来源：http://www.mofcom.gov.cn/aarticle/i/dxfw/jlyd/200908/20090806441718.html。

了具有战略意义的"钢铁 2030"行动计划，并参与了欧洲钢铁技术平台的研发。从 20 世纪 90 年代开始，德国钢铁工业陆续研发并应用了垂直弯曲钢组件再引、动态"软降碳"工艺、高速铸造技术、铸型内液态钢流测量技术、二次冷凝动态可控技术、直接钢带锻造技术和 3D 在线凝固可控技术等多项具有国际先进水平的钢铁生产及加工工艺。德国最具竞争力的两大领域主要是高强度及超高强度钢材的冶炼及加工技术和热轧钢成型及钢材接缝技术。目前德国钢铁工业面临的主要问题是资源能源约束日益突出和节能环保压力大。

德国钢铁行业的发展趋势有以下特点：一是德国在科技含量较高的特种钢领域优势显著。虽然受金融、经济危机影响，短期内德国钢铁业有所收缩，但长期来看仍具有很强竞争力。二是产业结构面临新调整。德国钢铁工业将利用本国汽车、机械等传统优势产业的支撑，重点发展科技含量较高的特种钢产品，提高产品的附加值，进一步削减剩余产能。三是改进电炉生产工艺。目前德国大部分粗钢产量来自能耗与二氧化碳排放量较高的高炉炼钢法，其能耗与排放值已接近理论最低值，改进空间不大。为此，德国钢铁工业协会将在未来几年内促进电弧炉炼钢法的产品及项目研发，重点转移至技术含量与产品附加值都较高的轧钢及特种钢产品，以保持德国钢铁工业的整体竞争力。四是政策调控以保证钢铁工业健康发展。目前，德国国内及欧盟内钢铁市场已完全自由化，德国政府已不再对钢铁工业实行微观层面上的监控及产业指导，也不再制定具体的产业政策，更多的是通过宏观调控来维护产业的健康发展。

3.5 德国对外国际合作情况

3.5.1 气候援助

（1）气候援助战略

在过去 20 年中，德国一直积极履行千年宣言及其核心目标——"消除贫困"，目前已经成为世界最大的双边援助国之一。德国一直将气候变化视为帮助发展中国家实现可持续发展转型的主要挑战，其提供的气候援助，是欧盟所有成员国里最多的。特别是自 2007 年担任欧盟轮值主席国以后，德国开始加大对气候变化和发展等一些关键性全球挑战的话语权的争夺，气候援助规模也明显增加。在 2009 年哥本哈根大会上，德国承诺的气候援助额约为 12.6 亿欧元。2015 年，德国宣布每年对贫困国家提供的气候保护资金增加到 40 亿欧元。德国复兴信贷银行提供的贷款也提高到 30 亿欧元。

（2）德国气候援助的管理

德国气候援助主要由经济合作和发展部（Federal Ministry for Economic Cooperation and Development）以及环境部（Federal Ministry for the Environment, Nature Conservation, Building and Nuclear Safety）负责，但两部门常常各自为政，缺乏一致性的援助战略，招致了很多批评声音。不过 BMZ 和 BMU 已经意识到这个问题，在 2013 年联合发布合作战略报告，提出要加强合作、发展更加成熟的援助办法。BMZ 的气候援助可以分为气候融资和技术援助两类，前者主要以德国开发银行（German Development Bank, KfW Bank）为渠道，后者主要由德国国际合作机构（German Agency for International Cooperation, GIZ）负责。2010 年，BMZ 气候变化项目资金达到 15 亿美元，占其总预算 78 亿美元的近两成。这一方面反映了气候援助与发展合作的内在联系，另一方面也表明 BMZ 将气候援助视为帮助受援国实现可持续发展转型的重要手段，而不是仅仅把它当作环境援助的"升级版"。BMU 是德国气候援助的另一个重要提供者，2008 年 BMU 发起成立"国际气候倡议"（International Climate Initiative, ICI），其气候援助主要通过 ICI 渠道实行。ICI 每年的预算为 1.6 亿美元，主要关注气候减缓项目以及碳捕获和封存技术，适应性的项目仅占 10% 左右，所有发展中国家都可以申请。起初，ICI 的资金主要来自欧盟碳交易（European Emissions Trading Scheme, EU ETS）收入，这种通过 ETS 资金帮助发展中国家减排的方式在当时也被认为是一种政策创新。随着排放许可证价格的下跌，目前 ICI 的资金主要来自 BMU 的预算。

德国联邦教研部在 2010 年启动了"针对可持续性气候、环境保护技术与服务的国际合作计划"（CLIENT）。德国大学、企业及科研机构均可申报国际合作项目，合作伙伴来自巴西、俄罗斯、印度、中国、南非与越南。项目研究课题包括所有工业领域的减排、填补物质循环与回收利用、土地利用方法、饮用水开发与污水处理的创新，其间特别需要关注合作伙伴国的经济、社会和自然空间条件。CLIENT是联邦教研部公布的"可持续性发展研究"框架计划中的举措。其促使德国企业及科研机构扩展与新兴工业国的技术合作，通过科研项目提高双方的经济竞争力，并创造新的就业岗位。可以看出，德国气候援助与合作的相关机构广泛、形式多样。

（3）德国气候援助的优先领域

德国的气候援助主要包括减缓、适应和 REDD+/生物多样性三种类型，其中减缓援助占大约五成，适应援助占两成多，REDD +/生物多样性援助占将近三成，这个比例构成与过去德国的气候援助战略一直比较重视减缓气候变化有关。目前，德国的气候援助理念正在发生转变，不再强调减缓气候变化，而是希望通过投资提高受援国应对气候变化的能力以增加援助的成本有效性。德国政府的气候援助预算也反映了这一变化趋势。德国通常只向 DAC 受援国名单上的 58 个国家提供气候援助，不过也有特例，主要是针对一些面对气候变化特别脆弱的小岛屿国家。德国会先和受援国开展一系列对话来确定气候援助的优先领域，随后双方共同参与制定优先领域战略报告，受援国可以根据这些战略文件向 BMZ 及其执行机构提交实施方案建议书。

3.5.2 德国在气候变化领域的具体合作事例

德国同许多国家与地区开展气候保护领域的合作。

（1）德国在欧盟的合作

德国开展国际气候合作的第一步是加强与欧盟国家的合作，这种合作可以提高周边国家对德国的认可，促使德国在欧盟中扮演领导者的角色，主导区域环境合作成为德国环境外交的重点领域。1985 年以来，德国代表在布鲁塞尔参加欧洲关于环境立法的相关会议，德国的环境立法受到了很大的影响，甚至相当部分的法律直接或间接地来自于布鲁塞尔的决定。也正因如此，德国在环境领域与其他欧盟国家的合作经常能够取得共识，并能共同处理欧洲环境问题、促进环境政策一体化的发展。

（2）德国与波兰的环境合作

1991年，德国和波兰建立了国家间环境合作，两国环境部部长以及相关机构通常每年都要举行例会商讨合作方案。为了加强合作，双方还于同年成立了环保领域的友好合作委员会，协调区域和跨界环境合作，两国接壤省份的政府和非政府代表更是积极地参与其中。此外，德国和波兰的环保组织之间的实质性合作和承诺也非常重要，德国联邦环境基金会（DBU）作为欧洲最大基金会之一，近年来在波兰支持了许多项目，其中较为著名的是传播生态理念的各种环境教育活动。DBU通过奖学金计划，每年给予50个名额的奖学金鼓励年轻的科学家进行环境科学研究，通过这种方式，德国和波兰之间建立了环境专家网络，从而加强跨境环境合作。

（3）德国与中东欧国家的环境合作

德国与中东欧国家的环境合作开始于1990年，德国希望在空气和水体污染以及资源浪费方面帮助这些国家。2008年，除空气污染和水体污染之外，德国政府也开始支持这些国家发展气候保护项目。2008年，德国发起了一份国际气候保护的倡议，项目价值8 000万欧元。作为其倡议的一部分，德国联邦环境部也参与了在中欧和东欧国家的活动，以促进出口德国回收与效率技术，并促进德国与这些地区的民间交流，提倡德国私营部门传播环境管理的专业知识。德国与中东欧地区的合作不仅支持技术转让，也旨在加强公共管理的能力以及执法力度。

（4）与欧盟以外国家的合作

①德国与中国的合作。

1994年德国联邦政府与中国政府达成双边环境合作协议，德国为中国提供相关技术援助。现在，德国与中国的合作涉及交通、建筑、电力等多个行业。2010年4月，德国环境部部长访问中国，双方就气候保护的经济合作重要性达成共识。德国认为中国与德国应该相互学习，就气候保护达成共识，鼓励环境企业间的合作。气候变化和能源转型以及其背后的环境经济一直是德国与中国环境合作的重点领域，德国对中国的技术转让为中国环境保护事业提供了科学技术保障，而中国的经济市场的巨大潜力也为德国提供了就业岗位。低碳交通发展项目旨在支持国家机构制定交通行业完善的气候保护战略，具体工作包括开发交通行业温室气体评估工具和报告机制，以及着重针对城市交通领域实施适当措施和激励机制。低碳交通发展子项目由德国国际合作机构与中国交通运输部科学研究院城市交通研究中心合作实施。该子项目与中国国家发展和改革委员会（NDRC）、交通运输部以及试点城市政府保持密切合作。在建筑能源领域，德国联邦交通、建设与城市发展部从2008年就开始参加中国住房和城乡建设部发起的绿色建筑大会。德国和中国相关部委在建筑能效、可持续发展方面进行了很多合作，也增进了双方的相互理解。中德气候变化项目电力行业低碳发展子项目的目标是协助国家相关机构利用自身能力，针对实现电力行业的国家温室气体减排目标建立框架条件，同时实现高效监测。该项目重点开展中德两国之间的经验交流活动，以推动开发和采纳中国电力行业温室气体排放减缓领域的创新方法。

②德国与巴西的合作。

2015年，时任巴西总统罗塞夫和时任德国总理默克尔达成协议，扩大贸易规模，并采取联合行动来应对气候变化。德国是巴西在欧洲最大的贸易伙伴、在全球的第四大贸易伙伴。两国就技术、科学、发展、贸易、金融、教育和环保领域协商合作。德国政府宣布提供5.5亿欧元用于资助巴西的环境和清洁能源项目。德国发展署为巴西提供5.25亿欧元贷款来资助可再生能源开发和热带雨林保护。德国将拨款2 300万欧元来帮助巴西建立一个农村土地局以加强森林采伐监控。

3.6　德国对于绿色发展对外合作的规划或展望

3.6.1　欧盟范围内的国际合作规划——2010年"能源方案"长期战略

前文提到的德国"能源方案"长期战略包含了能源供应和使用等各方面要实现

的长期和阶段性目标，以及国际合作战略。

（1）改善欧洲和国际环境下的能源供应

主要从气候保护协议、欧盟能源工作、能源及能源产品市场建设等方面，加强欧盟和全球环境下的国际合作。努力推动在全球范围内制定更高气候保护目标，同时为配合完成气候目标，推动国际能源新技术市场的形成和完善，既维护德国公司在气候保护新技术方面的竞争力，同时在欧盟排放交易体系框架建设等国际场合，适度照顾高能源密度企业的承受力和相关要求。

（2）欧盟能源政策一体化

从以下7个方面，和欧洲委员会及其他成员国一道积极工作。

①全欧电网建设。它是实现能源市场一体化的必要步骤。其具体措施有：连接欧盟电网，制定共同技术标准；积极监控欧盟"基础设施一揽子行动"的进展，如果在电网跨境连接方面，市场提供的驱动力被证明不充分，德国将评估如何恰当完善欧盟关于跨境欧洲电网的法规；形成2050年目标电网概念；加强与法国、比利时、荷兰、卢森堡在"五方能源论坛"框架下的合作，以避免出现电网瓶颈；与中东欧邻国合作培育区域性电力自由市场；在能源公司的介入下，和挪威、阿尔卑斯山地区的欧洲伙伴一道，探讨建立长期合作关系，特别是在电力储存能力的开发方面。

②内部市场自由化。德政府正全面贯彻欧盟关于内部能源市场所达成的第3次一揽子法规框架。

③欧盟碳排放交易。2013年，排放交易体系更加一体化，即在欧盟范围内设定限额，实施分配规则，并提高排放权拍卖比重；在国际碳拍卖合作伙伴（ICAP）框架下，德国政府促进欧盟碳排放交易体系和其他国家现有交易体系的连接，并促进欧盟体系延伸为全球性市场；德国环境部设ICAP秘书处并开展工作；从2013年开始，将通过拍卖许可权所获的额外收入使用到以下领域：可再生能源、能源效率、能源研发、国际气候和环境保护。

④欧盟层面的能效规则。支持在欧盟层面形成高节能管理法规；支持欧盟

2020战略，该战略设定2020年欧盟能效提升20%；继续依照欧盟"生态设计指令"原则，以先进技术为标杆，推动形成和更新欧盟产品标准。

⑤绿色电力营销和电力标识。欧盟可再生能源指令只包含关于电力营销的片断规范，这可能导致有的可再生能源多次按碳中性能源出售；德国政府在欧盟范围内改善消费者对信息的获得，消费者可识别绿色能源，并辨识何种购买协议可促进可再生能源投资；支持在欧盟范围内实行绿色电力标识。

⑥欧盟和地中海领域可再生能源开发。按德国长期愿景，德国要进口相当比例的可再生能源才能保证供应。从长期考虑，从北非国家进口太阳能，对欧洲能源供应发挥重要作用。德国外交部、环境部、经济部将联合制定一个关于地中海太阳能开发的长期战略，贯彻欧盟指令关于促进可再生能源跨境使用的要求，加强欧盟成员国支持政策的配合和协调。

⑦供应安全和国际来源。在"能源和资源"伙伴行动框架下，德国政府和企业一道和非欧盟国家，就原材料和能源技术主题展开对话。其工作重点是为德国保证能源供应。一种重要方式是建立双边和区域能源和资源伙伴关系，而能源效率和可再生能源技术交流也将包含在经济一体化合作内容之中。德国政府和在联邦地球科学和自然资源研究院下设立的德国矿产资源署一同积极工作。德国政府还提议在欧盟范围内形成保证资源安全的战略方法。德国政府的工作目标是高度保证能源安全，包括油气初级能源安全，为此，德国政府将为支持能源供应多样化的基础设施项目及其关联企业提供政策支持。

3.6.2　与欧盟外的国家与地区的典型合作规划

（1）沙漠技术项目（Desertec）

这项名为Desertec的项目早在2008年就已经趋于成熟，2009年10月，德国主要的大企业宣布成立联合企业，投资4 000亿欧元在非洲北部建立太阳能发电站。整个计划由德国航空航天中心（German Aerospace Centre，DLR）进行草拟。根据该计划，这项工程到2050年所产生的电能产量峰值将达到100吉瓦，相当于100座火力发电厂的发电量，届时将满足欧洲地区15%的用电需求。另外，该计划还指出电能的输送将采用高压直流输电技术，可以使电能在传输过程中的损耗降至10%以下。整个送电工程会横跨地中海，而主要的线路穿越直布罗陀海峡。此外，Desertec计划还包括建设一个覆盖范围更广的欧洲超级电网，涵盖北海风力涡轮发电网、斯堪的纳维亚半岛水力发电网、冰岛地热发电网、东欧地区生物能发电网及太阳能发电网，这样就能为欧洲提供足够的清洁能源。

（2）以企业为载体开展国际合作

德国政府将国际合作看作促进自身经济发展、改善就业环境、发展低碳经济的有效途径。从政策环境上看，欧盟拟定全欧电动汽车发展路线图，并依托公司伙伴绿色轿车行动等框架开展促进行动。德国政府已拟定《德国联邦政府国家电动汽车发展规划》，并依托多个政府资助框架促进电动汽车的研发，产业界则配套投入更多资金。该规划拟定了德国成为电动汽车领导市场的路径。德国主要领先企业都已经在电动汽车研发方面开展国际合作，并取得研发成果。未来新能源汽车业的发展将成为德国国际合作的主要领域之一，在电池技术、汽车研发与商业化、可再生能源融入电网、配套电子电信技术、技术标准和管理框架等方面均富有国际合作的潜力。比如在2014年，时任德国总理默克尔访华，提出新能源汽车领域的多项合作将成为中德未来合作的重点，配套产业的逐步完善、新能源汽车技术的逐步升级，以及汽车智能化、运动化的产业转型，会带来很多投资机会。而西门子与大众的强强联合，将给新能源汽车本土化供应、技术全面升级带来新的契机。消化、吸收、融合、再创造的高铁模式有望在新能源汽车领域实现复制。

4　法国

4.1　法国经济发展概况

法国是欧洲四大经济体之一,是仅次于美国的世界第二大农产品出口国。法国葡萄酒享誉世界,产量居世界首位。法国拥有丰富的水力资源和地热资源,畜牧业也非常发达,但基础自然资源非常稀缺,几乎所有发展工业的原料都依赖进口,如铁矿石、有色金属、石油、天然气等。在第二次世界大战之后,法国的工业和对外贸易都得到迅速的发展,新兴工业部门,包括核能和航空等部门发展非常快,不仅自给自足,还能出口产品赚取外汇。

4.2　法国经济发展现状及对世界的影响

欧债危机以来,法国经济持续低迷,始终未现复苏迹象。法国作为欧洲第二大经济体被贴上"欧洲病夫"的标签,"法国衰退论"甚嚣尘上。对法国政府而言,出台振兴措施、推行结构性改革势在必行。在法国时任总统奥朗德的"改变,就是现在"的号召下,法国政府展现出全面改革的姿态,力求重塑经济竞争力。然而,在全球经济增长乏力的大环境下,无论内外,法国都面临着巨大的压力,改革进程依旧步履维艰。经济的长期停滞已造成法国高赤字、高失业等多症并发,同时经济困境引发连锁反应,触发了法国内外政治危机。

4.2.1　经济复苏乏力,财政赤字居高不下

法国和德国向来被看作欧洲经济的"双引擎",而事实上,法国经济远不及德

国经济基础雄厚、增速稳健。自欧元区成立以来，法国的人均GDP年增长率仅为0.8%，明显低于德国的1.3%。欧债危机后，欧洲各国经济普遍受创，法国更是元气大伤，在所有欧盟国家中只有意大利经历过比法国更缓慢的经济增长。2014年法国GDP的增长率为0.4%，只略好于2013年的0.3%，这不仅远低于德国近1.3%的增长率，且低于欧元区平均0.8%的增长率①。同时，法国的财政赤字是所有欧元区国家中最高的，公共债务规模还在扩大。2015年，法国财政预算草案公布，法国在采取措施削减公共支出、降低赤字的情况下，赤字率仍高达4.3%，且到2017年才能降至欧盟要求的3%以下。

4.2.2 失业率持续攀升

法国将降低失业率作为其致力解决的首要问题，推出了薪资税削减计划等措施，2019年法国失业率明显下降0.7%，年底时降到了8.1%。法国政府的目标是到2022年失业率降到7%②。2019年，"企业在竞争力与促进就业方面可享受的抵扣税额型减税"（CICE）措施转变为对企业减收社会保险征摊金的措施，企业获利减负总额达400亿欧元，在很大程度上推动了就业。

4.2.3 工业倒退，产业空心化加剧

强大的工业竞争力一直是法国人的骄傲，从飞机到高速列车，从阿丽亚娜火箭到核电站，法国工业曾给世界留下深刻的印象。然而，最近十年，法国工业整体上出现巨大的倒退：工业领域流失75万个就业岗位，工业在国内生产总值中占比下降了4个百分点，从而导致贸易赤字达到600亿欧元。实际上，工业在法国经济中地位的下降更加触目惊心。据世界银行统计，法国工业在其国内生产总值中占比在1971年为33.6%，到2013年仅为18.8%。2014年下半年，世界经济论坛出台的

---

① 资料来源：欧洲经济数据中心.法国GDP年度数据［EB/OL］.［2022-11-01］.http://www.edatasea.com/Content/eu/ID/2.

② 资料来源：INSEE法国统计局网站.

《2014—2015年国家竞争力报告》显示，法国竞争力排名已下滑到全球第23位，远远落在美国、日本、德国等其他工业大国之后。同时，法国产业空心化加剧。据统计，法国雇员超过万人的大型企业，其80%的员工与88%的利润都在海外。在奥朗德政府大力增加企业税的情况下，实体经济负担加重，从而进一步刺激了大型企业外迁的意向。在对外资的吸引力上，法国与英国、德国的差距逐渐拉大，对印度、中国、巴西等新兴市场国家企业的吸引力更是不足。

4.3 法国能源及碳排放

4.3.1 能源结构

法国能源相对贫瘠，石油和天然气蕴藏量有限，而煤炭资源早在20世纪50年代便逐渐枯竭。但是，通过对核能和可再生能源的充分利用，法国国内能源不足的压力得到有效缓解。

法国应对能源不足的主要手段之一是大力发展核能。早在1958年，法国就从美国西屋公司购买了压水核反应堆技术专利。通过对该技术进行创新改进和国产化，法国最终成为全球核能利用第一大国。目前，法国电力供应的75%依靠核能。除核能外，法国还大力发展可再生能源，其主攻方向是风能、太阳能和生物能源。

为实现本国能源多元化，法国以政府补贴和减免税收等方式鼓励企业和个人使用可再生能源。以汽车为例，如果一位法国居民购买了汽油和生物燃料混合动力车，他就可获得至少1 500欧元的免税优惠。

4.3.2 碳排放

由于法国大力发展核电，并使核电在国家能源消耗中的比重较高，因此，与其他发达国家相比，法国的温室气体排放水平较低。法国人口占全球人口的1%，GDP占全球GDP的3%，碳排放量占全球碳排放总量的1.3%。

尽管法国人均碳排放高于全球人均水平，但低于大多数发达国家，包括美国和其他西欧国家。法国人均碳排放水平较低的重要原因在于法国电力产能的90%依赖于低碳排放技术。根据法国国家电网RTE最新发布的统计数据，2018年法国本土发电装机容量为132.889吉瓦，其中核电63.130吉瓦（47.5%）、水电25.510吉瓦（19.2%）、风电15.108吉瓦（11.4%）、天然气发电12.151吉瓦（9.1%）、太阳能发电8.527吉瓦（6.4%）、燃油发电3.440吉瓦（2.6%）、煤电2.997吉瓦（2.3%）、生物质发电2.026吉瓦（1.5%）（见表4-1）。

表4-1 2018年法国本土发电来源

种类	发电量（吉瓦）	与2017年相比（%）	与2017年相比（吉瓦）	占电能总量比例（%）
核电	63.130	0	0	47.5
水电	25.510	-0.04	-11	19.2
风电	15.108	+11.2	1558	11.4
天然气电	12.151	+1.8	218	9.1
太阳能发电	8.527	+11.4	873	6.4
燃油发电	3.440	-16.1	-657	2.6
煤电	2.997	0	0	2.3
生物质发电	2.026	+4.2	73	1.5

2018年全年法国本土发电总量为549 TWh（5 490亿千瓦时），其中核电393 TWh（71.6%）、水电68 TWh（12.4%）、风电28 TWh（5.1%）、火电39 TWh（7.1%）、太阳能发电10 TWh（1.8%）、生物质发电10 TWh（1.8%）。值得注意的是，法国核电装机占47.5%，发电量却占71.6%，比上一年增长3.7%，确保了法国发电的低碳水平。2018年法国发电的单位碳排放为61克/千瓦时。

法国的碳排放总量中，三分之一来自居民生活所需矿物燃料的消耗，另外三分之二来自生产领域。法国收入较高家庭的"碳足迹"较重，占法国家庭总数20%

的富裕家庭，其碳排放量占总数的29%，而占法国家庭总数20%的贫困家庭，其碳排放量只占总数的11%。

4.3.3　法国产业结构发展状况

法国经济发达，国内生产总值居世界前列。

（1）农业

法国是欧盟最大的农业生产国，也是世界主要农副产品出口国。法国粮食产量占全欧洲粮食产量的三分之一，农产品出口仅次于美国，居世界第二位。随着法国的人口城市化，农村人口不断减少。法国共有耕地面积5491.9万公顷，其中61%为农业用地、27%为林业用地、12%为非农业用地，农业用地的96%为家庭所有。法国农业的传统地区结构为：中北部地区是谷物、油料、蔬菜、甜菜的主产区，西部和山区为饲料作物主产区，地中海沿岸和西南部地区为多年生作物（葡萄、水果）的主产区。农业食品加工业是法国获取外贸顺差的支柱产业之一。

（2）工业

法国作为老牌工业强国，早已完成了工业化，正处于后工业化时期。从工业产值的角度来看，法国2021年工业增加值达到4 929.25亿美元，占GDP的比重为16.78%[①]。法国工业门类相对比较全面，在全球属于工业强国，传统工业部门是法国工业的经济支柱，包括钢铁、建筑、冶金和汽车制造部门。如法国汽车制造的实力在欧洲仅次于德国，是欧洲第二大汽车制造强国，法国拥有标致、雷诺、雪铁龙、布加迪等汽车品牌，法国制造的汽车销往全球100多个国家和地区。再如法国的施耐德电气公司，属于世界500强企业之一，也是法国及欧洲的工业巨头。施耐德电气早期涉及钢铁、重型机械、造船等重工业领域，目前主要提供能源与自动化数字解决方案，业务遍及全球100多个国家和地区。法国的新兴工业部门发展非常快，包括核能和航空等部门。法国的航空业最具代表性的企业便是空中客车公司，空客作为全球大型飞机制造商，总部位于法国，部分制造基地也在法国，除了制造

---

① 资料来源：INSEE法国统计局网站。

大型客机，还涉及军用飞机、导弹、火箭等武器的研发。

（3）服务业

第三产业在法国经济中所占比重逐年上升。其中电信、信息、旅游服务和交通运输部门业务量增幅较大，法国旅游产业发达，是世界著名的旅游目的国，平均每年接待外国游客 7 000 多万人次，超过本国人口。法国商业较为发达，创收最多的是食品销售，在种类繁多的商店中，超级市场和连锁店最具活力，几乎占全部商业活动的一半。服务业从业人员约占总劳动力的 70%[①]。

4.4 法国低碳发展政策及实施效果

4.4.1 2009 年前法国低碳发展政策及实施效果

2008 年，时任法国总统萨科齐首次提出增征"气候-能源"税，即二氧化碳排放税。这是一项国家内部税收，目的是督促企业和民众节能减排、保护环境。《京都议定书》对 6 种温室气体都进行了全面控制，要求 37 个发达国家到 2012 年较 1990 年减排温室气体 5%。如果对照《京都议定书》的条文，则 2007 年到 2009 年期间，法国温室气体排放减少了 10%：2008 年减少了 6.4%，2009 年减少了 4.0%。这使得法国超额完成了其承诺的减排义务。而且，如果只看法国能源行业的二氧化碳排放，由于法国 85% 的电力生产来自核能，因此法国能源行业二氧化碳减排的成效也远远超过了其欧洲邻国。

4.4.2 2009 年后法国低碳发展政策及实施效果

（1）主要新政策及对以往政策的调整

2010 年，法国搁置 2008 年制订的征收二氧化碳排放税方案。法国表示，除非在欧盟内部取得一致，否则法国不会单独实施这一方案。政府采取任何可持续发展

---

① 资料来源：INSEE 法国统计局网站.

的政策都应考虑到国内企业的竞争力,在征收二氧化碳排放税问题上亦是如此,法国希望欧盟国家共同实施碳排放税方案。由于欧盟各国在碳排放税问题上分歧严重,因此这项计划实际上已被无限期搁置。

2012年,法国政府公布将于2016年年底彻底关闭费斯内姆核电站的两个核反应堆。核政策委员会通过会议确认,在诺曼底地区弗拉芒维尔市修建的压水核反应堆将是未来5年内法国唯一投产的核反应堆,并重申法国将继续发展面向出口的核产业。

2014年,法国提出建造新一代核反应堆以替换老化核电厂,这是法国政府对核电的首次明确表态。2014年,法国《能源转型法案》在议会下议院通过。这份法案的目标是降低核电在法国能源结构中的比例——从75%降至50%。这不意味着法国将退出核能,核能是法国的专长也是其历史的重要部分,法国不会效仿德国逐步退出核能。法国必须开始建设新一代核反应堆,以替换那些不能修复的老旧设备。但存在的问题是,新的核电设计方案的经济性可能无法满足每兆瓦时发电成本低于100欧元的需求。

2014年,法国政府公布了一项旨在发展可再生能源、削减核能和化石燃料的《新能源法案》,以帮助法国成为一个更环保的国家。该法案指出,到2025年,法国会将核电占比从75%降至50%,将能源消费量削减一半,将化石燃料使用量减少30%;到2030年,可再生能源占比将从目前的不到20%增至40%。另外,该法案还提出帮助实现建筑物和房屋的节能以及未来15年里为电动汽车安装700万个充电桩。这项法案有利于开发新技术、发展清洁运输、提高能效、降低电费。

2015年,法国批准《绿色发展能源过渡法》草案。这一法案被视为法国谋划能源战略转型的重大举措,旨在让法国能够更有效地参与应对气候变化,加强能源独立性,更好地平衡不同的能源供应来源。其内容主要是到2030年,法国能源消耗总量计划降低30%,而可再生能源所占能源份额会超过现在的2倍,达到32%;与1990年的水平相比,到2030年将温室气体排放量减少40%,到2050年减少75%;到2050年将能源总耗降低到2012年水平的一半;将最终能源消耗中的可再生能源比例提高到32%；到2025年将核能发电量比重从75%降到50%，限定现有的63.2吉瓦为今后的最高核能电力；同时通过促进绿色增长，为法国创造10万个就业岗位。除减少核能比例外，该法案还涉及碳税增长、发展可再生能源、降低温室气体排放量、禁止使用塑料袋等多方面内容。根据该法案，在能源领域，法国2016—2030年的碳税将实现翻两番，即每吨二氧化碳排放量的价格从22欧元增加到100欧元，其中2022年的中期目标是每吨56欧元，每年的碳税具体数额将在国家预算中确定；到2050年，法国将实现能源消耗量减半的目标。在日常生活领域，该法案规定自2016年起发布塑料袋禁令，代之以更为环保的布袋等；还将禁止大型商场与零售商扔掉在托盘中包装完整的食物，鼓励将未售出的食品捐赠给有关机构，以杜绝食物浪费。此外，法案特别为赤贫家庭创立"能源支票"，计划自2016年起为400万困难家庭提供50欧元至150欧元不等的能源消费补贴，用于支付能源账单及私人住宅能源设备的改造翻新。

2016年，法国发布《法国国家低碳战略》，成为继美国、墨西哥、德国和加拿大之后第5个向《联合国气候变化框架公约》（UNFCCC）提交气候变化发展战略的国家。该战略根据《能源转型法案》制定，从国家层面提出了减少温室气体排放，协调各方实行向低碳经济的转型。法国承诺到2030年温室气体排放量比1990年减少40%，到2050年减少75%，覆盖2015—2018年、2019—2023年以及2024—2028年3个阶段的碳预算期。该低碳战略提出了交通、建筑、农林业、工业、能源和废弃物等领域的战略发展目标及主要措施。

《法国国家低碳战略》还包括具体的目标：

①在交通方面，到第3个碳预算期（2024—2028年）比2013年减少29%的温室气体排放，到2050年减少至少2/3的温室气体排放。措施包括：提高车辆能源效率；加速能源载体的发展；抑制车辆流动性需求；发展私家车替代工具；鼓励其他交通模式。

②在建筑方面，到第3个碳预算期（2024—2028年）比2013年减少54%的温室气体排放，到2050年减少87%的温室气体排放；到2030年比2010年减少28%的

能源消耗。措施包括：实施2012年热监管（2012 Thermal Regulation）；到2050年以高能效标准实现建筑物翻新；加强能源消耗管理。

③在农林业方面，到第3个碳预算期（2024—2028年）在2013年基础上通过生态项目减少12%以上的农业排放，到2050年减少50%的农业排放；存储和保护土壤和生物中的碳；巩固材料和能源替代成果。措施包括：加强农业生态工程的实施；促进树木显著增加以支持生物资源发展，同时监测其对土壤、空气、水、风景和生物多样性的影响。

④在工业方面，到第3个碳预算期（2024—2028年），在2013年基础上减少24%的温室气体排放，到2050年减少75%的温室气体排放。措施包括：控制单个产品对能源和原材料的需求，高效利用能源；促进循环经济发展；减少温室气体高排放强度能源的份额。

⑤在能源方面，在第1个碳预算期（2015—2018年），保持排放低于2013年水平；较之1990年，至2050年相关生产排放减少96%。措施包括：加快提高能源效率；发展可再生能源并避免再投资修建新的热电厂；提高系统灵活性以增加可再生能源份额。

⑥在废弃物方面，到第3个碳预算期（2024—2028年）减少33%碳排放。措施包括：减少食物浪费以间接减少温室气体排放；防止生产过剩；通过废弃物回收实现资源再使用；减少垃圾填埋场甲烷扩散并净化植物；停止无能量回收的焚烧。

（2）实施效果及评价

一方面，出于保护产业增长的原因，工业部门的游说团体频繁活动使得法国政府无法尽快实现其设定的雄伟目标。法国曾经拟订在气候行动计划中加速推进清洁汽车、惩罚过量使用油气等若干项子计划，但由于国内利益集团的阻挠，这些计划被数度延迟推行。值得注意的是，法国的环境保护主义者也对本国气候政策有诸多不满，认为这些政策矫枉过正或政策设计本身就有严重缺陷。比如，相当一部分环保人士认为征收碳排放税的措施看似应对气候变化的必要之举，但政策设计过分依赖能源消耗大户的良好愿望与信息宣传，而政府的引导与监督措施依然严重不足，因此仅仅依靠征收碳税的政策不足以达到预期的目标。实际上也有一些欧洲国家表示不能接受法国的碳税倡议，认为这是一种贸易保护措施，容易使欧盟受到贸易伙伴的还击。例如，德国和瑞典认为对发展中国家的出口产品征收碳关税将阻碍国际气候合作进程，且强硬推动碳税是生态帝国主义的表现。可见，法国的碳税倡议在国际经济增长的现实需求下已成为不可能实现的任务，而欧盟征收航空碳税所遭遇的大规模抵制更映衬出法国这一气候外交举措的理想化色彩。

4.5 法国产业发展受国内外气候变化政策影响

4.5.1 能源产业

《能源转型法案》于2014年11月14日在法国获得通过，2016年生效。这一法案的目的是对法国能源消费进行结构性调整。第一，减少能源消耗。与现在的水平相比，长期目标是到2050年能源总消耗减少50%，温室气体排放减少75%。中期目标是到2030年，能源总消耗减少30%，温室气体排放减少40%，并且增加32%的可再生能源产品的利用。第二，调整能源供应结构。计划到2025年，核能发电量由现在的75%降低到50%，并将核能发电量限制在当前6 320万千瓦的水平。第三，促进绿色增长。计划到2050年，全部建筑须符合"低耗能建筑"标准；增加电动汽车充电桩数量；自2016年1月1日起，全面禁止一次性塑料袋的使用；自2020年起，禁止使用一次性塑料餐具。第四，实施可再生能源产业补贴。该法案涉及一项可再生能源行业的新补贴，此项补贴更符合欧盟在可再生能源方面的指令；取消固定的销售价格，取而代之的是更多地引入市场因素，由市场决定最终价格。第五，鼓励可再生能源产业的发展。无论是在可再生能源生产高峰时期，还是非高峰时期，避免价格过高，并且同时避免两时期的产能过剩；简化可再生能源产业监管的框架结构，同时进一步加大市场竞争在行业中的作用。

2015年11月13日，法国公布"国家低碳战略"，促进可再生能源的发展。该战略包含众多措施，计划在2030年将可再生能源在能源总量中的比例提高至32%，将可再生电力在总发电量中的比例提高至40%。

4.5.2 工业

2013年，法国经济部出台了"再工业化"政策，即"新工业法国"计划，该战略为期十年，主要解决三大问题，即能源、数字革命和经济生活，共包含34项计划：可再生能源、百公里油耗2升以内的汽车、充电桩、电池自主自强、无人驾驶汽车、电动飞机和新一代飞行器、重载飞艇、软件和嵌入式系统、全电推进卫星、未来高速铁路、绿色船舶、智能创新纺织技术、现代创新的木材工业、回收和绿色材料、建筑物节能改造、智能电网、智能水管理、生物燃料和绿色化学、医学生物技术、数字化医院、新型医疗卫生设备、安全健康和可持续的创新食品、大数据、云计算、电化教育、电信主权、纳米电子学、物联网、增强现实技术、非接触式服务、超级计算机、机器人、网络安全、未来工厂。

2014年，法国对这一计划进行大幅调整。2015年5月"新工业法国Ⅱ"计划公布。此次调整的主要目的在于优化布局。"新工业法国"计划实施后虽取得一些成果，但弊端日益凸显，优先项目太多，反而导致核心产业发展动能不足、方向不明。此次调整后，法国"再工业化"的布局优化为"一个核心，九大支点"[①]。一个核心的主要内容是实现工业生产向数字化、智能化转型，以生产工具的转型升级带动商业模式转型。九大支点包括新资源开发、可持续发展城市、环保汽车、网络技术、新型医药等，一方面旨在为前述一个核心提供支撑，另一方面重在满足人们日常生活的新需求。在这一调整中，效仿德国的痕迹十分明显。

总之，法国在工业领域所做的努力折射出法国在该领域奋起直追的决心。目前，法国的工业水平整体上确实被德国甩在后面，在向数字化生产转型和推广机器人使用等方面应该学习德国，法国将以"进攻性"的做法挽回工业落后的局面。此

---

① 韩冰.法国"再工业化"开始效法德国［EB/OL］.［2021-11-20］. https://caijing.chinadaily. com.cn/2015-06/02/content_20886539.htm.

外，从欧洲层面看，这一做法显然会加强法德在欧洲再工业化进程中的轴心作用，对于其他经济体形成新的竞争力。法德对接有利于两国在新型制造业的多个领域深化合作。长远来看，法德作为欧盟轴心将引领新的智能化技术革命，推动欧盟保持和提升在先进制造业方面的优势。

4.5.3 汽车工业

近年来法国工业实力衰退较为明显。为了重振法国工业实力，2013年9月，法国政府出台了"新工业法国"计划。这一计划的重点项目之一就是智能汽车。法国政府计划到2025年，纯电动汽车与可充电混合动力汽车占新车市场30%至40%的份额，而在2020年这一比例即可达到20%。在此市场背景下，法国工业界和政府部门大力支持电池纯电动汽车、可充电混合动力汽车、插电式汽车、燃料电池汽车等低碳汽车的发展，以应对环保要求、提高产业竞争力，并增强能源自主安全。法国政府还明确提出，到2020年无人汽车要在法国普及。法国政府认为，无人汽车具有明显的社会效益。配备新型指挥系统的无人汽车有利于减少交通事故，能够使公共交通更加通畅，在保证安全的前提下为人们创造更多的休息或工作时间。无人汽车还大大便利了残疾人、老年人等行动不便人群的出行。无人汽车对工业发展的战略意义不容忽视。无人汽车的发展将促进数字信息、软件开发、汽车零部件制造等多个行业的发展，是法国汽车行业发展不容忽视的支柱之一。

4.5.4 航空业

法国航空公司的飞机平均机龄为9.7年。其不断淘汰旧飞机，引进燃料效率更高、噪声更小的新一代飞机，实现机队的现代化。同时，在保证航空安全的前提下，飞行员尽量采用燃料经济性最好的操作程序，包括连续上升和下降程序，采取最佳飞行海拔高度和速度，适应天气数据并关闭一个或两个发动机滑行。若每架飞机减轻1公斤，每年可减少80吨的二氧化碳排放。

此外，法国航空公司采用新型轻质座椅，从2010年开始每年可减少1 700吨油耗；长途航班使用大瓶饮料取代小罐饮料，国际航班使用更少的餐盘纸箱；而对于长途航班提供的耳塞等不经常使用的物品则根据需要发放，而不是全部发放；在公务舱中，提供可以再利用的耳机，在提高音质的同时每年减少携带400吨废弃物。在再循环方面，法国航空公司在几个国内和欧洲航班上开展报纸再循环活动，鼓励乘客参加，对用过的机上物品（毯子、餐具等）进行回收再利用；对中程航班上的餐食包装进行分类和收集，以制作新的机上服务用品。2020年6月，作为欧洲航空业领头羊，法国出台了航空业支持计划，其中包括优先保障就业、提供经济援助和资助航空业持续创新，并明确了新的目标：2035年推出零碳排放的"绿色飞机"。

4.6 法国对外国际合作情况

法国通过对气候外交的积极参与和主导创新，在多层次的国际多边机制中贡献了相应的力量与智慧，同时也在对不发达国家和生态安全最脆弱国家的气候援助方面做出了显著的成绩。

法国的积极气候援助立场和措施在很大程度上奠定了法国在国际气候治理中的地位。此外，尽管作为发达国家之一的法国在环境保护和能源技术方面已经处于领先地位，但法国依然在气候治理技术方面孜孜以求，并不断加大国内气候治理的决心和力度。相对于近年来持续低迷的国际气候治理进程，法国是欧盟中乃至世界上较早设立二氧化碳排放税的国家。法国设立"碳税"在全球应对气候变化方面是一个创举。法国的气候治理和气候外交可谓独树一帜，而这一国家行为也获得了联合国的积极肯定。

对法国来说，实施气候援助一方面能够帮助发展中国家实现节能减排目标，进而奠定法国作为国际气候治理推动者的地位，另一方面还可以增强自身与相关国家的外交关系。正是出于这一原因，相较于参与多边气候援助，法国更倾向于开展双边气候援助。在战略合作层面，法国将全球贫困和可持续发展的挑战列为气候治理的难点，并通过与发展中国家共同开展气候援助合作项目来寻求突破。在2009年哥本哈根会议召开前，时任法国总统萨科齐就和巴西签署了有关气候问题的共同文件，形成"法国—巴西"轴心。此后不久，法国和英国共同提议设立全球环保基金以帮助贫穷国家应对气候变化。同时，法国同拉美和非洲国家密切磋商，要求向最不发达国家提供援助，除了在气候援助方面的高调亮相和声明之外法国也设计并实施了数量庞大的援助政策项目。

从已有的实践来看，法国对外的双边气候援助主要体现两个特点：一是援助重点倾向非洲。非洲是法国外交的重心之一，也是法国重塑大国形象的重要依托。冷战结束以来法国与非洲国家的关系受到重大挑战，调整非洲政策、更新法非关系成为法国政府的当务之急。因此，法国在非洲开展的气候援助项目成为其气候外交的主要着力点。二是法国充分利用了本国的先进技术和企业集团等优势。法国认为通过技术转移等方式实施气候援助将有助于这些企业被发展中国家及新兴经济国家所接受，从而使法国利用技术优势占领更大的市场份额。因此，法国鼓励商业团体积极参与国际气候援助项目的开发与推进。比如，法国充分发挥具有较高国际声誉的核工业建设能力为南非政府核电计划提供支持，全面参与南非境内唯一的核电站建设运营和维护工程，部分法国公司如法国电力新能源公司、必维国际检验集团、拉法基集团、罗格朗集团、施耐德电气公司等也积极参与非洲国家的水利电力开发、提供工程建设与管理服务、供应高效能材料。法国公司所参与的技术与工程援助合作在体现法国特色、推进气候治理的同时也保证了法国企业在相关国家的市场份额和收益，这是法国气候外交的成功之道。法国通过对气候外交的积极参与和主导创新在多层次的国际多边机制中贡献了相应的力量与智慧。

主要参考文献

[1] 张迎红. 美德英工业战略比较及对中国的影响 [J]. 德国研究, 2019 (4).

[2] 盛春红. 能源转型的制度创新——德国经验与启示 [J]. 科技管理研究, 2019 (18).

[3] 周逸江. 德国对外气候援助的行为及其动因分析 [J]. 德国研究, 2020 (1).

[4] 秦海波, 王毅, 谭显春, 等. 美国、德国、日本气候援助比较研究及其对中国南南气候合作的借鉴 [J]. 中国软科学, 2015 (2).

[5] 谭金芳, 等. 论法国发展现代农业的经验与启示 [J]. 河南工业大学学报 (社会科学版), 2016 (6).

[6] 杭宇. 法国发展文化和旅游产业对我国的启示 [J]. 中国商论, 2020 (24): 93-94.

[7] 张文松. 全球环境合作: 气候变化《巴黎协议》的双层博弈分析 [J]. 南京工业大学学报 (社会科学版), 2016 (1).

5 英国

英国自称是气候领导者，实际上在许多方面也的确如此。英国政府在2015年前就提出到2050年减排80%温室气体的目标，并以法律形式固定下来，2019年又将目标提升到净零排放，出台一系列战略规划和政策，为各国低碳绿色发展树立了典范。

英国碳排放由1990年的7.93亿吨CO_{2e}下降到2018年的4.52亿吨CO_{2e}，年下降率为2.0%。主要贡献来自工业过程和能源部门，年均碳排放分别下降6.1%和3.4%。其中，能源消耗产生的碳排放总量占比由1990年的35.0%下降到2018年的23.2%，同期工业过程占比由7.6%下降到2.3%。除了LULUCF上升外，其他部门的碳排放均下降了，但是下降过程不一样。由表5-1和图5-1可见，交通部门的碳排放在2007年前均是上升的，之后才开始下降。商业部门的碳排放2001年后才开始下降，同样，居民的碳排放在2004年前处于波动上升，之后开始下降。这说明碳排放与其生产和生活方式密切相关，绿色发展的基础是生产和生活方式的根本性转变。而这些，需要政府、企业和社会各界的共同努力。

表5-1　　　　　英国按产业划分的碳排放来源表（1990—2018年）　　　　单位：$MtCO_{2e}$

年份 部门	1990	1995	2000	2005	2010	2015	2016	2017	2018
能源	278.0	238.0	221.6	231.5	207.4	145.3	121.8	112.3	104.9
商业	113.8	111.9	115.7	109.2	94.3	85.2	81.7	81.1	79.0
交通	128.1	129.7	133.3	136.0	124.5	123.5	125.9	126.1	124.4
公共	13.5	13.3	12.1	11.2	9.5	8.0	8.1	7.7	8.0
居民	80.1	81.7	88.7	85.7	87.5	67.4	68.7	66.6	69.1
农业	54.0	52.9	50.3	47.9	44.6	45.2	45.4	45.8	45.4
工业过程	59.9	50.9	27.2	20.7	12.7	12.7	10.6	11.0	10.2

续表

部门＼年份	1990	1995	2000	2005	2010	2015	2016	2017	2018
LULUCF	-0.1	-2.3	-4.1	-7.2	-9.3	-10.0	-9.9	-10.1	-10.3
废弃物	66.6	69.3	63.1	49.1	29.7	20.7	20.1	20.4	20.7
总计	793.8	745.4	707.9	683.9	600.9	497.9	472.4	461.0	451.5

注：LULUCF指土地使用及土地转换和造林（land use，land use change and forestry）。

资料来源：

GOV.UK.Final UK greenhouse gas emissions national statistics：1990 to 2018 ［EB/OL］．［2020-07-

30］． https：//www. gov. uk/government/statistics/final-uk-greenhouse-gas-emissions-national-statistics-

1990-to-2018.

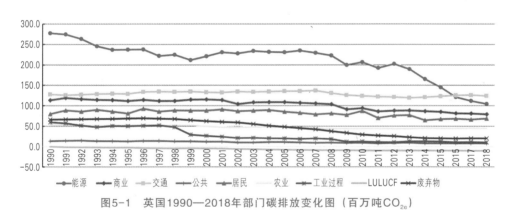

图5-1　英国1990—2018年部门碳排放变化图（百万吨CO$_{2e}$）

资料来源：

GOV.UK.Final UK greenhouse gas emissions national statistics：1990 to 2018 ［EB/OL］．［2020-07-

30］． https：//www. gov. uk/government/statistics/final-uk-greenhouse-gas-emissions-national-statistics-

1990-to-2018.

5.1　政府制定战略占领发展制高点

2021年10月19日，英国向联合国提交《净零战略——绿色重建》[①]，制定英

---

①　UNFCCC.Communication of long-term strategies ［EB/OL］．［2021-10-19］． https：//unfccc.
int/process/the-paris-agreement/long-term-strategies.

国所有经济部门未来30年的脱碳政策和建议，以实现2050年的净零目标。其中包括四个原则：

（1）遵循消费者的选择：没有人将被要求拆除现有的锅炉或报废其现有汽车；

（2）确保最大的污染者通过公平的碳定价为转型付出最大的代价；

（3）政府通过打折能源账单、提高能效等支持形式，保护最弱势群体；

（4）与企业合作，通过支持最新的低碳技术工具包，继续大力降低低碳技术成本、降低消费者成本、保障企业收益。

在2021年11月的格拉斯哥COP26会议上，英国承诺发展清洁卡车，并在2035年至2040年期间停止销售大部分新柴油卡车[①]。

正如时任英国首相约翰逊在战略报告前言中所言："净零排放战略是引领世界阻止气候变化的贡献，同时也是自工业革命以来我国增加就业和繁荣的最大机会。我们将从全球经济中移除污染的化石燃料，形成从海上风电到电动汽车再到CCS等产业的全球化的巨大产业。作为第一个去除化石燃料消耗的国家，英国将成为绿色工业革命诞生地，并确立决定性竞争地位。"

5.1.1 减排目标法律化

英国2008年颁布的气候变化法案将到2050年比1990年减排80%的目标法律化，并确定2020年减排至少34%。该法案还引入了"碳预算"，为确保实现法案中的目标确定了轨道。这些预算代表了对英国五年内允许排放的温室气体总量的法律约束。至今，英国共制定了自2008年至2032年的5个碳预算。第6个碳预算将在2021年6月之前通过立法，能够为2050年实现零碳排放提供关键支撑。

2019年6月27日生效的英国《2008年气候变化法案（2050年目标修正案）》提出到2050年英国温室气体排放量至少减少100%，即实现净零排放，使英国成为全球首个通过净零排放法案的较大经济体。

---

① UNFCCC.Zero Emission vehicle pledges made at COP26 [EB/OL]．[2021-11-10]．https：// unfccc.int/news/zero-emission-vehicle-pledges-made-at-cop26.

英国气候变化委员会（Committee on Climate Change）于2019年5月2日发表的《关于英国"净零"排放2050报告》提出，英国2050年的"净零"排放目标将有力地回应和完全实现《巴黎协定》下的英国温室气体减排责任，这一目标是基于最新的气候科学依据而设定的（如图5-2所示）。这里，净零排放是指比1990年的温室气体排放量减少100%，其中二氧化碳等长寿命气体须减至净零排放，甲烷等短寿命气体不在此范围。排放来源涵盖所有经济部门，包括国际航空和航运。实现此目标不依赖国际碳信用，只通过英国国内自身努力[①]。

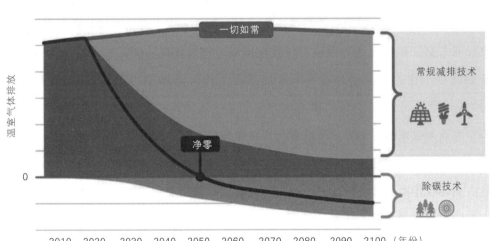

图5-2 净零排放示意图

该委员会认为，英国现有的政策为实现这一目标奠定了很好的基础，但仍然需要制定更加强有力的政策措施，以真正实现此目标。具体包括：

（1）政策基础。有关实现净零排放的政策措施已经出台，如低碳电力政策（但为了实现2050年的目标需要在这一领域至少加强3倍的力度），支持高效能建筑和低碳

---

① Climate Change Committee.Net Zero - The UK's contribution to stopping global warming ［EB/OL］. ［2019-05-02］. https：//www. theccc. org. uk/publication/net-zero-the-uks-contribution-to-stopping-global-warming/.

排放的供热系统、电动汽车、碳捕捉和封存的政策，增加森林覆盖率、减少农业碳排放等。

（2）强化现有政策的实施，实现2050年净零排放目标。通过强化政策制定与执行使得大多数部门不通过碳抵消的方式就能实现净零排放。如果简单地将现有碳排放增量减少80%，不能实现既定目标。

（3）加大部门措施执行力度。这对各级政府都至关重要。政策实施需要所有经济部门给予充足的资金支持，协调推动创新、市场发展和消费者采用低碳技术，并积极进行社会变革。显然现有许多政策措施的执行力度还不够，如将2040年作为淘汰燃油车的时间太晚了，而且目前计划执行路径不明。《气候法案》已经实施十年，英国供热系统未制定有效的碳减排计划，而且大规模的热泵试验和氢燃烧实验也没有开展。碳捕捉和封存项目尽管在世界上进展缓慢，但已有43个大型项目在开展此项工作，而英国目前并未开展此项工作。英国年均造林2万公顷的目标（2025年增加到2.7万公顷）没有实现，过去5年年均造林面积不到1万公顷。至今，农业所采取的自愿方式还没有起到减排作用。工业部门必须大规模去碳化，重型卡车必须要转用低碳燃料，国际航空和船运排放必须得到应有的重视。20%的土地必须转变用途，如进行植树造林，增加碳汇，以此来抵消排放、应对气候变化。

（4）必须考虑成本分担问题。若措施得当，减碳代价总体可控。随着关键技术的大规模运用，如海上风电、电动汽车的电池技术等，减碳成本将大幅降低。据估计，英国实现2050年净零排放温室气体目标的成本为国内生产总值的1%到2%，与之前估计的2050年在1990年基础上减排80%的成本类似。

在此转型过程中，包括工人和支付能源使用费的人，其所付出的代价必须是相等的。政府必须制定相应政策框架来确保公平。为此，需要尽早补贴商业、平民等群体或对其分担的成本进行评估。

英国政府公开表示，希望从2050年净零排放行动中实现其更宏大的目标：在国际上树立负责任的大国形象，推动与更多国家开展商贸等国际合作。其实，英国政府最核心的目标是：在实现零碳目标的过程中，在抢占道德制高点的同时，抢占技术制高点，在激烈的国际竞争中抢占或持续保持自身竞争优势。

5.1.2 全面推进零碳化

5.1.2.1 发展零碳能源

2019年英国零碳能源提供了近一半电力，第一次超过化石燃料，成为其最大电力来源。英国国家电网数据显示，2019年风电场、太阳能、核能及海底电缆进口能源提供了48.5%的电力，化石燃料电力占43%，其余8.5%源于生物质电力。2019年5月到6月初，英国连续18天没有使用煤电，这是自1882年以来时间最长的纪录。在2020年春天，英国只有4个煤电厂，风电、光电和水电占英国电力的1/4，1990年这一比例为2.3%；核能发电占17%，而1990年这一比例近20%；天然气发电占比由1990年的0.1%增至2019年的38%。2019年第三季度英国海上风电项目发电量首超陆上风电。在12月初大风天气风力发电量最高时，日发电量可满足当日需求量的近45%。

2022年3月11日（星期五）风力发电占英国电力的47.9%，之后依次是核能发电18.2%、天然气发电17.1%、进口电力8.5%、生物质发电3.7%、煤炭发电1.7%、太阳能发电1.5%、水力发电1.4%，如图5-3所示。当日英国可再生能源发电占比达到54%，发电的碳排放强度为98克/千瓦时。

2019年12月英国国家电网公布计划，未来5年要对英国燃气和电网投资近100亿英镑。其中，近10亿英镑用于实现2025年向净零碳电力系统过渡目标，包括投资新设备和技术。另外8 500万英镑用于改变现有取暖方式，将燃气锅炉换为电热泵和氢气锅炉等。2050年将有超过2 300万户家庭要采用新的低碳供暖方式[①]。

英国政府认为，英国已经具备了实现温室气体零排放政策目标的许多条件：低碳电力（2050年为目前供应量的4倍），高效且低碳的建筑供暖（包括新旧建筑），电动汽车，碳捕获和封存（CCS），将垃圾填埋改为生物降解，逐步淘汰氟化气，在

---

① 联盛新能源.2019年零碳能源首超化石燃料成为英国最大电力来源［EB/OL］.［2020-01-03］. https://mp.weixin.qq.com/s/6UVB4r1zNVrpo4geP0OaBQ.

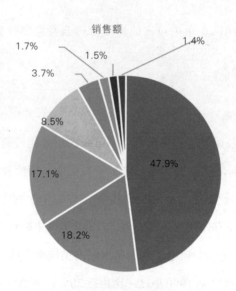

图5-3　英国2022年3月11日发电方式占比

农村增加碳汇林[1]。今后英国将加大政策力度，推动举措实施。多数行业要在不用抵消措施的情况下将碳排放量降至近零，仅在减排80%的基础上无法实现零排放，所以应该在减排和增加碳汇两侧发力。

5.1.2.2　强化产业推动

英国政府积极推动传统行业转型，汽车行业的表现最突出，主要体现在技术创新和投资规模上。英国能源与气候变化部2009年发表的《低碳战略：前景》就明确其应该在实现2050年减排80%目标的基础上，抓住变革的机会——一个新的产业行动即绿色产业革命，让英国在低碳汽车生产和开发上成为全球领导者[2]。

---

① Committee on Climate Change. Net Zero: The UK's contribution to stopping global warming [EB/OL].[2019-05-01]. https://www.theccc.org.uk/publications.

② HM Government. Low Carbon Industrial Strategy: A vision. Department for Business, Enterprise and Regulatory ReformDepartment of Energy and Climate Change [EB/OL].[2009-04-15]. https://www.gov.uk/government/uploads/system/uploads/attachment_data/file/243628/978777714698X.pdf.

2017年英国政府发布的《清洁增长战略——引导低碳未来》①绘制了英国低碳未来的宏伟蓝图，将政府、企业和社会团结起来，确保英国能够抓住清洁经济增长机遇。其预测2015年至2030年期间，低碳经济年均增速为11%，比预测的总经济增速快4倍，这就是机会，涉及多个领域：从低成本、低碳发电到更高效的农场；从发明更好电池的创新人才到生产低污染汽车的工厂；从建筑商将房屋建造得更便宜，到帮助企业提高生产率。通过此战略，可以利用国家优势提高生产力，确保英国成为创新、创业及发展环境最佳的国家。

目前《清洁增长战略》并没有完全消除产业排放与碳预算要求之间的政策差距，但它代表着英国在减排方面迈出了实质性的一步。《清洁增长战略——引导低碳未来》提出的目标仍需要详细政策设计作为其支撑，其涵盖了需采取行动实现净零排放目标的大部分领域，而且该战略的行动框架目前仍适用②。

进入2020年，虽然受新冠疫情影响，但是英国在低碳发展方面依然没有放松。

5.1.2.3　出台产业发展战略

2017年11月27日，英国商业、能源和工业战略部发布《产业战略：建设适应未来的英国》作为产业长期发展计划，目的是通过创意能力、人力资源、基础设施、商业环境和区域发展，提升英国的生产力和盈利能力。以此应对四个挑战：人工智能与数据，清洁增长，未来交通，老龄化社会③。

世界正在经历第四次工业革命，这次工业革命以交叉融合各领域技术，模糊物理世界、数字世界和生物世界之间的界限为特点。第四次工业革命的规模、速度以及复杂程度都是前所未有的，这种变化是由科学、技术、工程和商业模式的非凡创新所驱动的。"产业战略白皮书"提出应采取措施，通过产业战略挑战基金支持四

①　GOV UK.Clean Growth Strategy [EB/OL]. [2017-10-12]. https://www.gov.uk/government/publications/clean-growth-strategy.

②　Climate Change Committee.Net Zero - The UK's contribution to stopping global warming [EB/OL]. [2019-05-02]. https://www.theccc.org.uk/publication/net-zero-the-uks-contribution-to-stopping-global-warming/.

③　DBEI.Department for business energy &industrial strategy.The Grand Challenges [EB/OL]. [2019-09-13]. https://www.gov.uk/government/publications/industrial-strategy-the-grand-challenges/missions.

个挑战的创新，使英国在以下四个领域领先世界[①]。

（1）人工智能和数据

人工智能和数据包括人工智能、机器学习和数据驱动型经济三方面。人工智能是指能够执行需要人类智能才能完成的任务的技术，如视觉感知、语音识别和语言翻译；机器学习是一种人工智能，它使计算机无须显式编程就能从大型数据集中快速学习；数据驱动型经济是一种数字化连接的经济，可以从连接的、大规模的数据中实现重大价值，这些数据可以被技术快速分析，从而产生见解和创新。"产业战略白皮书"提出"引领英国进入人工智能和数据革命前沿阵地"的战略目标，采取的措施包括建设人工智能和数据驱动创新的全球中心，支持产业界通过人工智能和数据分析技术提高生产力，在安全合理使用数据和人工智能方面走在世界前列，尽力帮助人们获得未来工作所需的各种技能等。

据估计[②]，到2035年，人工智能将为英国经济创造8 140亿美元（6 300亿英镑）的价值，使总增加值GVA年增长率由2.5%提高到3.9%。政府确定的任务（Mission）是，让英国成为全球最适合开发人工智能的企业创业、发展和繁荣的理想之所，并借此实现人工智能技术带来的益处。

近年来，人工智能发展的主要障碍在于：新的和更大的数据量，具有高水平专业技能的专家缺乏，计算能力日益强大的应用。这些障碍正在逐渐减弱或被消除。

为消除人工智能发展障碍，政府提出在提高数据便利性方面做到：增强数据信任，方便共享数据；增强研究数据机器的可读性；将支持文本和数据挖掘作为标准和必要的研究工具。正如英国政府发布的一份独立报告所建议的，英国需要应对数据方面的挑战：开放数据，获得敏感资料；获取数据共享益处；数据信任（trust）；获取人工智能研究数据；著作权和文本及数据挖掘；人工智能数据使用的可解释

---

① 冯海玮．英国白皮书《产业战略：建设适应未来的英国》解读［EB/OL］．［2019-09-13］．https://www.istis.sh.cn/list/list.aspx? id=11595.

② GOV UK. Growing the artificial intelligence industry in the UK［EB/OL］．［2021-11-13］. https://www.gov.uk/government/publications/growing-the-artificial-intelligence-industry-in-the-uk.

性①。这里的数据信任非常关键，可以说是人工智能技术使用的重要"许可证"，若没有对数据使用者的信任，使用个人数据将被视为侵犯个人隐私，存在一定风险。如果为了研发而向研究人员开放数据，就需要确保人们的信任，确保公众和社会能够从中受益，而且这种益处是能够感受到的。这就需要与公众和各界充分和广泛地讨论和协商，实现有价值的实践创新。

为此，政府在采购和使用数据时，应该制定统一、明确的标准，避免信息碎片化和做无用功，并用智能化标准确保随着技术进步，标准依然适用。

在英国各地植入人工智能将创造数千个高质量的就业岗位，并推动经济增长。最近的一项研究发现，包括人工智能在内的数字技术每年在英国创造8万个新就业岗位。据估计，到2030年人工智能将为英国增加2 320亿英镑收益。英国面临的重大挑战即最大限度地利用人工智能和先进的数据技术创造的机会，并应对潜在的社会影响；要求企业、研究机构和政府在全英国共同投资、鼓励利用这些技术，并在数据安全、守信用地使用方面制定标准。许多人工智能和大数据是基于公众活动的数据，获取和应用数据必须得到公众的许可，公众也应对其用途有知情权，而且对数据的处理、使用等应该符合标准且规范，这些都是政府和公众所顾虑的，对企业的要求也会更加严格和规范。这对我国人工智能和数据应用的发展，具有较好的启示。

在"沙盒（sandbox）"方法②的基础上，英国金融市场行为监管局（Financial Conduct Authority）和英国能源市场监管局（Ofgem）也支持那些制度创新的企业。政府为此设立了1 000万英镑的监管机构领跑者基金，支持英国监管机构开发利于新兴技术创新的方法。艾伦·图灵研究所将成为国家人工智能研究中心。英国将投

---

① Wendy Hall, Jérôme Pesenti.Growing The Artificial Intelligence Industry In The Uk. Department for Digital, Culture, Media & Sport and Department for Business, Energy & Industrial Strategy［EB/OL］.［2021-11-13］. https: //assets. publishing. service. gov. uk/government/uploads/system/uploads/attachment_data/file/652097/Growing_the_artificial_intelligence_industry_in_the_UK.pdf.

② 2017年，Ofgem推出了"监管沙盒"（regulatory sandbox）作为一种试验措施，尝试当创新者计划与规则手册不吻合时，通过此工具减少不必要的障碍。沙盒在启动试验和支持创新者推出新的低碳产品和服务方面可以发挥关键作用。

资 4 500 万英镑支持设立更多人工智能及相关学科的博士点——从 2020 开始，在未来 10 年，每年增加至少 200 个英国大学的博士名额，通过支持大学和企业设立由企业资助的硕士项目，提高人才技能，跟上技术变革速度。英国亦会与业界合作，探讨如何以最佳方式培养跨学科的专业人士，将人工智能应用于他们的专业领域。

（2）清洁增长

清洁增长意味着在减少温室气体排放的同时增加国民收入。为此，英国制定了清洁增长战略，旨在提高生产力、创造良好就业机会、提高所有人的盈利能力，并有利于保护当代和后代子孙赖以生存的气候和环境[①]。

"产业战略白皮书"提出了"在全球转向清洁增长的过程中，最大限度地发挥英国的产业优势"的战略目标，具体措施包括在能源、供热和运输方面开发廉价清洁的智能能源系统，支持企业在智能能源系统和生物经济等领域引领新的市场开发，如利用可再生生物资源生产食品、材料和能源；提升能源密集型产业在绿色经济中的竞争地位，支持汽车、航空航天转向绿色能源和高效新材料的同时增加其在全球市场的份额；开发绿色建筑施工技术，大幅度提高建筑物的能源效率，促进建筑业转型升级；加大对可持续农业的支持与激励，通过"粮食生产：从农场到餐桌"计划发展高效和精准农业；让英国成为清洁增长全球标准制定者等。

英国明确了 17 个优先发展的低碳行业：海上风力发电、陆上风力发电、太阳能光伏、水电、其他可再生电力、生物能源、可替代燃料、可再生供热、可再生热电联产、节能照明、其他高能效产品、能源监控、节能或控制系统、低碳金融和咨询服务、低排放车辆和基础设施、碳捕获和储存、核能、燃料电池和能量储存。

政府确定的清洁增长目标是到 2030 年，新建筑和现有建筑的能源和资源使用量至少减半。清洁增长不仅增加了就业，还降低了家庭能源消耗，由于采取更严格的能效标准以及能源生产商提高产品能效等措施，2016 年英国家庭平均能耗比

---

① HM government. The Clean Growth Strategy Leading the way to a low carbon future［EB/OL］.［2021-11-03］. https：//assets. publishing. service. gov. uk/government/uploads/system/uploads/attachment_data/file/700496/clean-growth-strategy-correction-april-2018.pdf.

1990年下降了17%，风电和光电成本相比常规能源电力具有了较强的竞争力，低碳经济增加了4.3万个就业岗位。英国政府2019年低碳和可再生能源经济（LCREE）调查对24 118家企业进行了第五次抽样调查，81%的受调查企业进行了回复，其中2 572家企业开展了低碳和可再生能源业务。调查发现[①]，2018年英国LCREE收入467亿英镑（2015年为404亿英镑），全职从业人数为224 800人（2015年为200 800人）。节能产品仍然是英国LCREE的最大组成部分，其营业额占LCREE总营业额的36%（167亿英镑），其就业人数占LCREE就业总人数的51%（11.44万人）。LCREE总营业额和就业人数的最大比例来自制造业，占LCREE营业额的32%和就业人数的37%。低排放汽车行业占LCREE总出口额（53亿英镑）的58.5%（31亿英镑）。2018年LCREE的总投资额比2015年增长了48%，达到81亿英镑，主要是由于海上风电行业收购增加（2015年至2018年间增加了35亿英镑）。

（3）未来交通

"产业战略白皮书"提出的目标是让英国成为未来交通运输的世界领导者。政府使命是让英国在零排放汽车的设计和制造方面走在世界前列，到2040年所有的新车和货车都实现零排放。由工程、技术和商业模式的非凡创新驱动的变革，将改变城市和农村之间的人员流动及商品运输的方式。道路和铁路通过自动化减少交通拥堵，使人们在大大减少碳和其他污染物排放的同时，可以选择更便捷的出行方式。

具体措施包括：建立灵活的监管架构，以鼓励新的运输模式和运营模式；抓住机遇实现车辆运输向零排放转化；为交通运输服务的新模式、更大的自动化程度、行程分享以及缩小公共和私人交通之间的差别做好准备；利用数据加速发展新的交通运输服务，使运输系统更加有效地运作。

英国政府支持清洁动力车辆创新，在未来10年出资10亿英镑建立先进动力中

---

① Office for National Statistics. Low carbon and renewable energy economy，UK: 2018 [EB/OL]. [2020-01-16]. https://www.ons.gov.uk/economy/environmentalaccounts/bulletins/finalestimates/2018/pdf.

心（Advanced Propulsion Centre），发展低碳动力系统，注资2.46亿英镑开展法拉第电池挑战行动（Faraday Battery Challenge），开发安全、成本有效且装有高性能电池的电动汽车，同时对超低排放车的购置进行补贴等。这2.46亿英镑是2015—2021年间用于支持电动汽车充电基础设施和氢燃料车加气站的15亿英镑的一部分，这项汽车行业政策说明政府和行业具有携手实现这一愿景的决心①。

法拉第研究所是英国电化学储能研究和技能发展的独立机构，由"法拉第电池挑战行动"投资7 800万英镑成立。其聚集了科学家和行业伙伴进行研究，以降低电池成本、重量和体积，提高性能和可靠性，同时制定包括回收和再利用在内的全寿命周期战略。

（4）老龄化社会

2046年，英国65岁以上人口将占总人口的1/4。老龄化人口将对技术、产品和服务产生新的需求——包括新的护理技术、新的住房模式和创新的退休储蓄产品。政府有义务帮助老年公民过上独立、充实的生活，继续为社会做贡献。"产业战略白皮书"提出"利用创新力量满足老龄化社会需求"的战略目标，采取的措施包括：

为全球越来越多的老年人提供新的产品和服务，如开发智能家居技术、可穿戴设备及其技术支持的健康和护理服务，实现产品和服务商业化，满足社会需求；

支持适应变革需求的商业模式，鼓励新的护理模式的发展和推广；

支持各个行业适应不断变化和老化的劳动力市场；

利用健康数据改善国民健康，保持英国在生命科学研究方面的领先地位；

重新设计工作岗位和场所，创造无论年龄大小、适合每一个人的经济，让年轻一代有信心做更长的职业生涯规划。

针对老龄化社会的创新主要考虑如下七个方面：②

---

① DBEIS. The Grand Challenge missions [EB/OL]. [2019-09-13]. https：//www. gov. uk/ government/publications/industrial-strategy-the-grand-challenges/missions#zero-emissions.

② Centre For Ageing Better. Industrial Strategy Challenge Fund Healthy ageing innovation and investment in the UK [EB/OL]. [2019-08]. https：//www. ageing-better. org. uk/sites/default/files/ 2019-08/Innovation-Investment-report.pdf.

①维持身体活动：帮助中年人和老年人提升和维持他们身体的正常活动水平。当前英国65岁男性预期再活19年，其中只有10年是在健康状态下度过的；65岁女性预期再活21年，只有11年是在健康状态下度过的。为了保障健康生活，在未来15年里，医疗保健支出须年增3.3%，社会保障支出须年增3.9%。

②健康地工作：促进和维护老员工的健康与福利。"健康老龄化"不仅是维持健康和预防或治疗疾病，它包括创造支持性产品、服务和环境，以保持人们的固有能力，即使健康限制了老年人内在能力的发挥，但他们也能继续富有成效地参与社会活动。

③设计老年友好型家庭：以创新和包容的产品和服务，使人们能更长久地独立和安全地在家中生活。

④处理常见的老年人投诉：注重提高有常见健康问题的老年人的生活质量。

⑤让有认知障碍的人生活得更好：提高认知障碍患者的生活质量。

⑥加强社会联系：使人们能够在生活中保持和扩大其社交范围和紧密度。

⑦创造健康活动场所：建造有助于老年人坚持体育活动的场所。

为了应对老龄社会的挑战，英国政府成立9 800万英镑的健康老龄化挑战基金①，并出台产业战略激励设计及创新，支持人们选择更长寿的生活；计划成立英国长寿委员会（Longevity Council），以助力英国抓住老龄社会带来的经济机遇。

英国政府2019年计划推出2030年的设计和创新竞赛——清洁增长大挑战，旨在寻求未来房屋的原型，以适应不断变化的需求和环境可持续标准。

曼彻斯特大区发布了地方产业战略，重点是抓住人口老龄化带来的机遇，巩固作为英国第一个世界卫生组织（WHO）老龄友好城市地区的地位。

英国政府开放了位于纽卡斯尔的新国家老龄化创新中心，投资超过1.3亿英镑支持医疗创新，包括通过英国研究与创新中心（UK Research and Innovation，UKRI）的战略优先基金投资6 950万英镑研发使人们过上更健康、更长寿生活的新

---

① 健康老龄化挑战基金（The Healthy Ageing Challenge Fund）投资9 800万英镑，旨在保持人们的独立性，并推迟因年龄增长向更高水平护理的过渡，从而刺激英国的经济增长。

方式①。

英国目前已经发布了8个产业报告，即生命科学、汽车、创意产业、人工智能、核、建筑、航空航天、铁路产业报告，食品饮料制造业产业报告尚未发布，但政府已经与企业达成协议，承诺支持制造商向新市场出口，并加速技术普及来提高生产率②。为此，政府还要出资20亿英镑支持从运输到交通等产业的清洁增长③。

碳捕获、使用与封存（CCUS）也是英国政府特别关注的问题。预计高碳排放的产业将有37%的碳排放依靠碳抵消措施实现净零排放。英政府认为CCUS产业将在20世纪30年代扩大规模，英国有机会在全球成为该领域领先者④。

5.1.2.4　奠定五项基础

英国政府从五大经济发展的主要动力基础入手提升生产力。

一是构思（Idea）——如何让英国成为世界上最具创新性的经济体。

通过增加投资推动目标的完成，打造世界上最具创新性的经济体。在未来10年，英国政府计划将研发经费占国内生产总值（GDP）的比例从1.7%提升至2.4%；在未来5年内，将政府研发投资从95亿英镑（2016年）提升至125亿英镑（2021年），将企业研发税收抵扣率提升至12%；预计在4年内，将优先支持关键领域的创新，投资新的"产业战略挑战基金"项目，金额高达7.25亿英镑，以获得更高的创新价值。政府第一轮已投资10亿英镑，支持了机器人、新能源电池、制药、卫

---

① GOV UK. The Grand Challenge missions［EB/OL］.［2021-01-26］. https：//www.gov.uk/government/publications/industrial-strategy-the-grand-challenges/missions#healthy-lives.

② GOV UK, Department for Business, Energy & Industrial Strategy. The Grand Challenge missions［EB/OL］.［2019-09-13］. https：//www.gov.uk/government/publications/industrial-strategy-the-grand-challenges/missions.

③ GOV UK, HM Government. 25 Year Environment Plan Progress Report April 2019 to March 2020［EB/OL］.［2020-06-11］. https：//www.gov.uk/government/publications.

④ GOV UK, Department for Business, Energy & Industrial Strategy. Designing The Industrial Energy Transformation Fund［EB/OL］.［2019-05-31］. https：//assets.publishing.service.gov.uk/government/uploads/system/uploads/attachment_data/file/789078/designing-industrial-energy-transformation-fund-informal-consultation.pdf.

星等关键技术领域的创新①。

二是人——建立一支成功的、高素质的劳动力队伍，现在及将来都能保障其获得体面工作和收益。

要实现此目标，需要世界一流的技术和高等教育体系并驾齐驱，英国将在数学、数字和技术教育方面追加投资 4.06 亿英镑，解决科学、技术、工程和数学（STEM）技能人才短缺的问题。另外，英国投资 6 400 万英镑用于新的国家再培训计划，支持人们重新学习和掌握先进技能。

三是营商环境——确保英国作为最佳创业和发展之所的地位。

启动和推出行业协议，用以提高行业生产率。第一批协议涉及生命科学、建筑、人工智能和汽车行业。在过去的一年里，英国政府为支持具有高增长潜力的创新企业，建立了一个 5 亿英镑的投资基金，由英国商业银行进行管理②。英国有37.5 万家小企业获得增长中心的支持，7.8 万家中小企业获得了商业银行的支持。目前英国每天有 1 100 家新创企业，有 31 000 多家正在扩大规模的企业，被评为世界上最适合创业和发展企业的地方之一。2012 年至 2016 年，伦敦吸引的科技投资超过了巴黎、柏林和阿姆斯特丹的总和，但是生产率低于其他 G7 集团国家的平均水平③。

为了有针对性地帮助企业发展，英国政府对中小企业生产率和增长情况进行评估，包括评估如何解决生产率较低企业的"长尾"问题。所谓"长尾"即生产效率较低、数量庞大的常规产业企业。英国政府认为，提高这些企业的生产效率，可以提升社会整体效率。但是此观点受到一些组织的质疑，它们认为此方法并不对症，

---

① HM Goverment. Forging Our Future［EB/OL］.［2018-09-11］. https：//assets. publishing. service. gov. uk/government/uploads/system/uploads/attachment_data/file/762215/181205_BEIS_OYO_Brochure_print.pdf.

② GOV UK.Industrial Strategy：the 5 foundations［EB/OL］.［2022-11-27］. https：//www.gov. uk/government/publications/industrial-strategy-the-foundations/industrial-strategy-the-5-foundations# business-environment.

③ GOV UK.Government review to help business embrace new technology and boost wages and profits［EB/OL］.［2018-05-23］. https：//www. gov. uk/government/news/government-review-to-help-business-embrace-new-technology-and-boost-wages-and-profits.

应该进一步提升效率较高企业的效率①。

四是基础设施——对英国的基础设施进行重大升级。

在2020—2023年间，英国国家生产力投资基金对交通、住房和数字基础设施方面的投资增加了310亿英镑；对充电基础设施投资4亿英镑，并额外增加1亿英镑补贴插电式汽车，发展电动汽车行业；投资超过10亿英镑用于增加数字基础设施，其中包括投资5G的1.76亿英镑和投资局域网的2亿英镑，以鼓励铺设全光纤网络。

五是打造遍布英国的繁荣社区。

立足于区域的资源禀赋，制定抓住经济发展机会的区域产业战略；创建新的城市转型基金，提供17亿英镑用于改善交通，资助通过改善城市区域之间的交通连接来推动生产力的项目；提供4 200万英镑用于教师成长计划，其中包括为落后地区的教师提供1 000英镑用于高质量专业水平发展，并探索项目有效性②。

2020年2月18日，英国政府宣布拨款2 800万英镑用于支持5个氢生产示范项目。此资金是9 000万英镑的一揽子计划的一部分，也是有5亿英镑的创新基金的一部分。项目包括位于英格兰西北部和苏格兰阿伯丁附近的"低碳制氢工厂"，以及一个海上风电制氢项目③。绿氢在英国有可能改变能源行业的游戏规则，使得向净零排放的转变加速。

5.1.3 提高排放税标准，推动绿色消费

2017年7月26日，英国政府宣布将于2040年起全面禁售汽油和柴油汽车，届时市场上只允许电动汽车等新能源环保车辆销售。在此之前，德国也宣布将在

---

① Centre For Cities.Why Britain's 'long tail' is not the cause of its productivity problems [EB/OL]. [2021-11-18]. https://www.centreforcities.org/publication/the-wrong-tail/.

② GOV UK.Policy paper Life Sciences Sector Deal 1, 2017 (HTML) [EB/OL]. [2018-12-05]. https://www. gov. uk/government/publications/life-sciences-sector-deal/life-sciences-sector-deal#industrial-strategy-at-a-glance.

③ Anmar Frangoul. UK government announces millions in funding for 'low carbon' hydrogen production [EB/OL]. [2020-02-18]. CNBC. https://www.cnbc.com/2020/02/18/uk-government-announces-funding-for-low-carbon-hydrogen-production.html.

2030年禁售燃油汽车，荷兰和挪威将于2025年禁售燃油汽车。

英国牛津市甚至宣布2020年中心城区将限制汽油和柴油车上路，只允许电动汽车在部分城区街道行驶，违者将被处以最低60英镑的罚款。

同时，对已注册或在2017年4月1日以后注册的车辆，英国政府根据汽车实际驾驶排放测试标准[①]情况征收车辆注册费（first tax payment when you register the vehicle）和使用费（second tax payment on wards），见表5-2。

表5-2　　　　　　　　　　车辆注册费用征收表

CO^2排放（g/km）	符合RDE2标准的柴油车（TC49）和汽油车（TC48）	所有柴油车（TC49）	替代燃料车（TC59）
0	£ 0	£ 0	£ 0
1~50	£ 10	£ 25	£ 0
51~75	£ 25	£ 110	£ 15
76~90	£ 110	£ 130	£ 100
91~100	£ 130	£ 150	£ 120
101~110	£ 150	£ 170	£ 140
111~130	£ 170	£ 210	£ 160
131~150	£ 210	£ 530	£ 200
151~170	£ 530	£ 855	£ 520
171~190	£ 855	£ 1 280	£ 845
191~225	£ 1 280	£ 1 815	£ 1 270
226~255	£ 1 815	£ 2 135	£ 1 805
超过255	£ 2 135	£ 2 135	£ 2 125

资料来源：https://www.gov.uk/vehicle-tax-rate-tables.

---

① 实际驾驶排放（RDE）测试测量的是汽车在路上行驶时排放的污染物，如氮氧化物。RDE并不取代WLTP实验室测试，而是其补充。RDE确保汽车在不同道路条件下的低排放。欧洲是世界上第一个引入这种道路测试的地区。

不同车辆的使用费用也存在差异，见表5-3。

表5-3 车辆使用费缴纳说明表

燃油种类	12个月 一次付清	12个月 借记一次付清	12个月 借记付款	6个月 一次付款	6个月 借记一次付清
汽油或柴油	£145	£145	£152.25	£79.75	£76.13
电动	£0	N/A	N/A	£0	N/A
替代燃料	£135	£135	£141.75	£74.25	£70.88

注：替代燃料包括氢能、生物乙醇和液化石油气。

资料来源：英国政府网站https：//www.gov.uk/vehicle-tax-rate-tables.

2020年7月在新冠疫情期间，英国政府部门还在紧张地制定车辆排放标准。2020年7月10日，政府公开征询对车辆排放标准的意见，以有别于欧盟的排放标准。欧盟设定的排放标准为2020年小客车95gCO_2/km、货车147gCO_2/km，这一标准要转化成WLTP（World Wide Harmonised Light Vehicle Test Procedure[1]）2021年的目标，二氧化碳排放的监测标准也要跟着修改，制造商要实现到2025年减少15%（小轿车和小货车），到2030年减少37.5%（轿车）、31%（货车）的最低标准[2]。英国汽车碳排放占总碳排放的28%，这里还不包括航空和航海碳排放[3]。其中，国内交通运输碳排放接近90%源于陆路运输，其他部门碳排放均在下降，而车辆行驶

---

[1] WLTP是欧盟2017年开发的一套车辆测试程序，其替代欧盟20世纪80年代开发的New European Driving Cycle（NEDC）。二者的区别在于NEDC基于行驶理论，而WLTP基于实际行驶数据，能够更好地体现道路状况。

[2] GOV UK. CO_2 emission performance standards for new passenger cars and light commercial vehicles [EB/OL]. [2020-10-13]. https://www.gov.uk/government/consultations/regulating-co2-emission-standards-for-new-cars-and-vans-after-transition/co2-emission-performance-standards-for-new-passenger-cars-and-light-commercial-vehicles.

[3] GOV UK. Position statement on transport research and innovation requirements to support the decarbonisation of transport [EB/OL]. [2020-06-19]. https://www.gov.uk/government/publications/research-and-innovation-to-support-transport-decarbonisation-2019/position-statement-on-transport-research-and-innovation-requirements-to-support-the-decarbonisation-of-transport.

里程的增加抵消了车辆效率的提高，导致自1990年以来碳排放量仅略有减少。

考虑到商业和社会挑战，英国需要仔细考虑和评估谁来为脱碳买单，以在转型脱碳过程中采取公正的方式分配转型成本，在经济复苏中选择不影响长远发展的投资和项目。英国交通大臣宣布将投入20亿英镑用于促进可持续的绿色出行，并鼓励更多的人骑自行车和步行。英国还宣布投资1 200万英镑用于颠覆性零排放汽车的研究，并帮助改进汽车充电技术①，让更清洁、更环保的交通工具帮助人们安全出行，并推动英国绿色经济复苏②，资金用于支持电动和氢能汽车的开发，以及充电设施的建设。低排放车辆办公室（OLEV）还将向英国中小企业提供200万英镑，支持在电池技术等领域的零排放汽车研究。这些资金将推动当地经济增长，并创造6 000多个技术岗位。

5.1.4　政府部门率先垂范

（1）积极推动多方合作，影响国际行动

英国在气候谈判中一直发挥着重要和积极的作用。英国外交和联邦事务部（Foreign and Commonwealth Office）已经开展了十多年的持续气候承诺活动，在政治、经济和实践方面支持其他国家应对气候变化。

（2）推动气候融资

英国承诺在2016—2020年间为国际气候融资（ICF）提供至少58亿英镑，支持发达国家在2020年前每年融资1 000亿美元的承诺。英国通过援助预算，每年在气候融资活动上支付约10亿英镑。援助影响独立委员会（Independent Commission for Aid Impact）最近的绩效评估报告称，英国积极影响与之打交道的国际机构，并且

---

① GOV UK, Department for Transport, Office for Low Emission Vehicles, and The Rt Hon Grant Shapps MP.Green number plates get the green light for a zero-emission future ［EB/OL］. ［2020-06-16］. https://www.gov.uk/government/news/green-number-plates-get-the-green-light-for-a-zero-emission-future.

② GOV UK, Department for Transport and The Rt Hon Grant Shapps MP. Multi-billion pound road and railway investment to put nation on path to recovery ［EB/OL］. ［2020-05-14］. https://www.gov.uk/government/news/multi-billion-pound-road-and-railway-investment-to-put-nation-on-path-to-recovery.

益为影响转型做贡献①。近年来，除国际发展部（DFID）以外的其他部门在英国援助支出中所占的份额迅速增长，从2014年的14%增长到2019年的27%，达到40多亿英镑。英国的援助现在由18个部门和基金使用。在2019—2020年期间，ICAI继续探索这种变化的英国援助架构的后果，包括援助支出部门如何为共同目标进行良好的合作②。

2019年10月10日，英国环境部发表声明：英国将率先于2030年实现净零排放③。英国将通过减少自身活动和供应链45%的排放来实现这一目标，其余的排放将通过植树或其他措施来解决。英国计划到2050年，从机构自身和供应链活动开始消除所有碳排放。环境部在减少自身碳足迹方面已经取得了成功，这让人们相信，这个雄心勃勃的目标是可以实现的。截至2019年，环境部碳排放比2006/2007年减少48%，更好、更快地实现了到2020年3月减排45%的目标。环境部做出这一承诺以展示真正的领导力。

为了应对净零排放挑战，环境部各部门制订碳减排计划，与供应商和其他利益相关者合作，探索如何减少碳足迹，并通过未来技术创新实现这一目标。通过这些合作，环境部不仅会在2030年成为净零排放组织，还鼓励供应商、利益相关者、企业和其他部门采取类似行动以应对气候紧急情况。

英国环境部2015年发布《绿色政府承诺》，提出2015年比2009/2010年减排25%，2018年其更新了目标——到2020年比2009年减排43%④。具体措施有：在

---

① BEIS and DFID Response. BEIS and DFID Response to the Independent Commission on Aid Impact Performance Review of International Climate Finance Aid for LowCarbon Development in Developing Countries [EB/OL]. [2019-02-02]. https://assets.publishing.service.gov.uk/government/uploads/system/uploads/attachment_data/file/794927/climate-finance-aid.pdf.

② ICAI. Annual Report 2019—2020 [EB/OL]. [2020-07-02]. https://icai.independent.gov.uk/wp-content/uploads/Annual-Report-2019-20.pdf.

③ Environment Agency. Environment Agency sets net zero emissions aim [EB/OL]. [2019-10-10]. https://www.gov.uk/government/news/environment-agency-sets-net-zero-emissions-aim.

④ GOV UK, Department for Environment, Food and Rural Affairs. Greening Government Commitments 2016 to 2020 [EB/OL]. [2018-07-05]. https://www.gov.uk/government/publications/greening-government-commitments-2016-to-2020/greening-government-commitments-2016-to-2020.

2009/2010年基础上减少国内商业航班的30%；减少垃圾场处理废物量的10%；政府采购更绿色的产品和服务。其他部门也设定了减排目标和减排量。

2019年6月，英国政府将到2050年全英温室气体实现净零排放的目标，通过法律文件昭示世人。为此，政府着手在各个领域采取行动，包括：启动林地碳信用；发布第一阶段交通脱碳计划；投资6.4亿英镑设立新的"自然促进气候（Nature for Climate Fund）"基金，支持创建林地和恢复泥炭地；继续实施2018年发布的第二项国家适应计划，以提高其对气候变化风险评估中确定的气候变化影响的适应能力①。能源部长Kwasi Kwarteng说："现在投资8 000万英镑，能推动英国走向一个更强大、更绿色的未来。新投资将帮助整个经济领域减排，为人们节省能源开支，并维持重工业领域的就业②。"

2020年7月20日，第一阶段开启，产业能源转型基金（IETF）出资3 000万英镑支持制造业。产业能源转型基金是在2018年秋季宣布成立的，用于支持能源密集型行业的高能耗企业的未来低碳转型，具体措施是帮助企业投资能效和低碳技术以减少能源费用和碳排放。到2024年，其预算金额将达到3.15亿英镑③。该基金允许高能耗公司申请，用于推广和开发降低能耗和碳排放的技术，IETF还试图帮助企业降低重工业节能减排技术的成本。到2024年IETF在全英境内的预算达3.15亿英镑，其发挥作用的范围会更大。

第一阶段的资金将有2 500万英镑用于供暖网络建设，用废弃矿井地热为1 250户家庭供暖，成千上万的废弃矿井遍布英国各地，如果矿井地热技术被证明可行，且在经济上划算，这项技术能够为英国约600万家庭供热；2 400万英镑被用于绿

---

① HM Government. 25 Year Environment Plan Progress Report April 2019 to March 2020 ［EB/OL］. ［2020-06-11］. https：//www.gov.uk/government/publications.

② GOV UK, Department for Business，Energy & Industrial Strategy. £80 million boost to cut emissions from homes and industry ［EB/OL］. ［2020-06-29］. https：//www.gov.uk/government/news/80-million-boost-to-cut-emissions-from-homes-and-industry.

③ GOV UK，Department for Business，Energy & Industrial Strategy. Designing The Industrial Energy Transformation Fund ［EB/OL］. ［2019-05-31］. https：//assets.publishing.service.gov.uk/government/uploads/system/uploads/attachment_data/file/789078/designing-industrial-energy-transformation-fund-informal-consultation.pdf.

色住宅建设，涵盖在康沃尔、诺丁汉和萨顿的试点，其中770万英镑将用于简易住宅安装、绿色技术和绝缘材料，以降低房屋翻新成本；1460万英镑被用于在苏格兰东南部、英格兰东南部和纽卡斯尔的750户家庭中试点推广创新的热泵系统；180万英镑被用于支持贷款人开发创新的绿色家居金融产品。

（3）强化适应能力培养和建设

英国继续实施第二个国家适应气候变化项目（NAP）（2018—2023年），进一步采取行动应对2017年气候变化风险评估（CCRA2）确定的风险，包括：出台《自然战略》，支持强化自然系统对气候变化风险的适应能力的措施。该策略包括承诺将75%的受保护区按面积调整到更有利条件，并在受保护区外创建或恢复50万公顷野生动物栖息地，这两个措施都是自然恢复系统项目的内容。英国政府计划2015年至2021年投资26亿美元以加强对洪水和海岸侵蚀的管理，并发布国家水资源框架以提升长期可持续抗旱能力。

（4）信息更加开放透明

英国从议案提交、审核到立法程序各环节的修改内容等都可从相应网站进行追踪。例如，车辆排放标准的制定会首先征询公众意见，然后进入修改程序，并标明各阶段开始和预期结束的时间。另外，相关文件都可以从网站公开获取。

5.2 英国企业超前行动

世界各地的企业都在以循环经济为契机促进业务的蓬勃发展，以此应对气候变化和污染等全球性问题带来的挑战。艾伦·麦克阿瑟基金会推出新线上工具Circulytics，帮助企业获得有关其循环经济绩效的最全面信息，并提供艾伦·麦克阿瑟基金会的洞见和分析，助力企业识别创新机会、追踪转型进程。该工具已在DS史密斯集团（DSSmith）、意大利国家电力公司（Enel）、布兰堡集团/集保（Brambles/CHEP）、巴斯夫股份公司（BASF）、联合利华公司（Unilever）、英格卡/宜家（Ingka/IKEA）、BAM皇家集团（Royal BAM Group）、索尔维集团（Solvay）、得嘉集团（Tarkett）等30多家企业进行了测试，另已有来自化工、物流、包装、制药、家具、电子、汽车、金融、化妆品、快消品、食品饮料和废物处理行业的400多家企业注册使用[①]。

循环经济不仅意味着一个经济价值数万亿美元的机会，还是当今诸多重大挑战（包括气候变化和环境破坏）的解决方案中至关重要的一部分。众多企业已着手抓住这一机遇，基于准确数据和清晰分析实现大规模快速转型。

英国石油公司（BP）2020年2月12日对外宣布，将于2050年或更早实现净零排放，并帮助全球实现净零排放。这意味着其要处理约4.15亿吨碳排放——其中5 500万吨来自企业经营，3.6亿吨来自上游石油和天然气。其具体目标有：

（1）到2050年或更早时候，英国石油公司经营业务的碳排放净零。

（2）到2050年或更早时候，英国石油公司石油和天然气生产的碳排放净零。

（3）到2050年或更早时候，英国石油公司销售产品的碳强度降低50%。

（4）到2023年，在英国石油公司所有的主要油气加工站点安装甲烷检测装置，并将甲烷强度降低50%。

（5）随着时间的推移，增加对非石油和天然气业务的投资比例。

（6）更加积极地支持净零排放的政策，包括碳定价。

（7）进一步激励BP员工实现目标，并动员他们支持净零排放。

（8）为与行业协会的关系设定新的期望。

（9）致力于成为报告透明度的领导者，包括支持TCFD的建议。

（10）成立一个新的团队来帮助国家、城市和大公司脱碳。

后5个目标是BP公司对外帮助的目标。其目标是为人类和地球重塑能源，并帮助世界实现净零排放，改善人们的生活。BP公司认为，解决其气候影响的唯一办法是停止开采新的石油和天然气，转而使用可再生能源。

著名的英国制药企业阿斯利康（Astra Zeneca）在2020年1月22日世界经济论

---

① 中国循环经济. 艾伦·麦克阿瑟基金会推出Circulytics——帮助企业衡量和提升循环经济绩效的新工具［EB/OL］.［2020-03-20］. https: //mp.weixin.qq.com/s/Hu9P15EWw14cNr0rHqBSuA.

坛达沃斯年会上公布了一项"零碳雄心"计划，即在2025年实现全球业务零碳排放，并确保到2030年全价值链实现负碳，使脱碳计划提前10多年实现[①]。该公司将为此目标投资10亿美元，并开发具有接近零全球增温潜势（GWP）催化剂的新一代呼吸疾病用吸入器。"零碳雄心"旨在让阿斯利康的全球业务承担零碳排放责任，而不依赖碳抵消计划。未来五年内，其推出植树5 000万棵的"AZ森林"计划。第一批树木将于2020年2月在澳大利亚种植，随后树木还将在法国、印度尼西亚和其他国家种植。为了在2025年实现零碳排放，阿斯利康100%的能耗须来自可再生能源发电和供热，车队为100%的电动车辆。

5.3 政府与行业加强监管

（1）监管模式

首先建立完善的法律体系，成立专门的行业监督机构，并监督相应的活动，防止过度垄断行为的发生，为企业提供相对稳定的营商环境，如英国环保部门对企业的低碳发展进行定期监督。若企业要开发与环境有关的项目，必须提前向环保部门申请，并接受每个环节的检查，合格后环保部门会颁发环境许可证，才能进一步操作。这点和中国的环评制度类似。

（2）融资激励

2008年，英国政府颁布《能源法案》激励可再生能源开发；2010年实施"可再生能源电力强制收购补助计划"和"可再生能源供暖补贴"，成为第一个以补贴电费方式激励民众使用可再生能源的国家，政府对使用可再生能源进行供暖的家庭补贴1 000英镑。补贴主要来源于2011年成立的碳基金，资金源于气候变化税、垃

---

① AstraZeneca.AstraZeneca's 'Ambition Zero Carbon' strategy to eliminate emissions by 2025 and be carbon negative across the entire value chain by 2030 [EB/OL]. [2020-01-22]. https://www.astrazeneca. com/media-centre/press-releases/2020/astrazenecas-ambition-zero-carbon-strategy-to-eliminate-emissions-by-2025-and-be-carbon-negative-across-the-entire-value-chain-by-2030-22012020.html.

坡填埋税等。英国是第一个征收能源气候变化税的国家，并对供给生物、清洁或可再生能源的服务减免征税，以帮助企业开发、推广低碳技术，减少碳排放，提高本国企业和居民的再生能源使用率，扩大筹资渠道。

为了实现零碳转型，英国政府于 2018 年设立了产业能源转型基金等各种基金，最终目标是激励企业的持续创新和竞争能力的提升，进而提升整个国家的创新竞争力。

5.4 强化国际合作

英国和印度合作比较密切。2020 年 3 月 20 日英国宣布成为印度领导的全球气候倡议的联合主席[①]。在财政方面，两国政府承诺向绿色增长股票基金提供 2.4 亿英镑的固定资本，这是该基金向阿雅那可再生能源公司提供的第一笔投资，该公司正在开发 800 兆瓦的太阳能发电能力。

自 2019 年 6 月将净零排放目标法律化后，英国政府采取举措，投资 6.4 亿英镑设立"自然气候基金（Nature Climate Fund）"，支持林地创建和泥炭地修复；分配570 万英镑支持到 2022 年栽树 180 万棵，在未来 25 年内栽树 5 000 万棵；2019 年 11月启动 5 000 万英镑的林地碳保证（Wood land Carbon Guarantee）项目，以长期收入支持新的林地建设项目；在最新合同中，有 12 个可再生和新能源项目，装机6GW，能够满足 700 万家庭的用电需求。

① UK government.UK becomes co-chair of India-led global climate initiative［EB/OL］.［2020-03-20］. https：//www.gov.uk/government/news/uk-becomes-co-chair-of-india-led-global-climate-initiative.

6　美国

2021年4月22日，美国总统拜登在全球气候峰会上承诺，2030年将温室气体排放量较2005年减少50%～52%，以确保美国在清洁技术领域的领导力。此目标相比奥巴马政府承诺到2025年将排放量减少26%～28%的目标，前进了一大步。拜登认为，实现更激进的目标，需要联邦政府各州、各社区和各企业一起努力，才能抓住走向繁荣、创造就业、建设未来清洁能源经济的机会。

2019年，美国人口约占世界总人口的4.35%，而二氧化碳排放量却占到了全球总排放量的14.53%，人均碳排放量为15.04吨，相当于世界人均碳排放量的3.34倍。从一次能源的生产来看，自2008年起煤炭生产开始减产，2016年较2008年减产3.85%，在2017年产量小幅增加之后，又开始减产，2019年基本上又回到了2016年的产量。美国原油、NGPL和天然气的产量持续增长，成为美国重要的一次能源。在一次能源消耗结构方面，可再生能源占比由2008年的7.27%提高到2018年的11.27%。从美国一次能源终端消耗的部门来看，工业能耗一直排在首位，排在第二位的交通运输能耗的增长速度较快，2018年已经占到总能耗的28.14%。住宅能耗与商业能耗近10年来也是稳中有增，分列第三位和第四位。从总排放量来看，美国自2008年起碳排放量总体呈下降趋势，在2017年因交通运输能耗的增长出现了总体排放的小幅度反弹，2018年又有所回落。从能源终端二氧化碳排放量的情况来看，自2000年以来，美国的碳排放大户就是交通运输部门，工业领域的碳排放量紧随其后。

2008年发生金融危机后，美国的碳排放出现了较大的回落，之后的经济复苏和宽松的金融政策使得美国产业重新开始复苏。2009—2011年，美国的碳排放开始缓慢增长，说明美国给出的碳减排承诺的实施效果并不理想。特别是2017年之后，在"美国优先"的理念指导下，美国提出了美国第一能源计划，大力扶植制造业，加速了美国的再工业化，同时签署行政命令，废除了于2013年制订的气候行动计划。美国政府极力放松对石油、天然气以及页岩气的开采管制，并废除了于2015年制订的清洁电力计划，此举意味着美国发电厂2030年较2005年基础上碳减排32%的目标已经无法实现。由于美国共和党提倡发展传统的化石能源产业，反对严格的碳减排与环保政策，反对承担国际碳减排义务，因此于2017年6月1日，美国退出了全球共同应对气候变化的《巴黎协定》。

就美国应对气候变化的政策措施而言，奥巴马当政时期，美国减排政策路线秉持的是"两条腿走路"：一是在联邦政府层面，利用联邦政府的各种行政权力，推行自上而下的减排政策。在应对碳减排较为消极的州，如美国最重要的石油开采地得克萨斯州时，以联邦政府的规制政策来加快实现产业层面的碳减排目标。二是在各州层面，以加利福尼亚州为例，它是美国经济最为发达的州，2019年加利福尼亚州的生产总值已经超过英国的国内生产总值，加利福尼亚州碳减排目标和碳减排政策一直走在美国的前列，比联邦政府层面更加严格和有力度，形成了自下而上的碳减排路径。

6.1 美国产业发展受气候变化政策的影响

6.1.1 美国产业应对气候变化举措

6.1.1.1 概述

目前，美国企业在开发下一代电器、设备、汽车和其他产品方面处于领先地位，这些产品能够帮助相关经济部门提高效率，减少碳排放。一些公司还在减少与自身业务和价值链相关的温室气体排放。

下面将重点介绍美国企业开展的一些气候友好行动。

美国能源部的高级研究项目——机构能源项目自2009年以来为能源研究人员

和企业提供了 15 亿美元的资金、技术援助和市场准备。例如，通过机构能源项目，Kohana 公司正在开发一种风力涡轮机控制系统，该系统具有先进的叶片，可以帮助电网运营商更有效地管理高峰期的电力运行，从而延长叶片的使用寿命和增加能源产量。机构能源项目也为运输效率项目提供资金，包括通过电池制造商的创新，以比传统电池更低的成本、更大的能量密度来制造电动汽车电池。

许多企业在不同部门采取了广泛的气候友好行动，有时还会得到能源部、美国环境保护署和其他联邦机构的帮助。下面列举的气候友好行动有些是来自碳披露项目（CDP）、各种非政府组织和联邦机构的信息，目的是为每个主要的温室气体排放源提供企业行动可借鉴的案例。

6.1.1.2 温室气体减排目标和碳定价

美国气候变化减排联盟建议企业排放应设定一个以科学为基础的目标，承诺减少温室气体排放，并将全球气温升幅控制在 2 摄氏度以下。此外，该目标必须在企业的价值链上直接采取行动，而不是购买碳补偿。截至 2017 年 10 月，21 家美国企业已经明确了相应的目标，另有 35 家美国企业已承诺采取以科学为基础的气候行动。在美国，已经明确了碳减排目标的企业包括火星、奥多比、通用磨坊、辉瑞和沃尔玛。

越来越多的美国企业正在实施内部碳定价。内部碳定价可以不同的方式进行，但在最基本的层面上，它是一种反映气候变化过程中社会、经济和环境成本的金融工具。在 2017 年 10 月的一份报告中，碳披露项目（CDP）发现有 96 家美国企业开始使用内部碳定价，另有 142 家美国企业计划在 2019 年实施内部碳定价。在全球层面上，只有 2 家美国企业签署了联合国关于碳定价的商业领导标准，通过商业领导来促进应对气候变化的行动。为了与碳定价的商业领导标准相一致，企业应设定一个内部碳价，进而可以在很大程度上影响企业的投资决策，以降低温室气体排放。

6.1.1.3 发电行业

美国气候变化减排联盟中的企业一直采取的重要行动是，通过购买绿色能源、绿色关税和直接项目所有权，与开发商和公用事业单位签订长期采购协议，购买可再生能源。通过这些项目，大型企业可以推动新的可再生能源的市场发展。2013—2017年，联盟企业已经签署了大约90亿瓦的可再生能源协议，这相当于所有公用事业单位的风能和太阳能新增发电量（与住宅或商业设施相比）20%左右。这些大规模自愿购买可再生电力的典型企业包括亚马逊、微软、通用汽车等。随着风能和太阳能的成本效益越来越高，此类采购协议可能会持续下去。

可再生能源市场的最大变化是个体企业作为购买者的增长。2013年，只有5%的大用户，如公司、大学和军队签署了可再生能源合同。到了2019年，近40%的可再生能源合同来自像沃尔玛和通用汽车这样的大公司。

企业关于可再生能源购买的承诺会对整个电力供应链产生强大的连锁反应。西弗吉尼亚州最大的阿波拉斯电力公司已经计划不再使用煤炭，这就意味着它不再生产更多的煤炭电力，其努力的方向已转向如何获得100%的可再生电力。

许多公共部门和私营部门正在共同努力，帮助企业促成大规模的可再生能源交易。可再生能源买家联盟由四家非政府组织合作发起，包括商务社会责任国际协会的"互联网电力的未来"活动、落基山研究所的"企业可再生能源中心"、世界自然基金会和世界资源研究所的合作项目"企业可再生能源买家原则"。可再生能源买家联盟的目标是到2025年（以2015年为基准线）美国再增加60亿瓦的可再生能源。可再生能源买家联盟的成员包括大学、医院、地方机构和其他大型企业。

美国有62家基于可再生能源目标的500强企业，如欧特克、星巴克、道明银行集团和威亚国际，均已基本实现了100%的可再生能源目标。这些企业通过与供应商签订合同，购买未捆绑的可再生能源证书，安装太阳能光伏自助发电，实现了企业的碳减排目标。苹果、沃尔玛、亚马逊、谷歌等公司安装了太阳能电池板和风力涡轮机，以生产自己的能源。

6.1.1.4 交通运输业

美国企业采取的是最受欢迎的气候友好行动——提高供应链的运输效率。通过美国环境保护署的公私合作计划，超过3 500家美国公司节省了278亿美元的燃料成本，自2004年以来，已经实现了9 400万吨的碳减排目标。这一公私合作计划的合作伙伴有汽车、铁路和驳船运输公司，以及依赖这些合作伙伴的零售商、制造商等。公私合作计划通过合作伙伴自愿承诺的燃油效率减少了碳排放对环境的影响。国际非政府组织——气候组织，是由企业和政府合作的，目的是减少温室气体排放。该组织发起了新的倡议，重点是增加电动车和相关配套基础设施的建设。该组织的成员承诺到2030年将其大型汽车换为电动汽车，并已经有2家美国公司——惠普公司和太平洋煤气电力公司加入。

此外，美国汽车制造商承诺增加电动汽车的产量。例如，通用汽车正致力于研发一种全电动、零尾管排放的汽车；福特汽车宣布了一项加速全球电动汽车发展的计划，并承诺增加全电动SUV的产量，使其续航里程可达300英里。

6.1.1.5 商业和工业

美国能源部提出了更好的建筑挑战计划，使占美国商业建筑总建筑面积13%以上的200家公司自愿承诺在未来10年内将建筑能耗降低20%。这些公司共享解决方案，通过研发创新技术来提高效率，并获得了美国能源部专家的技术支持。美国房地产业也在努力减少建筑物中的能源消耗。自2010年以来，已有200多家房地产开发商、房地产顾问公司参与了这一项目，让投资者和参与者对其建筑资产和投资组合的表现有了更加深入的了解。

6.1.1.6 沼气能源产业

已经有近100家美国企业加入了美国环境保护署的天然气之星计划，同意在天然气生产、加工、传输和分配方面实施甲烷减排计划，并记录其减排情况。美国环境保护署提出的甲烷挑战计划可以督促美国石油和天然气企业在减少甲烷排放方面作出具体而透明的承诺。例如，企业承诺使用示范的减排技术、采用最佳的管理方案，并加入对排放强度的承诺，将甲烷排放率降低至1%。目前，已经有55家企业参与了甲烷挑战计划，包括美国国家电网等企业。

通过美国环境保护署与美国农业部的食品损失和2030年可持续发展计划，包括通用磨坊、沃尔玛、联合利华在内的20家公司，承诺到2030年减少至少50%的食品损失和浪费。此外，像特斯拉、内华达酿酒和家乐氏等企业，通过关于总资源使用和效率的废弃物认证系统，实现了一个或多个零废弃物目标。

6.1.1.7　氢氟碳化物减排

通过美国环境保护署的绿色冷冻计划，43家超市承诺减少氢氟烃排放，自2008年以来，已有533家超市通过该计划获得认证。绿色冷冻计划的合作伙伴在其加入的第一年就减少了近10%的排放量。可口可乐、百事可乐、红牛和联合利华共计安装了超过550万部无氟制冷机，其中近40万部无氟制冷机安装在美国。

很明显，一些非联邦政府的行动是由联邦机构运行的项目和计划支持的。尽管这些项目目前得到了资金支持，但很可能会因为政党力量的变化而出现不可延续性。

6.1.2　工业部门、商业建筑和民用住宅减排的能源之星计划

在美国，工厂、企业和住宅消耗的能源占到能源消费总量的70%之上，虽然美国汽车产业在设计方面取得了重大进展，但是美国建筑业的能效改善步伐缓慢。能效不仅与经济以及控制污染有关，还与创造良好的就业岗位有关。能源之星计划提出，对工业部门、商业建筑和住宅的能效进行投资能够提高美国竞争力，为企业释放资金以进行富有成效的投资，并创造短期就业岗位。

6.1.2.1　加快自主创新的工业节能活动

美国能源部拨款资助了90个工业能效项目，开启了8亿多美元的私营部门投资。例如，安赛乐米塔尔印度安港钢厂获得了3 160万美元用以支付一个高炉煤气捕捉项目的费用。该项目将捕捉炼钢过程中产生的气体，并将捕捉的气体用于发电，这些电力（相当于3万个家庭的电力）可供该钢厂使用。该项目将提高该钢厂的竞争力，并支持保留近5 900个直接就业岗位。

在制造业中，美国在扩大并推广节能产品和工艺，从纸浆和造纸业到技术产业。美国能源部的工业技术计划支持8个清洁能源应用中心，这些应用中心为工业、企业决策者和其他主要利益相关方部署热电联产，提供培训和技术援助。

美国已有近200个工业区对2010年5月推出的能源之星计划作出了回应，其中27个工业区在5年或不到5年的时间里已经使能源强度降低了10%。

6.1.2.2 加强研发美国工业活动的新型创新技术

联邦政府自2012年起为美国能源部的工业技术计划增加资金支持，以开发能够使工业能源效率大幅度增加的先进制造技术。例如，该计划在材料和工艺方面扩大资金支持，扩大劳动力培训并提供技术援助以促进市场采用新技术。

美国环境保护署推出能源之星计划，展开企业能源管理实践，并对同类产品中拥有最佳能源效能的产品予以认证。美国商务部的制造业扩展合作计划已得到升级，并与美国能源部合作，共同帮助制造商降低能源成本。

2010年9月美国提出的经济、能源和环境计划将来自美国环境保护署、美国商务部、美国能源部、美国小企业管理局和美国劳工部的现有规划中的资源和专业技术进行整合。这些联邦机构与制造公司、各州和地方政府一起，致力于战略性地将联邦专业技术、工具和资金用于发展并实施全面可持续的生产实践。该计划已经在美国9个州的社区内开展，有针对性地利用现有的联邦资源多层面地进行碳减排行动。

目前，美国实施的产品能效分为强制和自愿两类。强制标准由国会批准，具有法律效力。自愿标准为非强制性的，通过设置比较高的能效标准为生产企业提供能效水平杠杆，企业自愿加入该标准，联邦政府通过广告宣传等方式对自愿加入该标准的产品予以支持。

6.1.2.3 资助节能减排的商业建筑

首先，为创新的节能建筑系统提供资助。联邦能源区域创新集群计划是一项多机构合作的资助计划，该计划提供有针对性的资金以刺激具有创新、节能的建筑系统和技术的升级。

其次，改善联邦建筑能源效率。时任美国总统奥巴马签署了一项总统令，命令联邦各机构到2030年实现零能耗建筑，并要求所有新建工程和改造工程采用高性能和可持续的设计原则。

最后，为商业建筑和产品实行能源之星计划。仅在 2009 年，参与能源之星计划的商业建筑就节省了 827 亿度电，避免了 1 890 万吨的温室气体排放，并为各机构节省了 56 亿美元的能源成本。

6.1.2.4 推广商业建筑的改进建筑能效计划

首先，提供新的税收激励措施。作为改造建筑物倡议的一部分，建议美国国会重新设计目前针对商业建筑升级的税收减免方案，将税收减免转化为一项税收抵免，目的在于激励建筑物业主提高其物业能效。

其次，为商业建筑改造提供融资机会。美国小企业管理局力图通过对现有贷款规模的调整来引导能够促进小企业提高能效的新贷款。此外，美国联邦政府中的联邦住房金融局和美国财政部制订相关计划，这些计划能够支持能效项目向家庭和小企业部门推广。美国在 2012 年提出了新的试点计划，以支持私人和公共商业房地产行业的能效改进。

再次，实施精简的监管规章并吸引私营部门投资"绿色竞赛"项目。在联邦财年预算中拨出专款用于各州和地方政府的新的竞争性补助款，以实施建筑物法规、规范和性能标准的创新方法，并吸引私营部门的投资。例如，时任美国总统的奥巴马曾要求前总统克林顿（节能措施的长期拥护者）和美国就业与竞争力委员会（Council on Jobs and Competitiveness）一起努力帮助领导这项工作，并要求私营部门管理者加强改造商业建筑能效。

最后，改善建筑物的能耗数据。更广泛地部署高级测量体系，包括《复苏法案》资助的智能电网和商业建筑的自动化系统。对建筑物业主和管理者来说，这是一个获得其建筑物高质量能源消费数据的机会。美国联邦政府通过公私协作使建筑物的能耗数据更容易获得和访问。

6.1.2.5 推广高效节能的民用住宅

首先，针对美国的低收入群体，降低能源成本。美国的房屋节能改造援助计划首次纳入了公共住宅，已经完成了 350 000 多个低收入人员的房屋节能改造项目，以减轻能源支出负担。

同时，创建以社区为基础的创新型项目。美国的改进建筑能效计划首次展示能效的创新型模式，向各个社区的成千上万家企业和家庭推广。美国能源部打算利用该计划促进全美范围内的能源升级。据专家估计，此创新型模式每年能为家庭和企业节省1亿美元水电费。

其次，大力提高美国农村地区的能效。通过可再生能源系统和能效解决方案，预计节省能源43亿千瓦时，这些能源足够为39万个美国家庭提供1年的电力。美国农村能源计划仅在2010财年就帮助近4000家农村小型企业主、农民和牧场主节省了能源并提高了他们的净利润。

再次，通过国家能源计划及能源效率和节能专项补助计划。美国各州和地方政府正在地方一级的民用住宅、商业建筑、工业和公共部门部署能效及可再生能源项目。这些计划正在促进公私合作关系，并为私营部门引领市场，实现能效改进奠定基础。

最后，在家电领域，降低节能家电成本，提供补贴。美国居民的家电能耗约占美国能源消耗总量的70%，通过《复苏法案》，美国能源部为美国各州实施高能效家电补贴计划提供融资。当美国家庭更换旧家电时，政府为购买新节能家电提供补贴。同时，美国能源部制定了新的家电能效标准，并与美国环境保护署合作来强化能源之星计划，为家用电器提供能效认证。

除此之外，美国提出"能源之星"认证，引导消费者节约能源。2010年美国消费者在超过60多类产品中购买了约2亿件"能源之星"认证的产品。自2000年以来，美国消费者总计购买了近35亿件"能源之星"认证的产品。近120万幢新房已被建成，以满足能源之星计划的指导方针。此外，美国环境保护署的整体房屋改造计划——能源之星标准的房屋能效（HPwES）项目自2010年起不断扩大实施，全美有35000多幢房屋通过本地资助计划得到了能效改善，而通过HPwES项目得到能效改善的房屋总量达到了11万幢以上。

6.1.2.6 引导美国消费者主动使用节能减排产品

引导美国消费者主动使用节能减排产品的具体措施包括：

一是将补贴直接返还给消费者。美国联邦政府持续倡导家庭之星计划，消费者可在销售点直接获得补贴，用于家庭的各种节能投资。二是提供1 000~1 500美元的"银星"补贴。"银星"补贴作为家庭之星计划的一部分，针对住宅进行简单升级改造的家庭可享受50%或1 000~1 500美元的补贴。三是提供3 000美元的"金星"补贴。"金星"补贴用于量身定制整个家庭的能源审计和后续能源改善项目，以实现20%的住宅节能。四是确保高质量安装且实施监督。五是为改进住宅能效的融资提供相关支持。六是提高新房建造的能效标准。

6.1.3　风电行业成为美国可再生能源最主要来源[①]

2019年，世界风电市场发展迅速，总量增长了10%，美国拥有世界上第二大风电市场，仅次于中国，约占世界风电比例的16%，相当于排名第三的欧盟总体风电装机容量的2倍。2019年，风电行业成为美国可再生能源最主要的来源，累计并网容量达到100吉瓦，装机容量位列历史第三，快速发展的风电作为价格实惠的、较为稳定可靠的清洁能源，使消费者受益，促进了乡村地区的经济发展，为整个国家层面的就业提供了保障。

风电行业为更多的美国家庭和企业提供电力，同时在全国50个州提供了12万个就业岗位。2019年，风电行业为美国3 200万个家庭提供了电力。2019年，风电装机容量相较2008年的25吉瓦增长了4倍。近10年，风电产业贡献了大型地面电站30%的装机发电容量。风电作为美国主要的可再生能源，提供了全美7.2%的电力。其中，已有6个州的风电产能比例超过了20%，分别是艾奥瓦州（41.9%）、堪萨斯州（41.4%）、缅因州（23.6%）、北达科他州（26.8%）、俄克拉何马州（34.5%）、南达科他州（23.9%）。在这6个州中，艾奥瓦州和堪萨斯州的风电产能已位居本州首位，超过其他能源的发电量。美国有530多个与风电行业相关的配套设备生产企业，提供超过26 000个就业岗位。风电行业成为美国经济的主要驱动力

---

① AWEA. Wind powers America annual report 2019 executive summary [EB/OL]. [2020-02-01]. https: //www.powermag.com/wp- content/uploads/2020/04/awea_wpa_executivesummary2019.pdf.

量，特别是在乡村地区，据统计 2019 年风电项目共投资 1 400 亿美元，而各州和地方政府以及私人土地所有者每年从风电项目获得的回报约为 16 亿美元。其中，9 亿美元以税收的形式上缴给各州和地方政府，7 亿美元以租金的形式付给私人土地所有者。

美国临海各州正在积极规划近海风电的发展目标，在 2019 年达到 16 吉瓦的近海风能目标后，提出到 2026 年达到 9 吉瓦的近海风能目标。

风电行业及相关配套产业的分布已经占到美国议会地区的 70% 左右，其中包括 77% 的共和党（第 116 届国会）地区和 62% 的民主党（第 116 届国会）地区。

2019 年，美国公用事业单位和企业客户签署了 8 726 兆瓦的风电购买协议，其中沃尔玛和美国电话电报公司是最大的两家购买风电能源的企业。公用事业单位对风电能源的购买量也处于历史第二高位。

风电行业提升了美国电网的稳定性，通过对 14 个州和 1 800 万消费者的统计调查，发现风电产能满足了超过 70% 的电力需求。2019 年，风电能源促使美国碳减排 1.98 亿吨，相当于 4 200 万辆汽车的排放量。同时，风电能源使得美国二氧化硫减排 23.2 万吨、氮氧化物减排 6.8 万吨。对水资源而言，风电能源节约了 1 030 亿加仑的水资源，相当于美国人均用水节约了 312 加仑。

6.2　美国非联邦层面应对气候变化的措施

尽管以时任美国总统的特朗普为首的美国联邦层面努力遏制气候政策，但是气候行动依然进行着，而且正在加速。截至 2017 年 10 月 1 日，占美国经济一半以上的州和城市已宣布支持《巴黎协定》。如果这些参与者是一个国家，那么它们的经济总量将是世界第三大经济体，其排放量在公约缔约方中排名第四。此外，在美国运营的市值 25 万亿美元的 1 300 多家企业和 500 多所大学已经自愿采纳了碳减排目标。

6.2.1　明确支持《巴黎协定》

非联邦层面的参与者已经形成了各种各样的联盟，这些联盟明确支持《巴黎协定》。美国气候联盟由来自美国州议会、市政厅等的相关人员组成，宣布支持《巴黎协定》。

美国应对气候变化市长联盟包括383个城市，总人口量为7 400万人（占美国人口总量的23%），致力于维护《巴黎协定》中所体现的目标，并以努力实现气候目标为己任。

除了以上联盟明确支持《巴黎协定》外，更多的联盟也采取了类似的目标，包括市长气候保护中心——一个由1 060名市长组成的联盟，该联盟明确坚持要在1990年的基础上减少碳排放，并制定了气候变化市长的全球公约。

6.2.2　确定温室气体减排目标

除了支持《巴黎协定》的新联盟以及现有组织的成员，非联邦层面的参与者已经制定出量化温室气体的减排目标，如果能够完成这些目标，将有助于实现近期（2025年）和本世纪中长期深度脱碳目标的减排份额。截至2017年10月1日，美国共有20个州和110个城市制定了减排温室气体的目标。此外，有1 361家美国企业，拥有25万亿美元的市值，占美国温室气体总排放量的14%，还有587所美国大学约520万人也自愿制定并实施温室气体减排目标。

这些联盟也在帮助非联邦层面的相关部门制定长期目标。例如，美国有9个州、12个城市已经签署了谅解备忘录，该备忘录承诺到2050年温室气体排放量将减少80%~95%。

2019年，"美国誓言"联盟提出了更有力度的减排目标。"美国誓言"联盟是于2017年7月由纽约市前市长迈克尔·布隆伯格和加利福尼亚州前州长杰里·布朗共同发起的，旨在联合美国各州、城市、企业和大学组成减排联盟，在共同承诺的基础上，通过非联邦层面的减排行动来实现与《巴黎协定》一致的减排目标。"美国誓言"联盟的成立,是为了应对特朗普政府退出《巴黎协定》之后美国联邦层面消极应对气候变化的这一局势。以"美国誓言"联盟为代表的非联邦层面应对气候变化的组织有可能在未来成为美国应对气候变化的主要力量。

2019年,"美国誓言"联盟的主题为:全面迸发、为美国建立繁荣的低碳经济。该联盟提出要领导美国各州、城市以及商业企业展开自下而上的应对气候变化的强有力的支撑措施。从结成减排联盟以支持《巴黎协定》的州、城市、商业企业等主体的数量来看,代表了美国国内生产总值的68%、人口总量的65%和温室气体排放量的51%。如果该联盟是一个国家,那么将成为世界第二大经济体。"美国誓言"联盟提出如果单纯采用快速的自下而上的减排手段,那么到2030年美国温室气体排放量相较于2005年的水平将会减少37%;如果采取全面推进的气候战略与自下而上减排手段相结合,到2030年美国温室气体排放量相对于2005年的水平将会减少49%。

2019年12月,气候变化智库气候和能源应对中心发布了美国脱碳的气候议程报告,报告针对美国经济到2050年实现碳脱钩这一目标的实现,提出需建立一个长期的减排框架,该框架建议国会建立以4年为一期的关于脱碳的相关法规。国会应施压美国总统监督联邦层面政府及各部门执行碳脱钩的职责。进一步而言,对于各关键部门、行业,如电力行业,到2050年美国电力部门发电总量比2019年高出1倍。

6.3 美国各州应对气候变化政策措施

美国负责能源政策制定实施的政府机构分为国家和地方(州政府)两个主要层面。在联邦政府层面,美国能源部是工作范围和影响力最大的政府机构,负责能源战略、能源政策制定执行,科学技术研发和国家实验室监督。其中,可再生能源办公室是负责节能工作的主要部门。美国环境保护署也是推进节能工作的政府部门。受政党更替的影响,美国联邦政府层面的节能政策常有较大的反复。一般而言,民主党执政期间，节能工作都会得到加强，而在共和党执政期间，相关工作通常会受到削弱。

实际上，美国大部分具体的节能政策措施都在州和地方层面制定和实施，大部分州政府设有相应的能源监管部门，负责各州的节能工作和执行国家的能源政策。

美国各州综合运用法规、强制标准或自愿标准、税收激励、技术支持、研发活动等一揽子政策措施推进节能工作。

6.3.1　美国典型州的能源生产与消耗概述

美国各州在经济发展、能源生产与消耗方面各不相同（见表6-1）。这是因为：一是各州间的经济发展基础、产业结构存在差异。二是各州自身发展的历史惯性以及各州党派力量的作用。例如，有的州走在了降低能耗、绿色发展的前列，如加利福尼亚州，有的州拒绝采取相应政策来应对气候变化，如得克萨斯州。

6.3.1.1　得克萨斯州

得克萨斯州是一个能源资源丰富的大州，在能源生产方面居美国之首。该州提供了美国国内20%以上的生产能源。得克萨斯州的陆地面积仅次于阿拉斯加州，其原油和天然气田蕴藏丰富。煤炭能源分布在横贯得克萨斯州东部沿海平原的带状地带，以及该州中北部和西南部的其他地区。得克萨斯州还拥有丰富的可再生能源，是美国风能发电的第一州。由于得克萨斯州广袤的土地上阳光充足，它也是太阳能潜力最大的州之一。得克萨斯州是美国人口第二大州和第二大经济体，仅次于加利福尼亚州。得克萨斯州的能源消耗比其他州都多，几乎占美国能源消耗总量的14%。该州的人均能源消费在全国排名第六，尽管其能源消费很高，但仍是第三大能源净供给方。其中，工业部门（包括能源密集的石油精炼和化学制造工业）是最大的能源消耗部门，占最终使用能源消耗的一半；交通运输业是第二大终端消费用户，部分原因是得克萨斯州有大量注册的机动车，每年行驶的机动车里程数很高。得克萨斯州的气候从东到西变化很大，在人口最密集的地区，夏季气温在32摄氏度以上，所以制冷能耗很高。即便如此，住宅部门的能源消耗仅占全州最终使用能

表6-1　　　　　　　　2018年美国各州能源生产与能源消耗

美国各州	能源生产总量占全国的比例	能源生产总量排名	人均能源消费（百万英热）	人均能源消费排名	人均能耗支出	人均能耗支出排名
得克萨斯	21.30%	1	498	6	5 345	5
宾夕法尼亚	9.40%	2	310	26	3 787	33
怀俄明	8.10%	3	967	1	8 651	1
俄克拉何马	5.10%	4	433	10	4 331	18
西弗吉尼亚	5.00%	5	462	8	4 860	8
北达科他	4.40%	6	872	3	8 097	2
科罗拉多	3.80%	7	266	34	3 239	47
路易斯安那	3.70%	8	945	2	7 537	4
新墨西哥	3.60%	9	336	19	3 954	26
俄亥俄	3.50%	10	322	23	3 792	32
伊利诺伊	2.70%	11	315	25	3 522	39
加利福尼亚	2.50%	12	202	48	3 522	38
阿拉斯加	1.50%	13	830	4	8 060	3
亚拉巴马	1.30%	14	400	14	4 491	15
肯塔基	1.20%	15	391	15	4 420	17
印第安纳	1.10%	16	424	11	4 486	16
华盛顿	1.10%	17	276	32	3 498	40
蒙大拿	1.00%	18	410	12	4 787	10
纽约	0.90%	19	197	50	3 112	49
弗吉尼亚	0.90%	20	283	31	3 601	37
犹他	0.90%	21	265	35	3 261	46
爱荷华	0.90%	22	513	5	4 956	6
阿肯色	0.90%	23	372	17	4 156	21
堪萨斯	0.80%	24	390	16	4 328	19
南卡罗来纳	0.70%	25	329	21	4 003	22
北卡罗来纳	0.70%	26	252	37	3 290	45
密歇根	0.70%	27	290	30	3 605	36
佐治亚	0.70%	28	274	33	3 397	42
亚利桑那	0.60%	29	208	46	3 189	48
田纳西	0.60%	30	333	20	4 001	23
佛罗里达	0.60%	31	202	49	2 941	51
明尼苏达	0.50%	32	341	18	3 966	24
俄勒冈	0.50%	33	242	39	3 388	43
内布拉斯加	0.50%	34	475	7	4 785	11

美国各州	能源生产总量占全国的比例	能源生产总量排名	人均能源消费（百万英热）	人均能源消费排名	人均能耗支出	人均能耗支出排名
新泽西	0.40%	35	252	36	3 709	34
威斯康星	0.30%	36	325	22	3 909	28
密西西比	0.30%	37	400	13	4 829	9
马里兰	0.30%	38	226	42	3 295	44
密苏里	0.30%	39	302	27	3 853	31
南达科他	0.30%	40	452	9	4 888	7
康涅狄格	0.20%	41	211	45	3 960	25
爱达荷	0.20%	42	316	24	3 951	27
新罕布什尔	0.20%	43	240	41	4 313	20
缅因	0.20%	44	295	29	4 617	13
马萨诸塞	0.10%	45	212	44	3 902	29
内华达	0.10%	46	240	40	3 418	41
佛蒙特	0.00%	47	223	43	4 555	14
夏威夷	0.00%	48	206	47	4 658	12
罗德岛	0.00%	49	187	51	3 686	35
特拉华	0.00%	50	301	28	3 867	30
华盛顿特区	0.00%	51	249	38	3 058	50

注：联邦离岸生产的数据未包括在生产份额之中。

资料来源：State Total Energy Rankings，2018.

源消耗的 $\frac{1}{8}$。由于得克萨斯州人口众多，该州的住宅能耗居全国之首，但其人均住宅能耗接近全美最低水平。

6.3.1.2 加利福尼亚州

加利福尼亚州是美国人口最多的州，经济规模最大，能源消耗总量仅次于得克萨斯州。加利福尼亚州相当于世界第五大经济体，拥有许多能源密集型行业，加利福尼亚州是全美人均能源消费水平较低的州，加利福尼亚州一直在努力提高能源效率和实现替代技术，所以加利福尼亚州的能源需求增长较缓慢。加利福尼亚州在非水力发电和可再生能源发电方面居美国各州之首，也是传统水力发电的主要产地。

此外，加利福尼亚州原油供应充足，占美国原油精炼能力的10%。

加利福尼亚州是全美陆地面积第三大的州，绵延三分之二的西海岸，长1 000多英里，宽500多英里。由于距离较远，交通运输业在加利福尼亚州的能源消耗中占据了主导地位。在加利福尼亚州登记的机动车数量和行驶里程比任何一个州都要多。加利福尼亚州的通勤时间也是全美最长的。此外，加利福尼亚州占全美航空燃料使用的20%；交通运输部门占加利福尼亚州能源消耗的40%；工业部门占加利福尼亚州能源消耗的近25%，是加利福尼亚州第二大能源消耗部门。加利福尼亚州在农业和制造业方面领先其他州；商业和住宅部门的能源消耗大致相同，均略低于20%；加利福尼亚州住宅部门的人均能源使用比夏威夷州以外的任何一个州都要低；在加利福尼亚州，大多数人口稠密的地区气候干燥且相对温和，有超过40%的家庭不使用空调，约14%的家庭不使用供暖设备。

6.3.1.3　宾夕法尼亚州

宾夕法尼亚州拥有丰富的化石能源资源，是东海岸主要的煤炭、天然气、电力和精炼石油产品的供应地。该州的阿巴拉契亚山脉拥有丰富的煤炭资源，马塞勒斯页岩区拥有美国最大的天然气田，沿着山脉覆盖了该州约3/5的土地。宾夕法尼亚州是全美第二大能源净供应地，仅次于怀俄明州。

2018年，宾夕法尼亚州的生产总值在全美排名第六。虽然该州是全美十大能耗州之一，但其人均能源消费总额接近美国的平均水平。在宾夕法尼亚州，工业部门的能源消耗最多，约占该州总能源消耗量的34%，其次是交通运输部门约占25%，住宅部门略高于20%，商业部门接近20%。对该州的生产总值贡献最大的主要能源消耗行业，包括采矿业、金属及机械制造业、化工产品制造业、农业和食品加工业。

6.3.1.4　北达科他州

北达科他州拥有丰富的化石燃料和可再生能源。该州是美国第二大原油生产地，仅次于得克萨斯州，并拥有大量煤炭储量。北达科他州位于北美的中心位置，具有大陆性气候特征，即温度变化大，降水不规则，日照充足，湿度低，风几乎持续不断。北达科他州起伏的平原向西平缓地向落基山脉倾斜。美国两个主要的河流系统——密苏里河和红河，流经北达科他州，水力能源已经被密苏里河上的一个大型联邦水力发电项目所利用。风力能源在为全州提供越来越多的风能电力。该州肥沃的土壤种植了许多作物，包括用于生产乙醇的玉米，该州是全美十大乙醇生产州之一。北达科他州丰富的阳光为规模虽小但仍在增长的太阳能发电项目提供了能源。

北达科他州是美国能源消耗较低的州，部分原因是该州人口较少。北达科他州的人均能源消费和该州的生产总值所需的能源数量都排在全美前五名，这主要是因工业部门占该州最终使用能源消耗的一半以上。能源密集型的石油和天然气开采行业，包括煤炭生产在内的采矿业以及农业，都是该州经济的主要贡献者。交通运输部门约占该州最终使用能源消耗的20%，而住宅部门约占14%，商业部门约占10%。

北达科他州的能源总产量几乎是其能源消耗量的6倍。近10年，该州能源产量的激增来源于该州石油储备的开发。北达科他州一次能源生产总量的60%是原油，天然气占该州能源产量的近25%，煤炭约占10%。

6.3.1.5　俄亥俄州

俄亥俄州因其庞大的人口、重工业比重较大以及广泛的季节性温度变化，位列全美十大能源消耗州之一，但该州的人均能源消费接近全美的平均水平。工业部门的能源消耗量约占该州最终使用能源消耗的$\frac{1}{3}$。俄亥俄州主要的经济活动集中在金融业和制造业。机动车辆和运输设备，食品、饮料和烟草制品，金属和机械制品，以及矿产开采（包括天然气、煤炭和原油），也都是该州经济的重要贡献者。由于拥有全美第四大州际高速公路系统，俄亥俄州的交通运输部门的能源消耗约占该州总能耗的$\frac{1}{4}$。住宅部门紧随其后，几乎占俄亥俄州能源消耗的25%，而商业部门的能源消耗还不到20%。

6.3.1.6　怀俄明州

怀俄明州是美国煤炭、天然气和原油的主要产地，也是美国人口最少的州。该州生产的能源是其能源消耗的 15 倍，成为全美最大的能源净供应地。怀俄明州是美国最大的产煤州，它从联邦租约中开采的天然气比其他州都多，从联邦租约中开采的原油数量也位居全美第二。怀俄明州最大的产业是与能源相关的采矿和矿物开采。工业部门的能源消耗占到该州总能耗的 60%，交通运输行业占比超过 20%，商业和住宅部门均占比 10% 左右。

6.1.3.7 纽约州

纽约州是美国东北部最大的州，人口规模在全美排名第四，经济规模在全美排名第三。该州拥有丰富的风能、太阳能等资源。伊利湖和安大略湖的一部分位于纽约，尼亚加拉河在两湖之间流动，使该州成为水力发电的主要产地。五大湖和大西洋沿岸拥有该州最好的风能资源。纽约州只生产少量的天然气和原油，而且不开采煤炭。纽约州节能走在全美前列，人均总能耗在全美各州中仅次于罗德岛州。

该州近 30% 的居民使用公共交通工具，这一比例是美国平均水平的 5 倍多。交通运输、商业和住宅部门在该州的能源消耗中所占比例几乎相同。纽约州的支柱产业为金融业和房地产业，都不是能源密集型产业，工业部门的能源消耗仅为该州总能耗的 10%，比马里兰州以外的其他州都要少。

6.3.2 美国各州应对气候变化的政策行动

长期以来，美国大多数州都在支持清洁能源、提高能源效率和减少污染。

1983 年，艾奥瓦州通过了美国第一个可再生能源组合标准（RPS），并于 1999 年采用了第一个能源效率资源标准。现在，大多数州都有可再生能源（38 个州）和能源效率（28 个州）目标，这是因为相关法律授予了各州管理其能源和排放的权力。

各州均可颁布能源和气候法规，重点在于解决最大的温室气体排放源。各州政府还要监督排放的主要部门或排放源，弄清其不同的来源，同时跟踪能源和气候政策的实施情况与效果。

6.3.3 美国10个州已通过了具有法律约束力的碳定价规则

美国有10个州通过了具有法律约束力的碳定价规则。加利福尼亚州是全美首个采用经济总量控制和排放交易计划来减少温室气体排放的州。该计划是在2012年实施的，目的是在《全球变暖解决方案法》的授权下实现加利福尼亚州的减排目标。经济总量控制与排放交易计划旨在与加利福尼亚州经济中各种互补的政策和行动计划一同起作用。此外，加利福尼亚州根据AB398法案的规定阐明在经济总量控制与排放交易计划下，到2030年温室气体排放水平比1990年的水平减少40%。

美国9个东北部州（康涅狄格州、特拉华州、缅因州、马里兰州、马萨诸塞州、新罕布什尔州、纽约州、罗德岛州和佛蒙特州）共同实施了一项名为区域温室气体倡议（RGGI）的二氧化碳排放限额交易计划，该倡议建立一个以市场为基础的系统，该系统对电力行业的排放设定上限，到2020年每年减少2.5%。自2005年以来，通过区域温室气体倡议已经减少了电力部门二氧化碳排放量超过45%，而该地区的人均生产总值持续增长。仅在2015年用拍卖温室气体排放权所得进行的再投资，使该地区的家庭和企业获得了23.1亿美元的终生能源账单。

6.3.4 美国各州在发电行业方面应对气候变化的政策措施

可再生能源目标是美国各州最常采取的"气候友好行动"之一。其中，有29个州采用强制性的可再生能源投资标准，有9个州制定了自愿可再生能源目标。截至2014年，已有23个州达到了100%的合规要求。除2个州之外，其他州都有望实现各自的目标。

马萨诸塞州为近海风力发电和太阳能采购项目创造了条件；马里兰州在2020年之前将可再生能源投资标准提高了25%；到2021年，密歇根州的可再生能源投资标准提高了15%；到2030年，纽约州的可再生能源投资标准将提高到50%，并扩大覆盖范围；到2040年，俄勒冈州的可再生能源投资标准将提高到50%，用于大型投资者所有的公用事业单位；到2035年，罗德岛州的可再生能源投资标准将提高到 38.5%。

还有 18 个州为其他零碳能源技术提供财政激励，如碳捕集和储存以及核能。例如，纽约州正在向核电站提供零排放信用，以补偿其产生无碳电力的能力，这是目前批发电力市场无法提供的。

6.3.5 美国各州在交通运输业方面应对气候变化的政策措施

《清洁空气法》允许加利福尼亚州政府制定自己的机动车排放标准，前提是该标准比联邦政府制定的标准更加严格，州政府也从美国环境保护署获得了豁免权。其他州则可以选择采用比加利福尼亚州更为严格的标准。2010 年，加利福尼亚州空气资源委员会与美国环境保护署、美国国家公路交通安全管理局合作制订了一项全国性的温室气体和燃料经济标准计划，该计划用以协调联邦政府制定的标准和加利福尼亚州 2012—2025 年的碳排放标准。加利福尼亚州和美国环境保护署在 2017 年 1 月完成了对该计划项目的中期评估，确认现存的标准应继续存在。

全美超过 30 个州已经采取了改善多式联运货物运输策略（通过至少两种运输方式来运输货物），联邦政府修订了《美国地面运输（FAST）法案》，要求所有州在 2017 年 12 月之前制订并完成货运计划。美国的 31 个州已经在其货运计划中解决了货物联运的问题。加利福尼亚州通过采用能效指标或特定于货运的温室气体减排目标，加强了货运计划的节能减排效果。

美国已有一半的州政府制定政策要求车辆生产更加环保和高效，通过现有的联邦标准减少石油消耗和温室气体排放，并提出混合动力或全电动汽车的采购要求，以提高燃油的经济性。

为了提升交通工具的能效，已有 10 个州（加利福尼亚州、康涅狄格州、缅因州、马里兰州、马萨诸塞州、新泽西州、纽约州、俄勒冈州、罗德岛州和佛蒙特州）采用了零排放车辆标准，销售份额也在逐渐扩大。已有 8 个州签署了一份谅解备忘录，承诺实现生产 330 万零排放车辆（包括电动和氢能汽车），比传统的汽油和柴油汽车、卡车更大幅度减少尾气的排放。

6.3.6 美国各州在住宅、商业和工业能源方面应对气候变化的政策措施

美国各州均采取了额外的行动以提高建筑效率。例如，已有11个州制定了至少一种设备或几种设备的能效标准，这些产品目前还没有被联邦政府制定的标准所覆盖。一些州在通过了某个能效标准之后，通常会与制造商和其他利益相关方合作，拟定一份建议，以告知国会或美国能源部其制定的标准。此外，已有43个州为住宅或商业建筑采用了能源编码。

美国已有38个州制定了鼓励商业和工业设施安装联合供热与电力系统的激励措施。几乎所有州都有相互联系的标准，其中有33个州提供税收或生产激励措施，有19个州提供补贴或退税措施。尽管采用了激励措施，但是这些标准没有得到充分利用，部分原因是这些标准与大多数电力公司的商业模式相矛盾，美国现有的政策和公用事业法规不能让公用事业单位从中获利。

除此以外，各州积极解决非二氧化碳排放源的排放问题，如石油和天然气系统、垃圾掩埋场，以及高氟碳化合物的泄漏。

6.4 美国非联邦层面应对气候变化的典型举措

6.4.1 州层面

6.4.1.1 加利福尼亚州

加利福尼亚州采取了在美国各州中最为激进的减排措施，即减少除二氧化碳外的其他气候污染物的排放，这些污染物通常被称为"超级污染物"或"短期气候污染物（SLCP）"。通过短期气候污染物减排战略，加利福尼亚州的目标是到2030年将高氟碳化合物和甲烷的排放量至少比2013年减少40%，到2030年非森林黑碳排放量至少比2013年减少50%。短期气候污染物减排战略包括各种方法，如通过管道注入的可再生天然气和堆肥来使用有机废物。加利福尼亚州希望到2025年将有

机垃圾的处理减少75%。

加利福尼亚州还计划在2025年将现有石油和天然气系统的甲烷排放减少40%，到2030年减少45%。加利福尼亚州还将继续研究新技术，以改进排放监测，并找出造成碳排放最多的热点地区。

最后，加利福尼亚州计划在《基加利修正案》的基础上提高氢氟烃的减排目标，采用额外的规定，并激励使用低全球气候变暖潜能值制冷剂。这是建立在现有制冷剂管理计划之上的，它比美国环境保护署的标准更进一步，要求所有的氢氟烃泄漏都得到修复。这一计划在未来5年尤为重要，因为与甲烷不同的是，氢氟烃并不是短期留存的，其中一些将在大气中停留超过千年。2017年3月，加利福尼亚州空气资源委员会发布短期气候污染物减排战略。

6.4.1.2 北卡罗来纳州

北卡罗来纳州应对气候变化采取的措施是增加清洁能源。这些努力建立在过去的行动之上，如2002年通过《烟囱清洁法案》来减少电厂排放；2007年实施的可再生能源和能效投资组合标准，为促进清洁能源、改善空气质量和创造就业机会树立了一个全国性的样例。

目前，北卡罗来纳州拥有约7 000兆瓦的太阳能装机容量，位列全美第二。2016年，该州的清洁能源工作岗位超过了3.4万个。承诺使用清洁能源的科技公司有谷歌、苹果和Facebook，已经在该州建立了能源密集的数据中心，并支持该州制定的可再生能源政策。

2017年7月，北卡罗来纳州的州长罗伊库珀签署了一项法案，承诺将在未来5年内使该州的清洁能源行业发展壮大，并声称反对近海石油和天然气的勘探、开采。

6.4.2 典型城市

6.4.2.1 密尔沃基市

2013年，城市森林保护组织把密尔沃基市命名为美国十大森林城市之一。城市街道中的20万棵树木可以作为天然碳汇，改善了整体环境。城市中的森林每年帮助清除温室气体569吨，特别是臭氧，这项服务的价值至少为560万美元，还储存了38万吨的二氧化碳（估计价值超过2 980万美元）。

密尔沃基市的林业部门通过将倒下的街道树木替换为健康的树木，用4 500个更大的遮阴树代替了观赏树木，这些树被放在中间形成更密集的树冠。这些树被社区重视，据估计这些树每年为住宅建筑节省了超过130万美元的能源费用。

6.4.2.2 奥斯汀市和圣地亚哥市

得克萨斯州的奥斯汀市和加利福尼亚州的圣地亚哥市均制定了力度较大的可再生能源和清洁能源目标。2017年8月，奥斯汀市议会投票通过了到2027年可再生能源占比达到65%的提案，比2014年设定的目标增加了1倍，到2025年实现55%的可再生能源占比。2015年，圣地亚哥市提出了可再生能源的增长目标和城市气候行动计划，承诺到2035年将温室气体排放量减少一半，到2050年减少80%。

由非营利组织和大学研究人员进行的一项研究表明，奥斯汀市的清洁技术产业为其生产总值贡献了25亿美元，创造了2万个就业岗位，并且在持续推动经济的增长，创造更多的就业机会。圣地亚哥市提出了增加能源可持续性的发展战略，包括巩固城市在清洁技术产业中的领导地位，促进积极的交通运输系统的发展，增加对高速发展的绿色产业的人工需求等。

6.4.2.3 纽约市

纽约市是第一个为现有建筑物制定温室气体排放标准的城市，该市近$\frac{1}{4}$的温室气体排放来自约14 500座建筑，用升级的隔热材料、窗户、供暖和冷却系统以及其他设备改造这些建筑，可以创造多达17 000个新的绿色工作岗位。

2017年6月，纽约市重申了对《巴黎协定》的承诺，提出根据纽约市的城市计划，到2050年温室气体排放量比2005年减少80%。2017年9月，纽约市制订了世界上第一个限制减排的城市计划，该计划与《巴黎协定》的1.5摄氏度目标一致，预计到2035年温室气体排放总量比2005年减少7%。

6.4.2.4　明尼阿波利斯市

在明尼苏达州的明尼阿波利斯市，当地领导人制定了雄心勃勃的目标，到2025年将城市的温室气体排放量控制在15%，到2035年达到30%，到2050年将比2006年减少80%。

为了实现2025年的减排目标，该市采取的措施是减少17%的能源使用、10%的电力来自可再生能源、双倍的公共交通客流量和减少浪费等。2013年，明尼阿波利斯市通过了一项法令，要求商业建筑面积超过5万平方英尺的商家必须报告其能源和水资源消耗情况。该市是美国第一个与公用事业单位建立公私清洁能源合作关系的城市。

如今，明尼阿波利斯市正努力从可再生能源中获取城市运营的100%电力。这个城市在有效利用能源方面位居全美第十一位。明尼阿波利斯市正在为明尼苏达州的清洁能源行业作出贡献：该州在2016年增加了2 893个清洁能源岗位，比整体就业增长速度快3.8倍。

7　日本

7.1　日本经济社会发展现状及世界影响

7.1.1　日本经济社会发展状况

第二次世界大战后，日本的经济发展经历了战后经济恢复（1945—1954年）、经济高速发展（1955—1972年）、经济低速发展（1973—1990年）、长期经济停滞（1991年至今）四个阶段。

尽管日本的战后经济恢复阶段经历了很多困难和曲折，但从总体上来看，无疑是取得了很大成功。1946—1951年，日本的经济增长率为9.9%，其中工矿业生产增长率为22.8%；1952—1954年，日本的经济增长率为8.7%，其中工矿业生产增长率为11.3%。日本经济在高速发展阶段有过三大景气时期，景气持续时间为57个月，1966—1970年经济增长率分别为10.2%、11.1%、11.9%、12.0%、10.3%。如此长时间的持续高速的经济增长，不仅在日本历史上是罕见的，而且在发达资本主义国家的历史上也是绝无仅有的。

经过第一次石油危机的冲击和战后第一次负增长，日本经济就由高速增长转为了低速增长，1976—1978年经济增长率分别为4.0%、4.4%和5.3%，与高速增长时期相比，还不及1965年经济危机时5.7%的水平。尽管如此，1978年后日本就摆脱了萧条的影子，经济逐渐恢复，企业的收益也增加了。在这一期间，除个别年份外，日本的经济增长率基本保持在3%~5%的水平，上下波动不大，而且与其他发达国家比仍属于经济增长最快的国家，所以这一时期又被称为稳定增长时期。在经济稳定发展的基础上，日本的国际竞争力迅速提高。自1985年起，日本就取代英国，成为世界最大的海外债权国，而美国则开始成为世界最大的海外债务国。由此，日本不仅进一步巩固了世界第二经济大国的地位，而且开始被称为"世界第二超级经济大国"。此时日本的经济达到了顶点。

自20世纪90年代日本泡沫经济以来，就有"日本经济失去的20年，甚至30年"的说法，这种说法可能影响我们对日本的客观判断。现阶段对日本经济的观察一直存在一个误区，即总是以中国经济、美国经济或者日本高速增长时期和泡沫经济时期的经济增长率作为参照物，这成为"日本经济失去的20年"的根源。但是，从某种意义上来说，所谓"失去的20年"，实际上是日本改革调整的20年，是砥砺创新的20年①。

包括半导体产业在内的诸多领域，日本的科技创新力不容小觑。根据科睿唯安每年公布的全球百强创新机构名单，自2014年起日本赶超美国，在大多数年份成为百强榜上企业数量最多的国家。全球百强创新机构名单始于2011年，全球有35家企业常年榜上有名。其中，日本企业占14家，排名第一，这体现了日本企业的持续创新能力。2014—2018年，除2016年外，日本企业在百强榜单上的企业数量保持在39~40家（2016年有34家），日本和美国的企业数量合计约占总数的75%，日本成为与美国并立的全球创新中心。

科技创新是产业升级的后盾。日本通过不断加大科技投入，控制技术含量大、进入壁垒高、垄断程度强的产业链环节，从而形成产业隐形竞争力，并在世界技术革新潮流中始终处于核心位置。如果对日本企业创新进行分析，可以看出日本发展科技的重点领域。以2018年全球百强创新机构为例，日本企业主要分布在汽车、化工、电子、制造和医疗领域。其中，在汽车领域，日本企业上榜6家，占比86%（共7家企业）；在化工领域，日本企业上榜7家，占比70%（共10家企业）。

1955—1972年，日本实现了高速增长，已经完成了追赶欧美发达国家的任务。20世纪80年代末期，日本经济从鼎盛时期走向低迷，但直到现在，日本仍然是一个经济体量大、科技能力强、居民生活水平高的发达国家。世界银行的统计数据显

---

① 张季风，李清如. 日本经济实力常常被低估了 [N]. 环球时报，2019-08-30.

示，日本的研发支出占国内生产总值的比重排名世界前五。企业的高研发投入，促使日本的潜在技术实力上升，在世界产业链条中位居前列。以半导体制造的关键设备为例，日本政府的统计数据显示，2001—2010年日本企业在涂胶显影机、检测设备和切割设备领域的市场份额分别由66%、67%和77%增长至81%、75%和87%，在清洗干燥装置和减压CVD装置领域的市场份额也分别由38%和46%增长至55%和53%。这成为日本控制半导体产业链源头环节的核心支撑力。

在泡沫经济崩溃的20年后，日本仍保持世界第三大经济体的地位，到2030年将保持世界前五的地位。日本的经济实力和政府掌控宏观经济运行的能力不可轻视。更需要认清的是，日本正在进行从"世界第一"向"世界唯一"的战略转型。在这一战略指导下，日本企业积极调整产业布局，表面上一些日本传统企业正在逐渐没落，但这并不意味着日本制造业真正衰退，而是日本产业转型升级、向产业链上游攀升的过程。这一过程最终使其获得了制衡产业链其他环节的绝对优势。

20世纪80年代之前，日本的经济增长一直保持高速增长的态势，之后进入低谷，但经济增长从未停止。按照世界银行的统计，日本2017年的国内生产总值达到了48 669亿美元，2018年的国内生产总值达到了49 548亿美元，2019年的国内生产总值达到了50 818亿美元。历年来日本的国内生产总值增长率浮动较大，2009年经济增长率跌破了-5%，为-5.42%；2010年经济迅速恢复，经济增长率达到了4.19%。2010年之后经济保持低迷状态，经济增长率为1%~2%，有时甚至达不到1%。经济形势比较好的2013年，经济增长率达到了2%，2017年达到了2.17%，2019年则降到了0.65%。人均国内生产总值在1960年仅为479美元，未达到500美元的水平，但在1981年突破了1万美元，在1992年超过了3万美元，在2012年达到了48 603美元，在2019年达到了40 247美元（如图7-1所示）。

20世纪80年代之前，日本一直是世界经济的"优等生"。然而，自20世纪90年代以来，日本经济失去了往日的辉煌。1992—2000年，日本年均实际经济增长率仅为1%。日本沦为了发达国家中经济增长停滞不前的"劣等生"。对日本经济来说，20世纪90年代可以说是"失去的10年"。2008年，受国际金融危机的影响，日

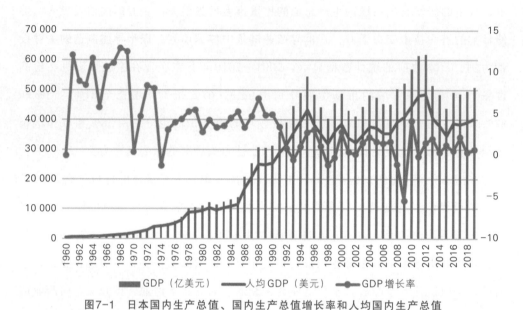

图7-1 日本国内生产总值、国内生产总值增长率和人均国内生产总值

注：国内生产总值是当年国内生产总值，人均国内生产总值是当年国内生产总值/人口的数据。

资料来源：世界银行 WDI.

本的名义经济增长率和实际经济增长率再次出现负增长，名义经济增长率下降了1.6%，实际经济增长率下降了0.6%，且危机延续到2009年，2009年一季度实际经济增长率下降了9.7%，名义经济增长率下降了8.6%，均创历史最大降幅。

IMF 的数据显示，1995—2017年日本名义国内生产总值的累计增幅低至-4.30%，是西方七国集团首脑会议成员中唯一的负增长国家。从宏观高频数据来看，各类先行指数同比均出现明显下滑。从企业运营数据来看，微观经济难以支持宏观经济复苏。自2012年以来，日本国内生产总值持续下滑，由2012年的6.20万亿美元下滑至2015年的4.40万亿美元，经济总量下滑明显。2016年，日本初步扭转经济颓势，国内生产总值为4.94万亿美元，但2017年经济增长仍未有显著好转，国内生产总值为4.87万亿美元。通过分析上述数据可知，日本经济增长出现下滑态势，如何扭转经济增长颓势成为日本政府亟待解决的问题。

2016年，日本政府和央行积极尝试了一系列刺激性措施，但效果乏善可陈。2017年，日本经济的增长动力仍在低位徘徊。2017年，日本似乎迎来了货币政策和经济复苏新周期，但实际上周期转变只是假象，日本经济依旧处于低迷状态。在经济前景方面，频繁的刺激不改长期萎靡的趋势，"增长疲弱＋通缩压力"的双重困局难以破解。在货币政策方面，日本的量化宽松政策看似出现紧缩迹象，但实则将进行宽松换挡，从"增强度"向"提效率"转型，货币宽松政策温和加码，负利率政策延续，宽松手段更趋向多元化。在这一时期，日本经济依旧矛盾重重，日本市场的前景不容乐观。

随着安倍经济学的边际作用衰减，日本经济也步入了新的时期。一方面，短期刺激的新措施层出不穷，勉强维系着经济复苏的局面；另一方面，经济长期萎靡的趋势并未发生实质性改变，如深夜寒潮驱之不散。未来几年内，日本经济将继续蹒跚前行，面临增长疲弱和通缩压力的严峻挑战。关于日本经济发展最新进展，穆迪分析公司首席亚太经济学家史蒂夫·科克伦表示，受全球经济不确定性的影响，日本、韩国可能成为最大的输家，这也高度暴露了这两个经济体的风险①。

日本的经济停滞与其人口规模也有着深远的关系。有数据显示，2017年日本人口为1.268亿人，65岁以上的老龄人口为3 557万人，占总人口数的28.1%，70岁以上的老龄人口为2 618万人，占总人口数的20.7%。面对如此庞大的高龄人群，日本希望能够逐渐打造只要有意愿，不论多大年纪，都能终身工作的社会。现实情况是有越来越多的老年人在退休后继续工作，日本老年人的就业人数实现了14年持续增长，已达807万人，占全国就业人口的12.4%。但这种情况并不能对日本的经济起到绝对性的促进作用，在这些老年人中，有四分之三的人都是兼职或非正式员工，他们对社会经济发展的帮助至少在目前还是很有限的。与勤奋工作的老年人相比，日本年轻人的就业热情越发低落，年轻人的低欲望，让越来越多的中产阶级成为低收入人群，作为中坚力量的中产阶级被渐渐掏空，社会结构面临崩溃的危险。

---

① 路透社2019年6月18日报道。

日本是世界上贫富差距较小的国家，但贫富差距小并不等于人人富裕。事实上，日本正朝着人人均贫的方向发展。日本作为发达国家中的一个"异类"，其储蓄率极高，大量资产并没有流通，这也是其经济停滞的一个重要原因。年轻人没有欲望，劳动力人口不断减少。通过数据分析，发现日本15~64岁的劳动力人口在20世纪90年代就已达到峰值，之后便是逐年下降。预计到2060年，日本的劳动力人口仅能达到总人口数的50.9%。面对进一步严重的人口问题，日本政府在2018年12月宣布国内3~5岁儿童的教育全部免费。但是，这一举措究竟能不能改善日本的人口问题，以及人口所带来的经济问题，仍然未知。

7.1.2 日本产业结构和能源结构

7.1.2.1 日本经济发展与产业结构

20多年前，日本也经历过疯狂的地产泡沫，给社会经济造成了巨大的创伤，但是日本当时已经构建了世界一流的技术体系，建立了完善的社会保障制度。目前，在全球彩电、手机、冰箱、洗衣机和空调行业的排行榜上，日本企业已经不再名列前茅。韩国企业突飞猛进，三星在墨西哥建成了全球最大的彩电工厂，覆盖了整个美洲市场；中国企业也不断追赶，格力、海尔分别成为世界上最大的家用空调和冰箱冷柜供应商，TCL、海信、华为、联想则分别冲击全球彩电和手机的前三强；日本企业正从B2C领域逐渐向B2B领域扩展、转型，松下从家电扩展至汽车电子、住宅能源、商务解决方案等领域，夏普转向健康医疗、机器人、智能住宅、汽车、食品、空气安全领域和教育产业，索尼复兴电子业务的计划遭遇挫折，今后将在电子领域强化手机摄像头等核心部件[①]。

从宏观经济层面来看，日本现代经济制度、金融制度、法律体系、现代企业制度等已经相当完善，在20世纪60年代就形成了覆盖全社会的养老保险和医疗保险体系。尽管财政困难导致日本的养老金制度出现了一些问题，但其基础并未动摇。

---

① 悦涛. 本世纪最大谎言被揭穿 日本经济"失去20年"实为"创新20年"[EB/OL].[2016-12-15]. http://www.sohu.com/a/122671841-570252.

从发展阶段来看，日本在20世纪80年代就进入了后工业化阶段，城市化率高达70%以上，城乡之间和区域之间几乎不存在差距，国内市场处于饱和状态。从产业结构来看，日本已形成发达国家的产业结构，第一产业已经下降至5%以下，第三产业接近60%。从增长模式来看，日本在20世纪70年代初期就完成了工业化目标，进入成熟阶段，结束了"大量生产和大量消费"的粗放模式。从企业层面来看，在20世纪80年代日本企业已相当成熟，拥有丰田、日产、日立、东芝、松下、新日铁等世界顶级企业，而且这些企业（当然包括许多中小企业）掌握众多的核心技术，形成了许多世界级品牌。日本企业与欧美企业相比几乎无差距，日本企业生产的产品如机器人、半导体、家电、汽车等甚至超过欧美企业。

日本原有产业体系受到国内老龄化和国外低成本的冲击，在人们眼中"失去的20年"里，日本的创新方向发生了巨大的变化。

首先，在医疗领域，索尼在参股奥林巴斯后，双方联合研发医疗内窥镜，并在该领域占据全球80%~90%的市场份额；日立的核电业务中有一种阳子技术，可精准地控制距离瞄准癌细胞，不会伤害正常的细胞；京都大学的一位教授因对干细胞的研究而获得诺贝尔奖，凭借一个细胞就可复制出健康的心脏、肝脏等器官。

其次，在创能、蓄能领域，风靡一时的特斯拉电动汽车的电池就是由松下提供的，松下还与特斯拉合资在北美建造了一座生产电动汽车电池的超级工厂。松下、三菱电机等还在研发氢燃料电池，今后一旦石油供应不足，日本的创能、蓄能技术将发挥举足轻重的作用。三菱电机发明了可涂抹式电池，将一种新材料涂到墙上，墙就可以发电，涂到汽车上，汽车就可以发电，也许今后人身上穿的衣服也可以发电，多余的电可以并入电网。机器人也是日本着力打造的新兴领域。日本企业已从家电领域转向医疗、能源、机器人等领域，为下一步的盈利打下了基础。

日本仍然有创新力。日本已经完成了资本积累、学术积累和企业经营管理经验的积累。当发现了问题时，日本企业会找全世界的高手来帮忙解决问题；在电子领域，日本企业为"创造未来"而投资。日立、东芝是较早向B2B领域转型的日本电子巨头，它们已向智能电网、电梯等基础设备领域转型，业绩平稳增长。近年来，松下从 B2C 领域向 B2B 领域转型的力度也很大，已经扭亏为盈。松下在汽车电子、住宅等相关业务上成长迅速，家电业务的贡献率只占23%。

如今，日本企业依然在核心零部件、上游化学材料方面保持优势。夏普的液晶面板、松下的锂离子电池、索尼的摄像头……许多明星零配件，隐藏在智能手机、超大屏幕电视、平板电脑、电动汽车等产品里。中国制造商多数采购日本高端零部件，产品线涵盖范围广泛，从显示屏到 Wi-Fi 模块，再到微小的储能电容陶瓷等不一而足。以中兴为例，该品牌部分手机的显示屏购自日本夏普，镜头组件则交由索尼生产。比起苹果或者三星，中国智能手机使用的日本零部件更多。靠核心零部件赚钱"保留火种"后，下一步日本电子业将为"创造未来"而投资。

技术储备已经在推进。松下为了解决环境问题，预计各国在氢气、水、空气三个领域的投资，到2030年将达到100兆日元的规模。目前，松下已展开以下相关课题的研究：第一个是氢能源利用技术，安全且高效的氢气储存、释放器件的开发。如果能够实现以上技术，氢能源将用作汽车燃料，这会有助于加速普及所谓的"终极环保型汽车"。第二个是跟安全饮用水生产相关的技术。现在正在开发将地下水的有害物质用太阳光净化的技术。此项新技术一旦实现，将能够降低安全饮用水的生产成本。第三个是有关柴油机废气净化的技术。柴油汽车的净化触媒需要使用贵金属，而松下开发了不用贵金属的新触媒，新触媒不仅成本低，而且可有效削减PM2.5。

除了向 B2B 领域转型，日本的企业文化正从封闭走向开放、合作——从夏普引入三星、鸿海、高通的战略投资，到松下与特斯拉的合作，再到索尼向苹果 iTune 平台的开放。松下于2015年废除了年功序列制，而夏普也在改革激励机制，激活"百岁"的机体。机器人应用在各个产业都有涉猎，日本的机器人也越来越多地活跃在中国工厂的生产线上。据了解，日本在全球产业机器人市场中的份额已经超过了50%。如今，日本的机器人产业已从工业机器人向服务机器人扩展，以适应老龄化社会的需求。

安川电机是全球四大机器人企业之一，主要提供焊接、点焊、喷涂、组装等各种工业机器人，尤其在汽车、电机和半导体相关行业。安川电机拥有机器人服务器等核心技术，2013 年安川电机累计出货量达 29 万台。除了日本总部，安川电机还在泰国曼谷、中国成都设立了海外中心，提供本土化服务。除了工业机器人，安川电机还在研发用于医疗等领域的服务机器人，并从日本扩展到欧美市场。2021 年，日本 1.26 亿人口中，每 4 人就有 1 人是 65 岁以上的老年人，养老看护需求迅速扩大，在这种严重老龄化的情况下，仅靠人力完成看护工作既不现实，也不经济。

为此，日本打算将机器人技术广泛应用于养老行业，既可以解决市场需求，也有助于家用机器人产业的发展。例如，运用机械外骨骼技术，可以研发出病人或老年人"穿戴"的机械外衣，用以辅助病人或虚弱的老年人行走；运用人工智能和动力设备改造老年人常用的购物小车，可以使购物车自行伴随老年人活动，甚至辅助老年人行走；家中的看护机器人还可以通过视频监控、智能识别和分析系统，判断出老年人是否跌倒摔伤或突发疾病，并且立即通知医护人员。要实现这些功能，不仅需要先进的技术，还需要大量医疗看护经验和数据的积累。这期间研发的技术除了用于家庭，还可用于产业机器人，甚至其他方面。例如，机械组成的"外骨骼"不仅可以帮助虚弱的老年人恢复活动能力，还可以打造"未来战士"，成为使士兵力量倍增的工具。在机器人领域，日本有较好的产业基础，根据日本政府的统计，截至 2011 年，日本的产业机器人在国际市场的份额为 50%~57%（根据不同计算标准有所区别）。目前，家用机器人尚未形成有效的国际市场，但随着技术的进步，机器人总有一天会走入家庭。届时，日本在此领域的先发投入，就有望带来超额回报。

可以从以下方面分析日本的生态体系与经济社会发展：

（1）人口减少与老龄化。根据日本国立社会保障人口问题研究所的推算，日本的家庭数量从 2010 年的约 5 184 万户增加到 2019 年的约 5 307 万户，而到 2035 年将开始减少到约 4 956 万户。但是，户主为 65 岁以上的老年家庭数量将从 2010 年的约 1 620 万户增加到 2035 年的约 2 200 万户，占家庭总数的比例从 30.7% 增长到 37.7%。因为家庭人数的减少和个人能源消耗量的增加，势必会增加环境的负荷①。

---

① 李洪良，姚建惠，宋冀，等. 解读日本生态文化评价体系以及对中国的启示 [J]. 佳木斯职业学院学报，2018（6）：2.

加之，家庭中高龄者体温调节功能会下降，居家时间又长，所以空调电力等与日常生活有关的能源消耗会增加。日本环境省在北九州市所做的家庭垃圾排放量的相关调查显示，伴随家庭人口的减少和家庭数量的增加，家庭的人均垃圾排放量有明显增加的倾向，家庭垃圾的排放总量也不可避免地增加，这些进一步加重了环境的负荷。

（2）城市结构。城市结构与环境问题有着密切的关系，特别是影响交通运输部门的二氧化碳排放量。与集聚型城市相比，扩张型城市的人均二氧化碳排放量较多，这是由于公共交通便利性下降的地区增加，以及居民人均汽车行驶距离的增加，导致了人们对汽车依赖度的提高。另外，因为扩张型城市能够在地价相对便宜的地区进行开发，所以在建筑物中容易确保比较充足的办公面积，进而增加了照明和空调等能源的消耗，这就会影响商业部门的二氧化碳排放量。2013年，日本的业务部门的温室气体排放量比1990年增加了约七成，其主要原因是办公面积的增长。

（3）产业结构。以2004年为高峰，日本的能源消耗量有减少的倾向，但商业部门的能源消耗量却有增加的倾向。2012年，日本商业部门的能源消耗量比1990年增加了41.9%，涨幅远高于工业部门和交通运输部门。因比，商业部门的能源消耗量可以表示为建筑面积能源单耗×建筑面积。从20世纪90年代后期到21世纪初期，日本的能源单耗量急剧恶化，除2007—2009年由于原油价格高涨等原因得以改善外，近年来不断增长。以批发、零售业为中心的商业部门的建筑面积不断扩大，2012年的商业建筑面积比1990年增长了42.9%。这样一来，2005—2013年日本能源单耗量的纯减少就被商业建筑面积的增加量抵消了约八成。同时，随着近年来日本能源单耗量的恶化，商务部门二氧化碳排放量的增加也引起了政府的担忧。

7.1.2.2 日本能源结构与碳排放

19世纪80年代，日本进入工业化初期阶段，主导产业为轻工业，此后工业迅速崛起，其碳排放量也由此开始逐年增加。到第一次世界大战前，日本处于工业化初期阶段，1885—1914年，日本的经济得到了快速发展，国内生产总值年增长率约为 2.7%①，二氧化碳年排放总量也从 1885 年的 335 万吨，增长到了 1914 年的 5 806 万吨，二氧化碳排放量的年增长率约为 10.34%（见表 7-1）。

表 7-1　　　　　　　　　　日本历年的二氧化碳排放量　　　　　　　　　单位：百万吨

年份	碳排放量	年份	碳排放量	年份	碳排放量	年份	碳排放量	年份	碳排放量
1751	0	1880	2.35	1940	153.37	1965	386.84	1995	1 111.9
1775	0	1885	3.35	1944	138.86	1968	562.57	2002	1 157.8
1800	0	1914	58.06	1945	76.70	1973	897.9	2007	1 186.9
1850	0	1918	71.60	1949	98.51	1976	876.5	2012	1 203.3
1867	0	1925	82.08	1955	142.03	1979	917.9	2014	1 185.1
1868	0.01	1930	86.24	1959	192.85	1985	866.2	2016	1 147.1
1870	0.01	1935	106.49	1963	324.52	1990	1 037.1	2019	1 123.1*

注：1751—1973 年的数据来自 Carbon Dioxide Information Analysis Centre （CDIAC），1976—2019 年的数据来自 IEA。

资料来源：BP，2020 年数据.

　　第二次世界大战结束后，日本约 40% 的工厂和基础设施被摧毁，生产水平倒退，碳排放量也降到第一次世界大战前的水平。在战后恢复阶段后，日本政府开始重点发展煤炭、钢铁工业，实施土地改良政策，学习西方的先进技术，并且与美国进行紧密的经济与国防合作，这使得日本工业迅速发展，技术水平显著提高。为了建立廉价石油供给体系，1960 年日本先后制订了贸易汇兑自由化计划大纲和贸易、外汇自由化促进计划；为巩固国际地位，日本于 1964 年在东京举行奥运会，带动了经济增长。1965—1970 年，日本制造业和采矿业以年均 17% 的速度增长，到 1968 年成为世界第三大经济大国。由于零售贸易、金融、房地产、信息技术和其他服务业改善运营，1970—1973 年工业和服务业增长率放缓至约 8%，并趋稳。

_____

① 中国国际经济交流中心课题. 中国 2020 年基本实现工业化：主要标志与战略选择 ［M］. 北京：社会科学文献出版社，2020：20-21.

1955—1973年，日本国内生产总值年均实际增长率高达9.2%，而年均碳排放增长率也高达10.79%，碳排放弹性系数为1.17，高碳排放支持了日本经济的高速发展（如图7-2所示）。

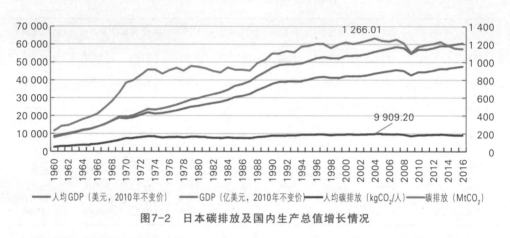

图7-2　日本碳排放及国内生产总值增长情况

资料来源：世界银行 WDI.

从1914年第一次世界大战爆发到1945年第二次世界大战结束，日本经济保持了高速增长，到1928年日本国内生产总值达到165.06亿日元。日本在工业化初期最先发展的是轻工业，但是由于战争的需要日本的军需工业过度膨胀造成日本工业化畸形发展，在这期间日本的碳排放量也随之快速增长，1944年的碳排放量比1930年增长了78%，年均增速为6.0%。由于日本加大了军需物资生产，碳排放量持续上升，1941年增长到第二次世界大战结束前的最大值。1931—1941年，日本碳排放量年均增速达到7.1%。1936年，美国国会通过《中立法案》禁止美国向日本出口产品，使得日本加大国内钢铁生产，这也是日本碳排放量迅速增长的原因之一。

虽然第二次世界大战后日本碳排放量减少到第一次世界大战前的水平，但是随着日本的体制改革与国际形势的变化，1955年日本的经济和碳排放量就超越了第一次世界大战前的水平。1955—1972年，日本进入经济高速增长阶段，这期间日本的年平均实际经济增长率高达9.2%，在经济快速发展的带动下日本的年平均碳排放增长率也高达10.79%。1973年，日本的石油消耗量为3.82亿吨标煤、天然气消耗量为650万吨标煤、煤炭消耗量为8 090万吨标煤，占比分别为81.38%、1.38%和17.23%，石油在日本是绝对的主导能源。

1973年爆发的第一次石油危机，撼动了依赖石油进口的日本经济，钢铁、造船、石油化工等产业竞争力下降，使日本工业产值在第二次世界大战后首次下降。石油危机后，日本很快采取了措施：1973年，日本颁布了《通商白皮书》，提出日本的产业结构要向节省能源资源以及对环境依赖低的知识密集型产业结构转变。为了减少对石油的依赖并寻找替代能源，日本政府于1974年提出新能源技术开发计划，即阳光计划，该计划重点是发展核能。同年，日本颁布了《产业结构长远规划》，提出产业结构要向节能型、低污染型发展，并提出了调整产业结构的四大方针：一是建设福利型、生活保障型产业结构；二是建设资源型、能源高效利用型产业结构；三是发展技术密集型产业，促进产业结构高级化；四是建设适应国际经济变化的国内产业结构和贸易结构。1978年，日本开始实施月光计划，即节能技术开发计划。1979年，日本制定了《节约能源法》，规定使用能源的重要企业必须配备专职能源管理人员，然后每年向相关部门提交能源使用状况报告。石油危机后，日本以美国市场为中心，汽车产量持续增加，快速打开了市场，到20世纪70年代末期日本的汽车产量可以与世界上最大汽车生产国美国媲美，且微电路和半导体技术的进步推动了消费电子和计算机行业的新增长，这些调整提高了制造业的能源效率，扩大了知识密集型产业规模，且日本的工业增加值占比不断下降，相反服务业增加值占比不断上升，日本的经济结构得到改善。在此期间日本的经济增长率为4%，碳排放量也缓慢上升。石油危机后，日本的经济增长有些放缓，1970—1980年日本的经济增长率仅为4%，远低于1960年的9%，但是对一个石油价格昂贵且资源匮乏的国家而言，这样的经济增长速度还是相当不错的。石油危机的发生，使得日本的经济受到影响，但是相对于其他发达国家而言，日本受到的影响相对较小，日本的碳排放量也随之轻微下降，到1973年碳强度已达到峰值。

1980年以来，日本政府实施科学技术立国战略，日本的工业技术达到全球一流水平。1980年，日本的汽车产量高达1 104万辆，出口量为597万辆，日本超越美国成为世界上汽车生产和出口的第一大国。1988年，日本的半导体产量占全球的67%，成为称霸世界的"半导体王国"。20世纪80年代后期，日本增加内需，股票与土地价格持续增长，为此后的泡沫经济埋下了隐患。1960—1990年，虽然日本历经了石油危机，但是这30年来日本的经济仍然在增长，人均国内生产总值从1960年的8 607.66美元增长到1990年的38 074.46美元，人均国内生产总值年增长率为5.08%。在日本经济高速发展的情况下，日本的碳排放量也随之快速增长，碳排放量从1960年的2.33亿吨增长到1990年的10.4亿吨，碳排放量年均增长了5.11%。

1990年，日本的泡沫经济崩溃，资产价格大幅度下降，日本经济受到了泡沫经济后遗症的影响，在这期间政府采取了不少措施，如为了减少对石油的依赖改变日本的能源战略，日本政府于1993年开始实施新阳光计划，并且为了计划的顺利实施，日本政府对该计划进行财政补助。其中，用于新能源技术的开发约362亿日元；日本于1994年和1995年分别提出了科技立国方针和科技创造立国方针，这些方针政策不仅促进了节能减排技术的研发和推广，还促进了日本高科技的发展，为日本在国际市场上占有一席之地打下基础。1998年，日本修改《节约能源法》，规定在保证产品质量的前提下，能耗以每年1%的速度递减。虽然日本政府改革经济的努力没有成效，日本的人均国内生产总值不再高速增长，但是随着日本技术的快速发展，可再生能源得到了大力发展，尤其是核能使用量增加显著，到2000年核能发电量为1.03亿吨标煤，超越了天然气的消耗量（0.93亿吨标煤），与煤炭的消耗量（1.36亿吨标煤）相差不多，再加上石油消耗量有减少的趋势，日本的碳排放总量也不再高速增长，这为以后碳排放总量达峰奠定了基础。

2002年，日本在外需的提振下，经济开始出现好转。但是，2007年次贷危机席卷全球的主要金融市场，日本也未能幸免。在次贷危机的影响下，日本的经济增长放缓，经过前些年的高速发展日本的技术水平达到了一定的高度，经济结构得到了改善，可再生能源也得到了发展，日本已步入后工业化时期，这些为日本2013年碳排放总量达峰奠定了基础。2008年，日本颁布了《循环型社会形成推进基本法案》，为"福田蓝图"中提出的减少二氧化碳排放量的目标提供法律依据。

2011年福岛核电站事故发生后，日本关闭了核电站，导致天然气和燃煤发电量急剧增加。因此，2010—2015年，尽管日本电力消耗减少了10%，但发电所造成的温室气体排放量却增加了16%，导致2016年日本度电碳排放量为544克/千瓦时。虽然日本面临严峻的挑战，但是如果日本可减缓关闭核电站的进程，其影响可能会小得多。众所周知，日本是发达国家中为数不多的一个电力行业的碳强度超过世界平均水平的国家。作为全球范围内大力发展电力行业的工业化国家，日本越来越受到来自环保人士的批判和其他国家的压力。2010—2016年，核电在日本发电结构中的占比从26.1%下降至1.7%，尽管同一时期内可再生能源在发电结构中的占比从2.6%增长至9%，但日本电力行业的碳强度仍在继续波动。不过，在2012—2013年碳排放量达到14.09亿吨峰值后，开始呈下降趋势。根据日本环境部的统计数据，2017—2018年（截至2018年3月），日本二氧化碳排放量由上一财年的13.07亿吨下降至12.94亿吨，连续4年下降，创2009年以来新低。日本计划到2030年将碳排放量较2013年的水平下降26%，降至10.42亿吨。根据最新BP数据，2019年日本的二氧化碳排放量为11.23亿吨，较2018年下降了3.5%。

用了不到百年的时间，日本的国内生产总值就超越了除美国外的其他国家。1968—2009年，日本一直是世界第二大经济体，2010年我国超越日本，到2017年日本的人均国内生产总值是4.86万美元。1990年，日本泡沫经济崩溃，在此期间日本的核能得到了快速发展，石油的消耗量不断减少，碳排放量增速减缓。2011年，日本福岛核电站发生核泄漏，给日本核电蒙上了阴影，减排之路出现巨大障碍。日本核电站几乎全部关闭，为了弥补核能留下的能源短缺，不得不增加石油、天然气的比重，能源大幅度下降，能源结构发生巨大变化（如图7-3和图7-4所示），致使2013年日本碳排放总量达到峰值（依据IEA数据）[①]。

---

① 本研究的数据来源于IEA，与来自其他途径的数据可能会有差异，但峰值年份以及达峰数据相差不大。

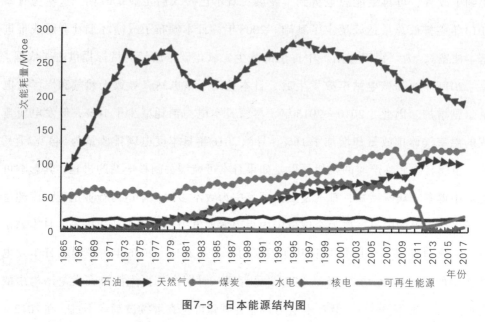

图7-3 日本能源结构图

资料来源：BP，2018年数据.

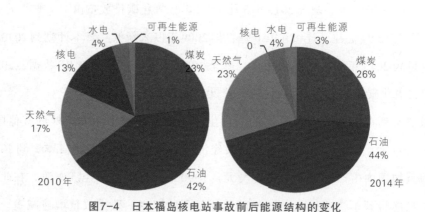

图7-4 日本福岛核电站事故前后能源结构的变化

资料来源：BP，2020年数据.

2016年11月8日，日本众议院正式会议通过了"批准2020年以后的气候变暖对策国际框架"，即《巴黎协定》的议案，使得日本向联合国提出的温室气体减排目标具有了法律意义。日本在碳减排上更加努力，2018年碳排放量比2013年下降了 9.79%，达到 11.50 亿吨。

1971—1983 年，日本碳排放量呈现逐年上升趋势。其中，日本的人口、经济增长、能源结构的变化都对碳排放量增长贡献较高。1984 年后，虽然日本的人口和经济在不断增长，但是碳排放量有所减少[①]。其原因是，在此期间日本兴起的大型废热回收项目，使得原先不能被有效利用的废热得到充分有效的利用，大大提高了能源利用效率。2012—2013 年，日本的能源强度和单位能源碳排放的增加，导致碳排放量再次升高，达到一个新的峰值。日本在可再生能源，尤其是光伏发电上作出了积极努力，太阳能发电由 2000 年的 8 万吨标煤增加到 2018 年的 1 622 万吨标煤，使得可再生能源占能源消费总量的 8%，这在资源不多的日本，实为不易。

7.2 日本低碳发展政策及实施效果

日本率先提出建设低碳社会。发展低碳经济作为促进日本经济发展增长点的构思，其目的就是通过转变经济发展模式，占领未来经济发展的制高点。1998 年，日本政府加大科研投入，致力于低碳技术研发和创新，政府和民众一直努力建设低碳社会。1999 年 4 月，日本颁布实施了《全球气候变暖对策基本方针》，标志着日本应对全球气候变暖问题的对策框架基本形成。2004 年 4 月，日本环境省所属的全球环境基金设立"面向 2050 年的日本低碳社会远景"研究项目组，共同研究日本 2050 年低碳社会发展的远景和路线图。2007 年 2 月，该项目组提交了"2050 年日本低碳社会远景"的可行性研究报告，首次正式确认了日本在满足社会经济发展所需能源的同时，可减排温室气体 70% 的技术可行性。

7.2.1 环境基本公共服务政策

7.2.1.1 公害对策阶段与环境治理阶段（第二次世界大战后 30 余年）

在第二次世界大战结束之前，由于对矿产资源和森林资源的过度开发，日本从

---

① 能源环境与绿色发展智库，优化开发区率先达峰路径选择研究，国家社科重点课题，2019 年。

明治维新开始就爆发了较为严重的"矿害"环境问题，只不过这一类环境问题集中于小部分地区和个别领域，并没有引起足够的重视，加之在第二次世界大战后，日本需要发展经济，以及通过重工业发展重构工业体系的迫切需求，导致工业污染和生活污染相互叠加，使得这一时期成为日本历史上有名的"环境公害期"，各种公害问题集中出现，其中最具有代表性的就是"四大公害病"，即水俣病、痛痛病、新潟水俣病和四日市哮喘病①。

公害问题不仅使当地居民的健康受到了损害，也使日本付出了相当大的经济代价，此时日本才真正认识到环境问题的严重性和紧迫性，大批的环境法规、环境制度、环境机构等就是在这一时期初步建立起来的。1967年，日本出台了《公害对策基本法》，之后又陆续出台了《大气污染防治法》《噪声规制》等。1970年，在"公害国会"上，日本政府通过了与公害对策相关的14项法案，并对基本法进行了修正（主要是删除了"在生活环境的保全方面，必须和经济的健全发展相协调"的所谓"经济协调"条款）。1971年，日本政府设置了专门负责环境问题的机构——环境厅。1973年，日本制定了《公害被害健康补偿法》，基于污染者负担的原则，用加害企业的费用来负担对认定患者进行的经济补偿等，明确了企业的公害责任。这一时期，日本政府在环保政策的制定与实施上态度坚决，重视直接的、行政的管理，主要是对社会经济活动制定直接的限制措施。

由于环境问题的持续性、隐蔽性和深层次性，尽管在出现一系列公害事件后日本政府及时且较为有效地采取了一系列对策，但是实施效果并不明显。特别是20世纪70年代开始的世界能源危机和国内公民对环境权利的要求，使得日本政府开始重新审视既有的环境战略、环境政策和环境保护理念。20世纪70年代是日本政府的环境政策从"防止公害"向"保护环境"转换的时期，日本将解决环境问题的重点放在了规划和政策协调上。

7.2.1.2 全球环境治理阶段（20世纪80年代中期至20世纪90年代中期）

20世纪80年代初期，气候变化、臭氧层破坏等全球性环境问题逐渐引起国际

---

① 卢洪友，祁毓. 日本的环境治理与政府责任问题研究［J］. 现代日本经济，2013（3）.

社会的高度重视。1992年6月，在巴西的里约热内卢召开了联合国环境与发展大会，会议的中心议题是防止全球气候变暖及防止臭氧层被破坏的问题，突出了"地球环境"的观点。由于日本是世界上排放二氧化碳最多、使用氯氟烃最多的国家，日本在外界的压力下，制定了削减使用氯氟烃的法律，因此日本的环境治理开始由国内治理向全球治理转变。日本环境治理的途径主要是通过政府开展的环境外交和民间开展的全球性环境治理合作活动两个渠道进行。

在环境外交中，日本政府于1989年在外务省设立了环境特别小组，专门负责对外开展环境治理合作的政策、措施以及解决跨界国际环境纠纷等问题的研究工作，同时召开了地球环境会议，提出了地球环保技术开发计划，在具体操作中，主要是通过在全球范围内开展ODA（官方开发援助）项目进行对外环境援助。根据OECD的统计数据，在开发援助委员会（DAC）的22个成员中，日本提供的ODA项目仅次于法国，占到了17.8%，主要用于环境政策管理、防洪/排涝、生物圈和生物多样性保护、土地保护、环境教育、环境调查等方面。此外，日本通过加入气候变化框架公约政府间谈判委员会、签署《联合国气候变化框架公约》和《京都议定书》、承诺温室气体减排目标等多种形式，来参与全球环境治理。

7.2.1.3　环境可持续发展阶段（20世纪90年代中后期）

20世纪90年代后，日本面临全球性环境问题的考验，并向着建设可持续化社会迈进。1987年，世界环境与发展委员会（UNEP）在《我们共同的未来》的报告中，第一次提出了可持续发展方针。随后日本环境政策也进入了一个新阶段，主要体现在《环境基本法》《循环型社会基本法》等法律文件之中。其中，《环境基本法》确立了环境资源的享受与继承，构筑了对环境负荷影响少的可持续发展社会，通过国际协调积极推进全球环境保护三项基本理念，进一步明确了国家、企业和公民的职责，为日本创造可持续的环境保护型社会奠定了基础。

2000年，依据《环境基本法》的要旨，日本政府又颁布了《循环型社会基本法》，确立了建设循环型可持续发展社会作为日本经济社会发展的总体目标。《环境基本法》《循环型社会基本法》的制定为21世纪日本环境政策的转变提供了契机。

7.2.1.4 环境战略立国与全民参与阶段（21世纪至今）

虽然日本利用环境合作的国际舞台，显著提升了其国际地位，但是从内生环境质量提升的角度来看，对日本来说寻求经济社会与环境协调发展是最为迫切的任务。因此，制订更高层次和更具内涵价值的行动计划就显得更具现实意义。2007年1月，日本提出了21世纪环境立国战略的构想，并以此来构建世界环境政策框架。为此，环境省在中央环境审议会中设置了21世纪环境立国战略特别委员会，2007年4月5日公布了该构想的主要论点，并向社会广泛征求意见，2007年6月底提交正式的战略方案进行审议。其中，公布的主要战略方案包括：把日本构建可持续社会取得的成果作为日本模式向海外宣传；把日本传统的自然观充分应用到现代社会中，推进美丽的国土建设；同步实现环境保护、经济成长和地区振兴；不仅为日本，还要为亚洲和世界的可持续发展作出贡献。同时，日本政府提出将在以下方面着手实施重点政策：气候变化问题；生物多样性保护；适当的资源循环；环境和能源技术与经济成长；国际贡献；地区建设；人才培养；环境保护对策。

环境保护不仅是政府的职责所在，也是全体国民共享的权利和共担的义务，日本政府将通过各种措施激励全民参与环境保护。日本环境省的最新统计资料显示，2007年日本国内各类非政府环保组织总数达到了4 532个，主要分布于基层村与县以下的小城市，覆盖了环境保护的各个领域。自筹经费、自主活动、积极参与日本各级政府环境治理相关立法、审议程序，成为各类社会主体参政、议政的重要内容。

一方面，环境政策工具的种类从单一简单走向复合多样。第二次世界大战后，日本逐步从以单一的命令控制型工具为主导的环境政策转变为命令控制工具、经济激励工具和社会管理工具相结合的环境体系。目前，日本的环境政策工具变得愈加丰富，如污染申报登记制度、环境影响评价制度、污染赔偿制度、环境税补贴制度、循环经济制度、绿色采购制度、ISO体系认证制度等多种形式。

另一方面，环境政策工具越来越重视经济激励手段和社会管理手段的使用。理论研究和实践经验都表明，无论从效率的角度还是从公平的角度来看，传统命令式的环境政策工具所发挥的作用都不及经济激励手段和社会管理手段。传统命令式的环境政策工具侧重于末端处理，环境治理的效果差，而经济激励手段和社会管理手段则侧重于环境预防和全过程的控制，而且对环境治理和参与主体的激励与约束最为明显。

从日本环境基本计划理念的演变就可以看出这一趋势，第一个环境基本计划（1994年）所倡导的是"循环、共生、参与、国际相关事务"的理念，第二个环境基本计划（2000年）提出了"污染者负担、环保效率性、预防性方针、环境风险"的环境理念，第三个环境基本计划（2006年）的主题是"环境、经济和社会的综合提升"。在第三个环境基本计划中，日本明确了今后环境政策落实的方向：一是环境、经济和社会的全面提升；二是加强技术研发，采取必要措施应对不确定性；三是国家、地方政府和公民的新作用，推进各主体的参与和协作；四是推进环保人才的培养和环保地区的建设。

7.2.2 应对气候变化的战略与政策

日本从战略高度重视应对气候变化：日本应对气候变化的战略是建立在环境和经济统一、协调发展的基础之上的，列为环境战略之首。日本政府为保护全球气候，承诺提供多达100亿美元的经费，是美国提供经费的10倍，企图在国际应对气候变化问题上起主导作用，在世界上树立环境大国的形象。

组织健全、法律先行：日本政府十分重视应对气候变化问题，早在1997年就成立了以内阁总理大臣为首的全球气候变暖对策部；日本气象厅设立了气候课、气候变化对策室、气候变暖情报中心和气候研究部等应对气候变化的机构[①]。

1998年4月28日，日本颁布了《全球气候变暖对策推进法》，指出制定本法的目的是促进应对全球气候变暖，明确中央政府、地方政府、企业和公民应对气候变

---

① 张庆阳. 日本如何应对气候变化 [N]. 气象知识，2010-07-18（3）.

暖的责任，确立应对气候变暖的基本政策，从而为确保当代人和后代人享有健康和文明的生活作出贡献。1998年6月，日本政府还制定了面向2010年的全球变暖对策推进大纲，提出了一系列应对全球气候变暖的政策、措施。日本政府每年对此大纲的政策、措施进行定期检查，依法进行监督落实，使应对气候变化有法可依。

实施环境立国战略：为了应对气候变化等环境问题，2007年6月，日本政府制定了《21世纪环境立国战略》。该战略指出，为了克服全球气候变暖等环境危机，实现可持续发展的目标，需要综合推进"低碳社会"、"循环型社会"和"与自然和谐共生的社会"的建设。该战略还提出要变革现有的社会经济结构、生活方式和价值观。谋求日本从大量生产、大量消费、大量废弃的社会向可持续、节能、注重质量的社会转变，努力把日本建成环境和经济协调、可持续发展的环保国家。

创建低碳社会：因受地理环境等自然条件的制约，气候变化对日本的影响远大于其他发达国家。面对气候变化可能给日本农业、渔业、环境和公民健康带来的不良影响，日本政府提倡创建低碳社会、发展低碳经济。这不仅是应对气候变化的重要选择，也是人类社会继原始文明、农业文明、工业文明之后走向生态文明的重要途径。

2008年6月，日本政府提出新的防止全球气候变暖的对策，这是日本低碳经济战略形成的标志，它包括应对低碳发展的技术创新、制度变革及生活方式的转变，提出了日本温室气体减排的长期目标，即到2050年温室气体排放量比目前减少60%~80%。2008年，日本政府还制订了低碳社会行动计划，将低碳社会作为未来的发展方向和政府的长远目标，到2030年将太阳能发电量提高到目前的40倍；风力、太阳能、水力、生物质能和地热等的发电量将占日本总用电量的20%。

"官民携手"应对气候变化：应对气候变化体制是由日本政府主导全民参与的举国体制。日本政府要求应对气候变化首先从政府做起，呼吁全社会参与。中央政府、地方政府、企业、公民都要积极参与应对气候变化的全过程。

大力宣传、普及保护气候意识：通过各种媒体、利用各种教育手段，大力宣传、普及保护气候意识，倡导社会各界积极参与应对气候变化。

加强应对气候变化问题的国际合作：日本政府认为气候变化无国界，无论其成因还是影响、对策都是世界规模的，应对气候变化的国际合作必不可少。日本政府积极加强应对气候变化问题的国际合作，积极参与和气候变化有关的条约，如《联合国气候变化框架条约》《京都议定书》等，并较快地批准了《京都议定书》。日本政府调动所有政策手段，努力实现《京都议定书》中的承诺。

7.2.3 减缓气候变化措施

日本减缓气候变化的措施首先从能源供需方面着手。

节约能源：日本政府对使用节能设备的单位进行税收优惠，对耗能过大的单位，进行限期整改、罚款、停产整顿等处理。日本提倡节能建筑，普及节能汽车等。

提倡使用清洁能源和再生能源：为了减少化石能源产生的温室气体、促进可再生能源的利用，日本颁布了《关于促进新能源利用的特别措施法》《新能源利用的特别措施法实施令》等法规。日本提倡使用太阳能、核能发电，通过城市集中供暖等途径，提高城市能源利用率，减少温室气体排放。

限制温室气体排放：尽量减少废弃物的产生，限制废弃物的燃烧量，提倡重复使用、再生利用，有效利用可再生的木材和木屑；为限制甲烷排放，减少垃圾的直接填埋，改善牧场管理；为限制氧化亚氮的排放，在工业生产过程中采取限排措施，努力提高废弃物燃烧设施的燃烧温度等。引进《京都议定书》中建议的减排温室气体灵活机制，如日本与哈萨克斯坦签订了碳排放贸易协定。

加强减缓气候变化的新技术研究：重点研究温室气体储存、固定等新技术。

加强绿化，减缓气候变化：日本政府重视森林吸收二氧化碳的作用，大力提倡植林造林，提倡在城市的楼顶上种草、种花。

征收碳税，控制温室气体排放：通过征收碳税（煤炭、汽油、天然气等燃料税的总称）间接控制一氧化碳的排放。

加强气候变化的观测、预测业务：为减缓气候变化，加强大气中温室气体的浓度变化观测业务，研究气候变化观测、预测的新方法，提高气候变化预测的准确率。

倡导有利于减缓气候变化的消费方式和生活方式：日本政府提倡"夏时制"，提倡夏季将空调温度由 26℃ 调到 28℃，调高 2℃ 便可减排温室气体 17%，提倡上班骑自行车、乘坐公共交通工具，少开私家车，提倡国民购买低碳环保商品等。

7.2.4 适应气候变化措施

适应气候变化重在预防：日本是一个充满危机意识的国家，适应气候变化重在预防。为了防范极端气候事件，日本政府从中央到地方建立了危机管理体制和防灾体系，成立了以首相为主任的防灾委员会，指导日本全国的防灾、减灾工作。日本政府用于防灾、减灾的预算约占国民收入的 5%。

加强适应气候变化的基础工作：为实时掌握大气中温室气体浓度的变化，气象厅等部门利用气象卫星、气候观测、高空气象观测、气象火箭观测等手段，加强气候变化的观测，为适应气候变化提供观测资料。日本计划利用人造卫星观测温室效应，力争在未来 15 年，以月为单位精确计算出全球二氧化碳的浓度分布。日本还实施了金星探测计划，其目的是研究金星大气的变化规则，进一步揭示地球气候变化的规律。

加强适应气候变化的研究工作：重点研究气候变化的规律、高分辨率的气候模式，研发用于气候观测的新仪器，如研发了可同时自动测定二氧化碳、甲烷、一氧化碳的仪器，评估气候变化对日本生态系统、农业、林业、水资源、身体健康、社会和经济的影响，评估灾区适应性及其受灾程度等。

加强适应气候变化的调整工作：为了适应气候变化给日本各方面带来的负面影响，进行适应性调整，重点调整农业产业结构、水资源的管理和利用、基础设施，提高应变能力和抗灾、减灾能力。

加强适应气候变化的技术研究：加强研究防洪减灾、水资源利用和水资源管理技术，加强研究保护植被、生物多样性等适应性保护技术等，加强研究海平面升高的应对措施，如加高、加固海堤，增建护岸设施及加强潮位观测等。2004年，日本气象厅正式开始监测海平面升高情况。

7.2.5 日本低碳发展政策的效果及启示

纵观日本环境治理的效应和管理体制的设计，我们将日本的环境管理体制归结为"国家协调、地方为主、社会参与、市场激励"，这种制度安排是由众多分项制度安排有机组合而成的，相互促进，相得益彰。结合中国环境治理的现状和现有环境体制及所处的阶段性特点，从以下方面提出了相关启示①。

第一，环境保护是政府的责任和公民的权利。

从日本环境治理的历程来看，始终坚持把环境保护作为政府责任，并将其作为公民的基本权利予以法律保障。从坚持"产业优先"到"环境保护与经济发展同等重要"再到"环境保护先行"，这一执政理念的变化体现了日本政府逐渐认识到环境保护的重要性，并将环境保护放在比经济发展更为重要的位置。实际上，日本环境保护先行理念的施行并没有阻碍经济社会的发展，而且从长远的角度来看，有利于经济社会的可持续发展和社会公众生活质量及幸福感的提升。对此，结合中国的实际，应在顶层设计上进一步明确环境保护的重要地位，并将其切实转化为实际的治理行动，顶层设计应该在地方政府的政绩考核中赋予环境保护与经济增长同等比例的权重。同时，在公民权利的建设过程中，应该给予环境保护足够的重视。从长远来看，环境治理理念是一个渐进的过程，既需要合理的制度安排为其提供足够的激励和约束，又需要全体社会成员和组织积极参与。

第二，加大政府投入是环境治理的重要举措。

日本环境问题得到较好解决的一个重要原因就是有比较稳定的政府投入机制予以保障，这种保障机制使得日本的环境治理不会因为短时期的财政投入波动而受到冲击。无论中央政府还是地方政府，都将环境保护支出作为财政支出的一个关键领域，并通过财政资金引导其他社会资金投入环境治理过程中，从而形成了以财政投

---

① 卢洪友，祁毓. 日本的环境治理与政府责任问题研究［J］. 现代日本经济，2013（3）.

入为基础，社会资金为支撑，中央和地方互为补充的环境保护投入格局。着眼于经济社会环境可持续发展的战略，加大对环境保护的财政投入显得迫在眉睫。加大投入的关键在于中央和地方建立环保支出稳定增长机制，构建中央和地方环境支出的激励兼容机制。中央和地方环境保护支出增长率应高于当年本级财政支出增长率、财政环保支出应占国内生产总值或财政总支出的一定比例的制度安排需要中央和地方政府一起研究制定。

第三，因地制宜地合理划分环境保护责任是环境治理的制度保障。

日本政府在环境保护治理的过程中，尤为重视环境保护责任的划分。在横向上，明确政府与市场、政府与社会、环境保护省与其他省厅之间的事务划分；在纵向上，结合日本政治经济制度的特性，中央与地方政府之间的环境保护责任划分也较为合理，这种财力、财权与事权相匹配的环境管理责任划分支撑着日本整个环境管理体制的有效运行。目前，中国在不同组织机构、不同部门和不同政府级次之间也存在环境管理责任的划分，但是从高效可持续运转的角度来看，还需要结合中国特有的制度背景做进一步的划分。尤其是目前在环境保护领域，政府还存在一定程度的缺位，地方政府尤其是基层政府普遍面临环境事务负担重、环境人员编制严重不足、环境监管设备匮乏的事权与财力严重不对称的局面。进一步制定细化的横向与纵向相结合的环境保护责任划分机制显得至关重要。

第四，重视经济激励政策和社会创新政策在环境治理中的作用。

与传统的行政命令式环境管制手段相比，经济激励政策和社会创新政策对经济社会的反作用最小，而且治理效果更为明显。借鉴日本在这方面的治理经验，除了政府直接干预外，还应该充分利用市场机制，促进环境保护，推动碳排放交易市场、可再生能源市场、排污权交易市场的发展，鼓励各类企业实施节能、减排以实现循环经济，并给予必要的补贴和税收优惠。同时，注重环境保护领域的基础研究和开发工作，鼓励环境技术创新和专利研发。发挥政府的引导作用，积极引进环境治理成效显著的国家的环保节能技术和经验。

第五，社会参与环境治理的机制建设显得尤为重要。

社会参与机制建设是保障日本环境保护成效的不可或缺的重要组成部分。日本政府从国民教育、非政府组织发展、企业环境经营多维度构建社会参与环境治理的激励制度。总结日本环境治理社会参与机制的经验，中国可以在以下方面做进一步安排：一是将环境保护课程贯穿到整套国民教育体系中，针对不同阶段国民教育的特点，制订更具针对性和适用性的课程计划、课程大纲，形成国民环境保护教育的全覆盖和国民环境保护终身教育的格局；二是鼓励环保非政府组织的发展，通过多种途径为这些组织提供参与环境治理的机会，发挥其独特作用；三是提高企业的社会责任意识，鼓励企业除了履行必要的节能减排义务外，以发布企业环境责任报告、绿色采购等途径自觉参与环境保护活动；四是建立环境利益诉求和反馈机制，突发性事故和群体性事件往往是利益和资源的分配不当造成的，解决这一问题的关键是建立健全畅通的环境利益诉求机制与及时反馈机制，保障社会公众正当的环境权益，探索建立环境风险救助赔偿机制，健全生态环境保护责任追究制度和环境损害赔偿制度。

7.3 日本经济发展受国内外气候变化政策影响

7.3.1 日本温室气体排放减排目标

国际性的防止全球气候变暖的动向始于20世纪80年代，尤其是1988年联合国政府间气候变化专门委员会的设立，首次正式确立了政府间研讨的场所和渠道。1990年12月，联合国开始探讨气候变化框架条约的有关事宜。1992年5月，在联合国环境开发会议上有155个国家加盟，1997年5月，加盟的国家达到了167个。此后，各国对全球气候变暖问题的关注日益提高。1997年，在京都召开了《联合国气候变化框架公约》第三次缔约方会议，在会上通过了著名的《京都议定书》。在议定书中规定了发达国家温室气体排放量的削减目标，提出了以1990年的排放量为基准，2008—2012年发达国家或经济体温室气体排放量的削减目标，分别是日本 6%、美国 7%、欧盟 8%。同时，为了达成目标，引进了一些新的机制。2015 年 12 月 13 日，在法国巴黎召开了《联合国气候变化框架公约》第二十一次缔约方会议，及《京都议定书》第十一次缔约方会议，并一致通过了全球气候变化新协议《巴黎协定》，标志着各成员应对气候变化的全球性承诺，也发出了需要迅速向低碳和气候适应型经济转型的强有力的信号。

日本内阁下设的全球气候变暖对策推进本部发布了日本 2020—2030 年的温室气体排放目标文件——《日本的承诺（草案）》，确定了日本 2030 年温室气体排放量比 2013 年削减 26% 的新目标，并将草案提交给了联合国气候变化框架公约秘书处。日本政府计划通过推进节能、植树造林等措施来实现减排目标。但是，作为重要措施之一的增加核能发电以削减火力发电的部分，因为日本民众受福岛核电站事故影响对核能仍心存恐惧，所以未来能否按计划推进核电站重启仍存在不确定因素。

在政策层面，2008 年日本政府制订了实现低碳社会行动计划，用于实现可能的温室气体减排目标。2009 年在哥本哈根气候大会上，日本政府承诺以 1990 年的排放水平为基础，到 2020 年减排 25%，到 2030 年减排 30%。2010 年，日本中央环境理事会确定以 1990 年的排放水平为基础，到 2050 年减排 80%[①]。

但在 2013 年召开的华沙气候大会上，日本政府更改了早先承诺的 2020 年减排目标，将其修改为以 2005 年的排放水平为基础减排 3.8%，这相当于变相在 1990 年的排放水平基础上增排了 3.1%。日本政府的态度遭到国际社会和环保组织的一片嘘声，而日本则辩解在福岛核电站事故后政府必须重新审视能源政策，重新加大化石能源的投入量。这一缩水版的新减排目标将主要依靠以森林保护为主的国内减排项目和联合信用机制来实现。

在采用市场手段应对气候变化的过程中，日本也是尝试碳排放交易制度较早的国家之一。从 2002 年至今，日本官方与民间层面建立了多个相互独立的国家级和地区级碳排放交易与碳信用抵消机制。根据对主管机构的区分，日本经历的国内碳排放交易制度可分为多个系统，包括日本环境省实施的 JVETS 机制和 JVER 机制，

---

① 潘晓滨. 日本碳排放交易制度实践综述 [J]. 资源节约与环保，2017（9）.

由日本政府主导的 JEIETS 机制、日本减排信用机制和基于国际层面的 JCM 机制。此外，由东京都、埼玉县碳排放交易制度以及京都市碳减排制度构成了日本地方碳排放交易体系。目前，日本在全国范围内实施了碳税措施，但国家级碳排放交易制度仍在讨论中。

日本是一个资源匮乏的岛国，石油、天然气大量依赖进口，为满足能源需求，核电一度成为日本的选择。然而，2011 年的福岛核电站事故使得日本政府不得不因安全因素缩减核电项目和发电规模。2007 年，日本的二氧化碳排放量达到了历史峰值 12.18 亿吨。虽然在 2009 年二氧化碳排放量减少到 10.75 亿吨，但之后二氧化碳排放量再次增加，最终刷新了最高纪录。日本二氧化碳排放量增加的原因主要有：一是经济恢复使得日本经济活动活跃；二是化石燃料消耗增加。东京电力福岛核电站事故发生后，日本所有的核电站全部停运，因此代替核发电的煤炭和天然气的使用量就明显增加，这必然导致二氧化碳排放量的增加。《京都议定书》于 2005 年 2 月 16 日正式生效，这是历史上首次以国际性法规的形式来限制温室气体排放。然而，部分国家未履行其义务，2013 年以后，日本以福岛核电站事故为由，也开始拒绝履行减排任务。

在应对全球气候变暖问题上，日本曾经扮演过积极的角色。作为全球应对气候变化的三个具有法律约束力文件之一的《京都议定书》，是 1997 年在日本京都气候大会上通过的。《京都议定书》为发达国家设定了强制的减排目标，在全球气候治理史上具有里程碑的意义。近年来，应对气候变化日益成为国际社会的共识，日本却背道而驰。2013 年在华沙气候大会上，日本宣布将减排目标（2020 年相较于 1990 年）由降低 25% 逆转为增加 3.1%，遭到各方强烈反对。在全球推广可再生能源之际，日本为填补核泄漏事故后的能源空缺，将重点转向煤炭，计划新建超过 40 座火力发电厂，这也引致国际社会的普遍批评。统计数据显示，日本温室气体排放量占全球总排放量的 4% 左右，日本政府设定的减排目标是到 2030 年温室气体排放量比 2013 年减少 26%。然而，在福岛核电站事故发生后，日本所有的核电站被迫停运检修，国内对核能的依存度下降，对化石能源的需求上升，日本的减排力度也因此遭受国内外质疑。另外，可再生能源在世界范围内日益受到重视，而日本在填补核泄漏事故后的能源空缺时，却将重点转向煤炭，计划新建超过40座火力发电厂，如果这些火力发电厂都运转，日本的二氧化碳排放量将比现在增加2%~3%。欧美一些地区已经建立了碳排放交易制度，刺激技术革新，而日本一些经济团体却反对引入相关制度，并影响政府决策。

相比1997年签署的《京都议定书》，在《巴黎协定》签署的过程中，日本并未发挥主导作用。自1997年《京都议定书》通过以来，日本在应对全球气候变化方面一直发挥着积极的主导作用。然而，在《巴黎协定》签署的过程中，日本似乎开始变得被动。其原因要追溯到2011年的东日本大地震，此次地震导致日本福岛第一核电站核泄漏事故，可以说从根本上改变了日本的能源结构。东日本大地震前，核能在日本的能源结构中占据相当大的比重。不产生温室气体的核电成为日本应对气候变化的制胜法宝。然而，东日本大地震引发的日本福岛第一核电站核泄漏事故，让日本人认识到了核辐射的破坏力，不少日本民众纷纷站出来抵制使用核电，日本国内各种反对的示威游行此起彼伏。面对民众的压力，日本政府不得不关停核电站，实行火力发电，这就导致日本的温室气体排放量激增，使得日本在应对气候变化方面开始变得被动。然而，《巴黎协定》的内容已经得到国际社会普遍认可，如果日本不积极参与，那么很可能影响它在国际社会上的声誉和地位。

7.3.2 核电和电力行业减排困难

全球气候变暖对策推进本部制定的《日本的承诺（草案）》中明确规定了实现温室气体减排26%的路径，其中提到增加核能发电和可再生能源的利用，并降低火力发电的电力供应占总目标的21.9%，减少氟利昂的使用，增加森林面积以提高对二氧化碳气体的吸收。

对于日本政府设定的到2030年温室气体排放量削减26%的新目标，日本国内部分环保人士认为目标设定过低，特别是考虑日本在2011年宣布退出《京都议定书》第二承诺期后，没有严格执行2013—2020年的温室气体减排方案，因此到

2030年日本温室气体减排的总体目标实际仅比《京都议定书》减排基准年的1990年减少了18%。与此相比，欧盟提出了到2030年温室气体排放量比1990年削减40%的目标，中国也提出了到2030年单位国内生产总值二氧化碳排放量比2005年减少60%~65%的目标。

在经过权衡调整后，日本最终确定26%的减排目标，这实际上远远低于中国、美国、欧盟等主要经济体。据计算，在日本退出《京都议定书》第二承诺期后，日本因放宽了对温室气体排放量的限制，2013年全国温室气体排放量比1990年增加了约11%。同时，日本经营部门和一般家庭的温室气体排放量则分别增加了2倍和1.5倍。在本次制定的新减排目标中，日本政府要求经营部门和一般家庭通过采取节能技术以减少温室气体排放量，但即便如此，设定的目标中经营部门到2030年的温室气体排放量仍高于1990年，而一般家庭仅比1990年的排放水平略低。

2014年4月，日本制订了新的能源基本规划，其中明确提出要通过使用节能技术、可再生能源和提高火电能效等方式，尽可能地降低核能在能源结构中所占的比重。2014年4月16日，日本经济产业省确定的《2030年电力构成方案》却对上述能源基本规划中关于核能源的原则作出了明显调整，计划到2030年把核能电力供应总量的比例调整到20%~22%。对此日本经济产业省给出的理由是核电作为一种价格低廉、稳定供应的电力能源，对日本这样一个煤炭、石油、天然气等能源极度匮乏的国家而言，具有不可替代的地位。这在一定程度上反映了日本在能源供给和节能减排上面临的选择困境。日本经济产业省在《2030年电力构成方案》的基础上，由10家大型电力公司组成的日本电气事业联合会和23家特定规模电力公司共同公布了自行制定的温室气体减排目标，计划到2030年把每千瓦时电力销量的相应排放量较2013年削减约35%。但是，对于新制定的减排目标，考虑到特定规模电力公司普遍对火力发电的依赖度较高，因此没有具体规定各个公司的减排目标。因为日本制定的新减排目标在一定程度上是建立在重启核电站的基础上的，所以未来日本能否按计划重启核电站，以及能否将核能发电占电力供应总量的比例提高到20%~22%，对新减排目标的实现与否具有非常重要的意义。

2011年东日本大地震后,日本采取了"零核电"的方针,暂时关闭了所有核电站。日本政府在《2030年电力构成方案》中将核能的比例调整到20%~22%。据统计,日本现有的48座核电机组中有30座到2030年将因超过核电机组使用寿命(不能超过40年)而停止使用,届时核电比例只能达到15%左右,为此日本必须建设新的核电机组或对核电机组40年使用寿命的限制作出修改。福岛地区重建过程中最为紧要的一个问题是处理当地受核辐射污染的土壤和废弃物,其中污染土壤的处理办法是将其运输到其他地区进行填埋。目前,日本政府已经开始尝试对双叶郡和田村市等9个市町村的核污染土壤通过向储存基地输送进行封存,但每个市町村每年只能向外运出约1 000立方米土壤,且作业难度大、时间成本高。此外,有关东日本大地震后关闭的核电站的重启,因为日本政府规定只有通过了原子力规制委员会极为严格的安全审核,并得到核电站所在地政府的同意后才能重启,所以重启工作进展缓慢。

根据BP的数据,日本核能发电量从2012年的18.0亿千瓦时上升至2019年65.6亿千瓦时,比2018年的49.1亿千瓦时增加33.7%,核能发电量占总发电量的比重为2.3%。

7.3.3 日本钢铁业应对全球变暖对策

日本钢铁业早在1996年就制订了自主行动计划,在《京都议定书》生效前,没有依靠法规,自主推进全球气候变暖对策的实施。此后,在2005年日本内阁审议通过的《京都议定书》中,日本钢铁业的自主行动计划在产业界减排对策中占有核心位置。该计划确定了在粗钢产量为1亿吨的前提下,2008—2012年钢铁生产的能源消费量比1990年下降10%的挑战性目标。虽然计划期间粗钢产量超过了1亿吨,但是由于大型废热回收设备100%完成、小型节能对策的实施以及钢铁厂所有生产线改造的完成,使计划期间钢铁生产的能源消费量比1990年下降了10.7%,完成了计划目标。为了在自主行动计划完成后,日本继续实施全球气候变暖对策,日本铁钢联盟继续制定了新的节能减排措施。例如,2009年制订的低碳社会实施计划（第Ⅰ期，目标年度2020年），2014年制订的低碳社会实施计划（第Ⅱ期，目标年度2030年）。日本内阁会议通过的全球气候变暖对策的减排目标是，到2030年温室气体排放量比2013年下降26%[①]。

日本钢铁业的低碳社会实施计划，在全球气候变暖对策中起着核心作用。2014年11月，日本铁钢联盟公布了日本钢铁业2020—2030年的二氧化碳减排计划。根据该计划，到2030年二氧化碳排放量比2005年减少900万吨。为实现这一目标，日本钢铁业将采取以下措施：一是采取在煤炭中掺入30%矿粉的铁焦或将从焦炉煤气中提纯的氢气喷入高炉作为还原剂，上述措施可在计划期内减排二氧化碳260万吨；二是通过采取高产无污染大型焦炉炼焦技术，到2030年减排二氧化碳130万吨；三是通过低温余热回收利用技术高效发电，到2030年减排二氧化碳160万吨；四是通过设备更新改造，到2030年减排二氧化碳150万吨。

7.3.3.1　3 ECO理念

日本钢铁业低碳社会实施计划的基本理念是"3 ECO"（即Eco-process、Eco-solution、Eco-product）。为了建立循环型社会，减缓全球气候变暖，通过采用生态友好的钢铁生产过程，有利于节能减排，生产出环境友好的钢铁产品。"3 ECO"是降低钢铁生产过程中二氧化碳排放的"环保型生产工艺（Eco-process）"、节能技术向海外转让推广，促进全球范围的二氧化碳减排的"环保技术服务（Eco-solution）"、提供高性能钢材，在钢材使用阶段实现节能的"环保型产品（Eco-product）"。此外，可利用"创新型技术开发"从根本上实现碳减排目标。日本钢铁业以"3 ECO"与创新技术开发为前提，开展全球气候变暖对策的实施工作。

（1）环保型生产工艺。

环保型生产工艺的目标是，2020年最大限度地采用最先进技术使二氧化碳排放量比根据粗钢产量为1.2亿吨±1 000万吨规模预计的二氧化碳排放量减少500万吨。该目标是与未实施特别节能减排措施的2005年二氧化碳排放量相比，通过节

①　王志. 日本钢铁业怎么应对气候变暖？[N]. 中国冶金报，2019-11-15.

能减排措施的实施使二氧化碳排放量减少500万吨。其特点是将二氧化碳排放量本身作为环保型生产工艺的目标。

①研发新一代环保型工艺。

目前，日本钢铁生产的用能效率已经达到世界先进水平，进一步减排二氧化碳的空间已经接近极限。即便如此，日本钢铁业引入了新一代焦炭制造技术。此外，在钢铁业设备更新方面，日本推进采用了最高能效的设备。用这些方法为进一步减排二氧化碳作出努力。"500万吨二氧化碳减排目标"是目前预测的可达到的最大二氧化碳减排量，是极具挑战性的目标。以2030年为目标年的低碳社会实施计划（第Ⅱ期）的减排目标是：二氧化碳排放量比根据粗钢产量为1.2亿吨±1 000万吨规模预计的二氧化碳排放量减少900万吨。这是一个更加宏大的减排目标。在低碳社会实施计划（第Ⅰ期、第Ⅱ期）中，都有扩大利用废塑料以减排二氧化碳的措施。但是，如果政府负责建立的废塑料收集系统未能形成，扩大利用废塑料项目将不能实现，因此有待于政府的政策支持。

②通过国际标准ISO50001认证。

日本铁钢联盟的自主行动计划和低碳社会实施计划于2014年2月通过了ISO50001的认证。ISO50001是关于能源管理体系的国际标准。该标准规定了企业用能的方针、目的、目标，并对包括管理体制构建在内的、为实现目标开展活动的系统管理的要求事项做了规定。一般情况是单个企业通过ISO50001认证，而日本铁钢联盟以业界团体的形式通过认证，是世界上第一个先例。如前所述，日本铁钢联盟自主行动计划目标的实现，说明了自主减排措施的实效性。日本铁钢联盟通过了ISO50001认证，表明其"PDCA（分别是Plan、Do、Check、Action，即计划、执行、检查、处理）"的工作模式符合国际标准的要求事项，证明了该工作模式具有实效性和可靠性的特征。

（2）环保技术服务。

环保技术服务是通过将日本开发并实用化的节能技术向海外转让和推广，为全球二氧化碳减排作出贡献。此前，日本推广的CDQ（干熄焦）、TRT（高炉炉顶煤气余压发电）等主要节能技术，到2014年已经达到减排二氧化碳5 340万吨，到2020年可使全球二氧化碳减排量达到7 000万吨/年，到2030年可使全球二氧化碳减排量达到8 000万吨/年。为了有效应对全球气候变暖，实施全球范围的节能减排措施是不可或缺的。日本铁钢联盟为今后进一步转让和推广节能减排技术，将努力构建国际性的协作体制。例如，日本与中国于2005年启动了中日钢铁业环保节能先进技术交流会，到2016年已经举行了8次会议。在这10年间中国钢铁业的节能减排措施有了很大进步。在技术交流会上，既有意见交换，也有具体详细的咨询。作为产量占世界一半的钢铁生产大国，中国采用先进的节能减排技术，对抑制全球气候变暖具有极为重要的作用。

2011年，日本铁钢联盟开始了与印度的节能减排技术交流，2014年日本开始了与东盟五国间的技术交流。上述技术交流促进了官民联合模式的各种活动。与节能对策取得进展的中国不同，印度和东盟五国的节能设备普及率不高。在这种情况下，日本铁钢联盟采用ISO14404的钢铁厂能耗简易计算方法，并在此基础上，分别编制了符合印度、东盟五国实际情况的、具体的、定制化的节能环境对策技术，提供给印度和东盟五国，在促进各国间环境节能对策实施的同时，日本节能技术的使用方也从中获益良多。

2016年6月举行的第六届日印钢铁官民协作会上遴选出了5项被推进的技术。经两国确认，预计这些节能技术的引进实施，将实现到2025年减排二氧化碳3 200万吨。2016年生效的《巴黎协定》消除了《京都议定书》中发达国家与发展中国家的对立局面，建立了所有主要排放国的自定目标，并为目标实现而设计了新型结构，以推进全球气候变暖对策的实施。在这种形势下，以日本铁钢联盟推进的节能减排技术为核心的国际交流，促进了发展中国家的节能减排，从而提高了相应对策的实效性。

（3）环保型产品。

钢铁材料是发展产业的基础。钢铁材料被用于各种用途，尤其是制品制造。高性能钢材具有高强度和优良的耐热性，在钢材使用阶段，可提高用能效率和降低二氧化碳排放量，因此是环保型钢铁产品。

日本能源经济研究所以汽车用的钢板、船舶用的钢板、发电锅炉用的钢管、变压器用的电工钢板和电车（电气化列车）用的不锈钢钢板5种具有代表性的钢材为对象，对高性能钢材替代普通钢材所产生的碳减排效果进行了测算。测算结果显示，在2015年这5种高性能钢材的产量为724万吨，其中国内使用量为369.6万吨，所产生的二氧化碳减排量为985万吨，出口量为354.4万吨，所产生的二氧化碳减排量为1766万吨，二者合计二氧化碳减排量为2751万吨。据测算，到2030年这5种高性能钢材所产生的二氧化碳减排量将达到4200万吨。目前，对高性能钢材减排效果定量化测算的只有这5个钢材品种，但除了这5种钢材外，具有二氧化碳减排效果的高性能钢材还有许多。例如，为实现低碳社会，混合动力汽车和电气列车所使用的电工钢板，就是一种具有二氧化碳减排效果的高性能钢材。此外，充氢站等公共设施也是实现氢能社会不可缺少的装置。由于氢分子很小，容易渗入金属内部，使钢材产生裂纹，因此需要使用抗高压氢不锈钢钢管。目前，这些先进的高性能钢材在世界范围内的供应还十分有限。日本钢铁业力图抓住这一需求，在为全球气候变暖对策的实施作出贡献的同时，促进日本的经济增长。环保型钢铁产品是具有促进经济发展和改善环境双重作用的钢材。

7.3.3.2　创新型技术研发——COURSE50

关于创新型技术研发，首先是削减二氧化碳排放量约30%的"环境和谐型炼铁工艺技术开发（COURSE50）"。此技术研发主要由两项研究活动构成。

第一项是以氢还原铁矿石为核心的高炉减排二氧化碳技术开发，主要技术包括：①为增加使用氢的炉内还原反应控制技术；②COG中碳氢化合物改质技术；③适合低焦比操作的焦炭改良技术。第二项是从利用钢铁厂未利用的余热高炉煤气中，采用化学吸收法和物理吸附法分离回收二氧化碳的技术开发。这两项技术开发的目标是钢铁厂减排二氧化碳约30%。项目计划第一阶段（2008—2016年）是进行氢还原铁矿石和从高炉煤气中分离回收二氧化碳等主要技术的开发；第二阶段（2017年至今）是进行氢还原和二氧化碳分离回收的综合技术开发。

其次是COG用于高炉的方法。此方法有两种可能性：一是从风口喷吹COG的方式，利用风口前2 000℃以上的高温，改质COG中的碳氢化合物，这样煤气可在炉内较大范围内扩散。二是直接在还原反应不易进行的1 100℃区域的位置上喷吹部分还原煤气，目的是加速高炉上部的还原反应。为了将COG中的碳氢化合物转变为适合的还原氢，在高炉工序之前，需要对COG进行改质。该方法从2013年开始进行了为期5年的研发。作为高炉减排二氧化碳技术，日本建设了10平方米规模的试验高炉，综合验证实验室的研究结果，确立了最大化氢还原效果的反应控制技术。

2015年9月，新日铁住金君津厂建设的10平方米规模的试验高炉竣工，2016年开始试运行。在此基础上，日本计划于2030年前确立COURSE50技术，2050年前实现普及和推广应用。COURSE50技术的普及可减少30%的二氧化碳排放量（前提是政府主持的回收二氧化碳储存措施的实现）。COURSE50技术是基于用氢替代碳还原铁矿石，充分利用未利用的余热和高效率二氧化碳分离回收技术实现碳减排目标。

目前，仅靠全球钢铁业的减排解决不了全球气候变暖的问题，所以日本钢铁业提出的"3 ECO及创新技术研发"理念，从正面揭示了全球气候变暖问题的本质，提出了兼顾环境保护和经济活动的、超越国界的、具有实效性的措施。日本钢铁业通过推动环保工艺、环保产品、环保解决方案，致力于进一步提高能源效率，从而为应对全球气候变暖作出实质贡献。

7.3.4 日本政府公布《氢能利用进度表》

日本是很重视氢能利用的国家之一，提出要在全球率先实现"氢社会"，以摆脱能源困境，确保能源安全。继2017年12月提出了《氢能基本战略》后，日本政府又于2019年3月公布了《氢能利用进度表》，旨在明确到2030年日本应用氢能的关键目标，主要目标包括到2025年使氢燃料电池汽车的价格降至与混合动力汽车持平；到2030年建成900座加氢站，实现氢能发电商用化，并持续降低氢气供应成本，使其不高于使用传统能源的成本①。

《氢能基本战略》的主要目标包括到2030年实现氢能源发电商用化，以削减碳排放并提高能源自给率。氢能源因来源广泛、燃烧热值高、清洁无污染和适用范围广等优点，被视为21世纪最具发展潜力的清洁能源。联合国提出的《2030年可持续发展议程》要求必须对现有能源格局进行全球性变革。公开资料显示，自第二次世界大战结束以来，日本快速发展的工业导致能源消耗增速惊人，与其他国家相比，日本的电力成本相对较高，自地震引发福岛核电站事故以来，电力成本显著上升②。

《氢能基本战略》的主要目标还包括通过技术革新等手段将氢能源发电成本降低至与液化天然气发电成本相同的水平。为了推广氢能发电，日本政府还将重点推进可大量生产、运输氢的全球性供应链的建设。氢具有很高的能量密度，释放的能量足以使汽车发动机运转，且氢气与氧气在燃料电池中发生化学反应只生成水，没有污染。据了解，日本的丰田和本田已经推出高续航里程的氢燃料电池汽车，这是一种将车载储气罐中储存的氢气通过车载燃料电池发电后驱动运行的电动汽车。

此前，丰田曾计划在2050年全面停止生产燃油汽车，转向燃料电池和纯电动汽车，日本曾计划在2020年举行的东京奥运会上全面利用氢能源以满足奥运村的多种需求。然而，因2020年突发的全球性新冠疫情，以及加氢站等相关基础设施尚不完善，氢燃料电池汽车未得到广泛普及，导致这项计划延期。为此，《氢能基本战略》中指出，实现氢能源型社会绝非坦途，日本将率先向这一目标发起挑战，在氢能源利用方面引领世界。

自使用化石能源以来，能源资源几乎为零的日本始终处于被动的境地，氢能产业的美好前景使日本看到了摆脱这一困境的曙光，甚至期待未来能占据该产业链的

---

① 吴善略，张丽娟. 韩国、欧洲和日本如何发展氢能 [EB/OL]. (2019-08-09) [2022-11-01]. https://mnewenergy.in-en.com/html/newenergy-2347022.shtml.

② 佚名. 日本发布《氢能源基本战略》2030年左右实现氢能源发电商用化 [J]. 云南电力技术，2018，46（1）.

顶端，成为能源出口国。日本在《氢能基本战略》中率先提出在全球实现"氢社会"。为实现这一目标，2019年3月日本政府公布了《氢能利用进度表》，旨在为普及氢能应用提供助力。该进度表主要从氢能应用、氢能供应和全球化氢能社会三大维度展开。

7.3.4.1　氢能应用

氢能应用的目标：到2025年全面普及氢能交通，并进一步扩大氢能在发电、工业和家庭中的应用。

首先，在交通运输领域：

（1）氢燃料电池汽车。日本交通运输行业的二氧化碳排放量约占全国总排放量的20%，其中汽车（轿车、货车等）占85%。因此，要降低交通运输行业的二氧化碳排放量，就必须降低从轿车到公共汽车、卡车等大型汽车的二氧化碳排放量。较之蓄电池，氢能的单位重量及单位体积的能量密度更大，因此在大型或远距离运输时，氢燃料电池汽车比纯电动汽车更具优势。为此，日本提出：在氢燃料电池轿车方面，到2025年计划年产量达到20万台，到2030年计划年产量达到80万台；缩小氢燃料电池轿车与混合动力轿车的价格差，到2025年使二者价格相当；降低氢燃料电池轿车主要要素的成本，到2025年使氢燃料电池系统的价格由目前的2万日元/千瓦降至0.5万日元/千瓦，使储氢系统的价格由目前的70万日元降至30万日元。在氢燃料电池公共汽车方面，到2030年计划年产量达到1 200台。另外，2020—2025年要实现氢燃料电池公交汽车价格减半，由目前的1.05亿日元降至5 250万日元，到2030年要开发出氢燃料电池无人驾驶公交汽车。在氢燃料电池卡车方面，日本厂商已着手开展小型卡车实证研究。对于大型卡车，要进行近距离（200公里左右，高压气罐）、远距离（500公里左右，液氢罐）运输相关的氢燃料电池技术开发，并于2020年制订了具体方案。

（2）加氢站。加氢站是普及氢燃料电池汽车的重要一环。自2013年起，日本着手完善商用加氢站，并于2018年成立了日本加氢站网络公司。截至2018年12月，日本共设立了100座商用加氢站。日本计划到2025年设立320座加氢站，到

2030年进一步增至900座加氢站。日本还计划2025—2030年设立无人运营加氢站。另外，到2025年加氢站建设及运行费用应大幅度下降，其中建设费应由目前的3.5亿日元降至2亿日元，运行费应由目前的3 400万日元/年降至1 500万日元/年；相关设备成本也应大幅度下降，其中氢压缩机应由目前的0.9亿日元降至0.5亿日元，蓄压器应由目前的0.5亿日元降至0.1亿日元。

其次，在电力领域：

日本电力行业的二氧化碳排放量占全国总排放量的40%，未来要转变为以可再生能源为主力电源的能源系统。除天然气等火力发电方式外，利用氢能发电的成本较低，其二氧化碳排放量也较低，是一种极具潜力的清洁能源。日本计划到2030年实现氢能发电的商用化。其中，氢燃料电池发电技术是氢能发电领域最重要的技术之一，具有发电效率高、体积小、余热可有效利用等优点。氢燃料电池发电是小规模分布式发电，不仅可实现与大型火力发电厂同等水平的发电效率，还不需要大规模投资。

在商业和工业用氢燃料电池发电领域，2017年日本厂商已正式将固体氧化物型氢燃料电池投入市场。到2025年，结合余热利用技术，实现电网平价。其中，低压发电设备的资本性支出应降至50万日元/千瓦，发电成本应降至25日元/千瓦时；高压发电设备的资本性支出应降至30万日元/千瓦，发电成本应降至17日元/千瓦时。另外，还要提高固体燃料电池的发电效率和耐久性，预计到2025年发电效率可超过55%，耐久性要由目前的9万小时增至13万小时。在家用氢燃料电池发电领域，2009年日本就已将家用燃料电池装置投入市场，领先世界。截至2019年1月31日，家用燃料电池装置已普及27.4万台，到2030年计划达到530万台。同时，2020年日本的固体高分子型氢燃料电池价格降至80万日元、固体氧化物型氢燃料电池价格降至100万日元。

最后，在工业生产领域：

在工业生产过程中，氢气经常作为副产物，这些副产物可以回收后作为原料使用，有望在未来的氢能供应链中成为氢能供应来源。另外，在工业生产过程中，利用氢能可以减少二氧化碳排放。因此，未来日本将从供应氢能和利用氢能两大维度出发，研究工业生产使用氢能对二氧化碳减排的重要影响，并对生产过程中不排放二氧化碳的氢能应用及供应潜力开展调查。

7.3.4.2　氢能供应

氢能供用的目标：加快研发，以技术迎接未来氢能社会。到2030年使氢气价格降至30日元/标准立方英尺，未来应进一步降至20日元/标准立方英尺，确保其价格不高于传统能源。当前，氢气制造的主要两种方式：一是通过煤、天然气等化石能源制氢；二是通过风能、太阳能等可再生能源制氢。

在化石能源制氢方面，为到2030年使氢气供给成本降至30日元/标准立方英尺，基于日本与澳大利亚合作的褐煤制氢项目，日本计划2020—2025年实现以下基础技术目标：在制造环节，降低褐煤气化的制氢成本，由数百日元/标准立方英尺降至12日元/标准立方英尺；在存储和运输环节，提高氢气液化效率，由13.6千瓦时/千克降至6千瓦时/千克，增大液氢罐容积，由数千日元/立方米降至5万日元/立方米；在碳捕集与封存环节，降低二氧化碳分离回收技术成本，由4 200日元/吨降至2 000日元/吨。

在可再生能源制氢方面，日本相关技术要达到世界最高水准。其中，到2030年水电解制氢装置成本要由目前的20万日元/千瓦降至5万日元/千瓦，耗能量要由目前的5千瓦时/标准立方英尺降至4.3千瓦时/标准立方英尺。另外，还要开发新技术，提高水电解装置的效率及耐久性，并以福岛氢能源研究站为示范区进行实证研究。

7.3.4.3　全球化氢能社会

全球化氢能社会的目标：以日本为主导开展国际合作，实现全球化氢能社会。日本在《氢能基本战略》中就将"国际化"设为重要举措之一，提出日本要构建从氢气制造到存储、运输和利用的全供应链技术，并将其打包推向全世界；在国际氢能经济和燃料电池伙伴计划等政府层面的国际框架中，积极宣传日本的措施，引领国际标准的制定。

　　为此，日本于2018年10月发布了《东京宣言》，提出要协调各国的氢能发展举措；共享有关氢能安全性及供应链的信息，推动国际共同研发；调查氢能应用潜力，减少二氧化碳及其他污染物的排放；开展普及教育，推广活动，提高公众对氢能的接受度。后续举措还包括：比较美国、德国、法国的氢能发展规划及重点举措；共享日本氢能供应链实证成果，让澳大利亚等资源丰富的国家参与其中；利用2025年将举办大阪世博会的契机，宣传最先进的氢能技术；开展创新型技术研发。

7.3.5　日本丰田氢能汽车行业

7.3.5.1　世界氢能汽车的霸主——日本丰田

　　专注氢燃料电池研发20余年的丰田，已然成了该领域无可超越的巨人。从20世纪90年代开始，包括量产车和四代概念车在内，丰田已在21个国家和地区、2个国际知识产权组织申请了15 867件与燃料电池相关的专利，涵盖燃料电池堆专利、高压储氢罐专利、燃料电池系统控制专利和加氢站技术专利等，建立了氢燃料电池方面独一无二的技术壁垒[①]（如图7-5所示）。从国际专利分类号来看，丰田在H01M8燃料电池及其制造领域申请的专利数量最多，达到了9 671件，占总量的61%。据统计，在燃料电池专利申请人全球排名中，丰田以10 737件专利占据榜首。从某种程度来讲，丰田将48.6%的技术垄断在手中，其霸主地位无可撼动。

　　总体来看，日本、美国、中国、韩国和德国是燃料电池技术的主要专利申请国，对各关键技术的研发比较均衡。日本作为全球专利排名第一的国家，在多个关键技术上均处于绝对领先地位，技术最为全面且没有明显的短板，对控制技术尤为重视。2019年4月，丰田宣布将无偿提供其持有的关于电机、电控（PCU）、系统控制等车辆电动化技术的专利使用权（包含申请中的项目），约23 740件专利。值

---

① 佚名. 丰田如何成为氢能汽车的霸主[EB/OL]. [2019-04-23]. https://www.hxny.com/nd-41234-0-17.html.

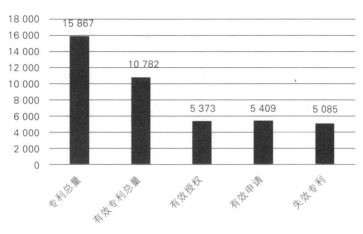

图7-5　丰田专利数量（单位：件）

资料来源：佚名. 丰田如何成为氢能汽车的霸主［EB/OL］.［2019-04-23］. https://www.hxny. com/nd-41234-0-17.html.

得注意的是，这并非丰田首次开放专利，早在2015年1月，丰田宣布在全球范围内开放5 680件有关燃料电池技术的专利，其中包括最新氢燃料电池车型Mirai的1 970件关键技术的专利，涵盖从车载软件系统到制氢，以此促进氢燃料电池汽车的普及。

如此大手笔的专利公开，让人感慨其魄力的同时，也不得不深思其醉翁之意。业内人士指出，丰田开放专利，实际上是在寻求更多稳定的商业伙伴来分摊风险，既包括技术方向，也包括基础设施。也可以说，丰田一家"单打独斗"过于辛苦，尽管它走在前沿但如果没有追随者，也很难成事。据业界权威人士解读，丰田开放自身积累20多年的氢燃料电池专利，说明它在技术上遇到了瓶颈，希望借助全世界研发的力量来共同突破；同时，意味着将在技术上掌控氢燃料电池的技术取向和路径，作为引领者的丰田必将是规则的主导者。无论谁使用，都不可能在氢燃料电池技术方面超越有20多年积累的丰田。在电池技术路线尚需实践检验的当下，丰田选择了站队氢燃料电池，同时给出了不容忽视的成果。

7.3.5.2　日本氢能汽车发展瓶颈和艰辛

在电动汽车大行其道且已经呈现较为成熟的盈利模式的情况下，丰田在氢燃料电池技术上的押注显得如此偏执，甚至有些费力不讨好的意味。为何丰田会舍近求远，走上这条看似离经叛道的征途。这是因为日本的国情是对其行业最大的限制。众所周知，日本是一个资源匮乏的岛国，石油、天然气大量依赖进口，为满足其能源需求，核能一度成为日本的选择。然而，2011年的福岛核电站事故使得日本政府不得不因安全因素缩减核电项目和发电规模，电价一度攀升。

如何为汽车行业谋求石油、天然气，甚至电力以外的能源成为意料之中的首要考虑，显然氢燃料电池汽车更符合日本市场的需求，理论上也能解决日本面临石油和电力这两方面造成的能源危机，因此清洁高效的氢能源自然就成为日本的第一能源目标。业内人士分析，日本国土狭长、人口稠密，加氢站建设具有可行性。一个加氢站覆盖100平方公里左右的面积，就算仅仅将加氢站在日本沿海布局，也基本可以满足需求。同时，由于日本人均收入高，家庭布局小型制氢站也成为一种可能，这是"氢能社会"的微观元素。

2013年，日本政府推出了《日本再复兴战略》，把发展氢能源提升为国策，并启动加氢站建设的前期工作。在第4次能源基本计划中，日本政府将氢能源定位为与电力和热能并列的核心二次能源，并提出建设"氢能社会"的愿景。2014年，在日本经济贸易产业省成立的氢燃料电池战略协会对外公布的氢燃料电池战略发展路线中，详细描述了氢能源研发推广的三大阶段以及每个阶段的战略目标：第一阶段是从2014年到2025年，快速扩大氢能的使用范围；第二阶段是从2020年中期到2030年，全面引入氢发电并建立大规模氢能供应系统；第三阶段是从2040年开始，确立二氧化碳零排放的供氢系统。日本氢能发展历程见表7-2。

此外，为促进燃料电池的普及使用，日本政府对燃料电池汽车的购买、家庭用燃料电池系统的使用以及加氢站的建设均进行了补贴。例如，丰田的Mirai售价为670万日元/辆，补贴202万日元/辆；本田的Clarity Fuel Cell售价为709万日元/辆，补贴208万日元/辆。有了国情和政策风向的限制，也就不难理解为何丰田对氢燃料

表7-2 日本氢能发展历程

时间	事件
1973年	日本成立了氢能源协会，以大学研究人员为中心开展氢能源技术研发
1981年	日本通产省在月光计划（节能技术长期研究计划）中，启动燃料电池的开发
1990年	丰田、日产和本田等汽车制造商启动燃料电池车的开发，三洋电机、松下和东芝启动家庭燃料电池的开发
1993年	由NEDO牵头，设立为期10年的氢能源系统技术研究开发综合项目
2002年	日本政府启用丰田和本田的燃料电池展示车
2002年	日本氢能源及燃料电池示范项目（JHFC）启动了燃料电池车和加氢站的实际应用研究
2005年	NEDO开始固定燃料电池的大规模实际应用研究
2008年	日本燃料电池商业化协会（FCCJ）制订从2015年向普通用户推广燃料电池车的计划
2013年	日本政府推出的《日本再复兴战略》，把发展氢能源提升为国策，并启动加氢站建设的前期工作
2013年	日本经济产业省成立了由行业、研究机构和政府各界代表广泛参与的氢燃料电池战略协会
2014年	日本内阁修订了《日本再复兴战略》，发出建设"氢能社会"的呼吁
2014年	日本第4次能源基本计划，将氢能源定位为与电力和热能并列的核心二次能源，提出建设"氢能社会"
2014年	日本公布了日本氢燃料电池战略路线
2015年	NEDO发布了《氢能源白皮书》，将氢能源定位为国内发电的第三支柱能源

资料来源：佚名. 丰田如何成为氢能汽车的霸主［EB/OL］. ［2019-04-23］. https://www.hxny.com/nd-41234-0-17.html.

电池执念至此。作为日系车中的领头羊，丰田自然对氢燃料电池汽车的研发不遗余力，同时向世界释放"氢燃料电池是终极方案"的信号，而在氢燃料电池汽车技术成熟和普及之前，混合动力汽车显然就是过渡期。对消费者使用习惯的顺应同样是丰田选择氢燃料电池汽车的考虑因素。无论是纯电动汽车还是混合动力汽车，均需要保持一定的充电频率和时长，而氢燃料电池汽车在续航和加氢的速度上均具备压倒性优势。

在决定研发氢燃料电池后，丰田采用迂回战术，先用混合动力（HEV）技术，在不改变消费者习惯的情况下让大家慢慢接受新的能源技术，并压缩成本。在发展HEV的同时，丰田不断地积累、打磨自己的新能源技术，并试图跳过纯电动汽车（EV）和大容量插电式混合动力汽车（PHEV）阶段，直接过渡到氢燃料电池汽车（FCV）。

时至今日，丰田仍旧走在研发、推广氢燃料电池的路上，而电动汽车替代燃油汽车也是未来发展的趋势。虽然氢燃料电池或许是"下一个百年"，但在当下，丰田的"氢之梦"仍步履维艰。摆在丰田面前最直接的问题，就是如何解决氢燃料电池成本高、加氢站少的问题。只有成本具有竞争力，才能获取市场，曲高和寡并非企业长久的生存之道。丰田深知当前制氢方法在效率、环保方面并没有完全胜过传统的化石能源和纯电动汽车，所以还在不断尝试各种路径。

目前，制备氢气的主要方式包括氯碱制氢、电解水制氢、化工原料制氢（如甲醇裂解、乙醇裂解、液氨裂解等）、石化资源制氢（如石油裂解、水煤气法等）和新型方法制氢（如生物质、光化学等）。据专业人士统计，从制氢工艺的成本和环保性能的角度来看，氯碱制氢的工艺成本最为适中，为 1.3 元/Nm³~1.5 元/Nm³，且所制取的氢气纯度高达 99.99%，环保性和安全性能也较好，是目前较为适宜的制氢方法。石油和天然气蒸汽重整制氢的成本和产量同样可观，为 0.7 元/Nm³~1.6 元/Nm³，能量转化率高达 72% 以上，但环保性不强，未来可以考虑通过碳捕捉技术减少碳排放。在未来，与可再生能源发电紧密结合的条件下，电解水制氢将发展成为氢气来源的主流路线。目前，电解水制氢成本最高，为 2.5 元/Nm³~3.5 元/Nm³，且成本和碳排放量在不断降低，在应用水力、潮汐、风能的情况下其能量转化率高达 70% 以上。

2019 年，日本物质材料研究机构与东京大学、广岛大学合作，对光伏发电和蓄电池的制氢系统进行了技术经济效益评估，认为通过开发可在 2030 年前后广泛推广放电较慢且成本低廉的蓄电池，日本国内有望实现每立方米 17~27 日元（约 1.04~1.64 元人民币）的制氢成本。另一个难点就是加氢站的建设，其成本远比建设加油站高，而且在存储上的安全要求也比石油要高得多，这也制约了日本加氢站的普及。据了解，根据加注氢气的能力计算，一天加注 200 千克氢气的加氢站，目前需要 1 000 万元人民币左右的投入（不含土地成本）。目前，日本计划在 2025 年建成 320 座加氢站，对一心想大力普及氢燃料电池汽车的日本来说，现在还远远不够，因为目前日本国内加油站数量超过 3 万座，充电桩超过 4 万个，加氢站还没有一定的规模，根本无法取代传统的加油站。此外，铂这一贵金属作为燃料电池反应堆中的催化剂，从目前的技术来看具有不可替代性。然而，全球铂的年产量仅为 90 吨。

从丰田推出的 2019 款 Mirai 来看，搭载的氢燃料电池发电功率为 114 千瓦，体积功率密度为 3.1 千瓦/升，总重量为 56 千克，容积为 37 升。两个储气罐全部加满后，拥有 500 千米续航能力，最高车速可达 200 千米/小时，最吸引人的则是其 3~5 分钟加氢完毕的速度，在时长优势上完胜。而在日本购买 Mirai 享受完补贴之后，实际售价折合人民币仅为 26 万元，加氢价格仅为 58.4 元/千克，已经具备了商业竞争能力。氢燃料电池的安全问题同样备受大众关注。首先，氢气在氢能源汽车中均以液态形式存在，在存储罐内部会形成极高的压力，对储存装置的材料和设计有很高的要求。其次，氢气是一种易燃易爆的气体，所以存储装置还要具备很高的安全和防爆功能。

在储能的安全性上，丰田采用了能够承受 70 兆帕压力的储气罐，用凯夫拉系列产品强化其抗撞击能力，经测试可以抵御轻型武器的子弹攻击。此外，在储氢罐探测到泄漏时会自动关闭阀门，最大程度地避免了意外事件的发生。尽管氢燃料电池具备诸多的优点，但是当下并不具备普适性，在技术上同样远未达到终点。也许"下一个百年"属于丰田，但在通向氢能时代的红毯上，仍铭刻着"生存"。

7.4 日本在环境和气候变化方面的对外国际合作

7.4.1 日本建立国际环境合作机制

自20世纪90年代起，日本通过加入国际条约、制定国内相关法律和政策等方式，构建完成了国际环境合作机制，在"自下而上"模式的全球气候治理国际环境合作机制实施方面具备先行实践经验[①]。

7.4.1.1 日本国际环境合作基本理念的确立

1992年5月15日，日本中央公害对策审议会和日本自然环境保全审议会在共同制定的《关于国际环境合作的方式》中，将"国际环境合作"定义为"为达成全球规模的可持续发展而进行的世界性连带、协调行动"。在此基础上，日本将国际环境合作的性质解释为：并非由发达国家向发展中国家提供单方面的"援助"，而是在全球规模的相互依存深化过程中，基于确保提高地球上全人类生存生活的伙伴关系的"合作"。1993年5月14日，日本加入了《联合国气候变化框架公约》，并于1993年11月制定施行了《环境基本法》，旨在保护生态系统，形成可持续发展的环境保全型社会。日本《环境基本法》将1992年《关于国际环境合作的方式》中提出的国际环境合作确立为该法实施的基本理念之一。《环境基本法》总则第5条要求通过国际合作积极推进地球环境保全，并在该法第2章第6节特设"关于地球环境保全的国际合作"章节，具体规定了国际环境合作的实施方式。日本《环境基本法》的出台，标志着日本通过国际环境合作应对全球气候变暖的方式被正式纳入日本环境法律体系之中。

7.4.1.2 日本国际环境合作的目标和基本方针

2005年7月，日本中央环境审议会公布了《关于国际环境合作的方式》。它延

---

① 王琦. 日本应对气候变化国际环境合作机制评析：非国家行为体的功能 [J]. 国际论坛，2018, 20（2）.

续了 1992 年《关于国际环境合作的方式》中所确立的国际环境合作基本理念，并进一步设定了国际环境合作的目标和基本方针。其中，国际环境合作的目标为地球环境的保全和可持续发展环境管理结构的改善。地球环境的保全是指通过国际环境合作促使发展中国家达成联合国千年发展目标（MDGs）等可持续发展课题，并期待发展中国家应对全球气候变暖、臭氧层破坏等全球规模的环境问题。而可持续发展环境管理结构的改善是指提高环境信息和数据的收集分析能力、改善必要的环境管理结构，以及制定有效的环境对策并实施环境风险管理。日本国际环境合作的重点目标包括积极地参与世界以及地区层级的环境管理机构的构建与强化；改善东亚环境管理结构；以东亚地区为起点推进亚太地区以及全世界领域的合作。

此外，该报告还设定了国际环境合作的基本方针，具体包括积极参与全球气候变暖对策及 3R（Reduce、Reuse、Recycle）推进等方面的世界性框架的制定；推动基于与东亚地区各国的伙伴关系的合作；促进多元主体间的配合以及强化协作；加强在气候变化等可持续发展重点领域的合作。

7.4.2　日本国际环境合作机制的特征与成效

7.4.2.1　以东亚地区为重心的三层级国际环境合作

如上所述，日本以 1993 年加入《联合国气候变化框架公约》为契机，在《环境基本法》中确立了国际环境合作基本理念，并于 2005 年通过直属日本环境省的日本中央环境审议会制定了实施国际环境合作的政策，初步形成了日本国际环境合作机制，该机制在地理适用范围上的特征是以东亚地区的国际环境合作为重心。作为日本环境合作机制的重点实施区域的东亚地区，是指日本、中国、韩国、蒙古国和东盟各国（即文莱、柬埔寨、印度尼西亚、老挝、马来西亚、缅甸、菲律宾、新加坡、泰国、越南）。

日本选取东亚地区作为其国际环境合作重点实施区域的原因在于，东亚地区各国因在经济方面通过市场机制联结而密不可分，各国通过经济活动影响东亚地区的环境，各国经济活动也受到东亚地区环境变化的影响。在东亚地区实施国际环境合作的规划是，自2005年起10年内根据区域内各国的经济社会变化，在各国政府以及企业等社会主体间建立伙伴关系的基础上，构建区域环境合作框架。该合作框架旨在实现日本《环境基本法》所规定的保全地球环境并达成可持续发展的基本理念。

日本期望借由在东亚地区建立区域环境合作框架后，进而将国际环境合作扩展至亚太地区。日本将国际环境合作区域设定为三个层级：东亚地区→亚太地区→全世界。在亚太地区国际环境合作实施的策略包括：两国间及区域内政策对话；信息研究网络和环境管理能力方面的合作；区域及准区域层级共同规划的制订。

在东亚地区两国间政策对话的两种类型：一种是基于《中日环境保护合作协定》（1994年3月24日在北京签订）、《日韩环境保护合作协定》（1993年6月11日在首尔签订）等双边环境合作协定而定期实施的两国间环境政策对话机制；另一种是针对个别环境问题所开展的两国间政策对话，如气候变化领域的中日气候变化对话磋商机制（2004年建立）。亚太地区准区域层级的政策对话平台包括联合国亚太经济社会委员会环境与发展部长会议、中日韩三国环境部长会议、亚太环境与发展论坛等。

东亚地区信息网络方面的国际环境合作体现在日本与区域内相关各国合作构建的气候变化监测网，收集亚太地区区域性环境问题的相关信息和数据。此外，日本与亚太地区各国于1996年合作设立了亚太全球变化研究网络（APN），基于APN战略计划，由亚太地区各国的研究机构实施全球环境变化方面的研究；于1998年设立全球环境战略研究机构，为国际学者开展环境战略研究提供平台。

7.4.2.2　实施主体多元化的国际环境合作

日本国际环境合作模式的另一显著特征是，国际环境合作的实施主体不仅包括上述各国政府及区域性组织，还包括地方公共团体、企业、非政府组织、学术研究机构等。

（1）地方公共团体的国际环境合作。

20世纪90年代后期，地方公共团体在日本国际环境合作中发挥的作用日益受到关注。日本地方公共团体是指基于地方自治的宗旨,以增进居民福祉为基本目的而负责实施自主综合性地区行政的主体(《地方自治法》第1条之2第1款),分为普通地方公共团体(包括都道府县以及市町村)和特别地方公共团体(包括特别区、地方公共团体组织、财产区和地方开发事业团体)两种类型(《地方自治法》第1条之3)。日本地方公共团体具有法人资格(《地方自治法》第2条第1款)。

根据日本海外环境合作中心2002年的统计结果,在参与调查的87个地方公共团体中,有87%的都道府县(41个)、100%的政令指定城市(12个)、21%的中心城市(6个)已经具备国际环境合作的经验。日本地方公共团体的国际环境合作主要通过接受研修人员、调查研究、开展国际会议及研讨会、派遣专家等方式实施。日本地方公共团体参与国际环境合作的代表性案例是北九州清洁环境倡议。北九州市作为日本四大工业经济带之一,自20世纪80年代起通过官民协作的方式治理大气污染等问题,同时运用其积累的经验与发展中国家开展国际环境合作。

2000年9月,在北九州市承办的联合国亚太经济社会委员会第四届亚太环境与发展部长级会议上,以提升亚太地区都市环境品质与人类健康为目标的北九州清洁环境倡议获得通过。2002年9月,可持续发展世界首脑会议将北九州清洁环境倡议认证为约翰内斯堡实施计划的倡议类型。北九州清洁环境倡议的使命是,推进地方层面的环境活动,促进地方政府的都市环境管理能力提升,进而改善亚太地区的都市环境。目前,北九州清洁环境倡议所形成的北九州倡议网络已经有亚太地区的18个国家62个城市参加。为了实现北九州清洁环境倡议提出的使命,亚太地区的成员间以北九州倡议网络为纽带,实施了以抑制大气及水污染为目标的国际研讨会、亚太都市间环境合作试点项目、媒体信息传播等提升环境管理能力的国际环境合作。2005年,在韩国首尔举行的第五届亚太环境与发展部长级会议,基于定量分析总结了2000—2005年实施的亚太都市间环境合作试点项目所取得的北九州清洁环境倡议第一期的阶段性成果,并通过了以推进都市环境管理"双赢"路径以及亚太地区社会经济生活为目标的北九州清洁环境倡议第二期行动计划(2005—2010年)。

（2）跨国公司的国际环境合作。

与日本地方公共团体的国际环境合作相联动，日本跨国公司也通过国际贸易活动参与了国际环境合作。日本跨国公司的国际环境合作主要体现在环境保护领域企业社会责任的国际推进、清洁能源产品等环境保护技术的普及以及金融相关环境保护友好行动的促进等方面。根据日本环境省2011年2月对在海外实施国际环境合作的248家上市公司进行的调查，结果显示约90%的企业在海外实施国际环境合作的动机是"经营方针中包含了环境保护"，出于"风险管理以及企业信用评价的维持""为社会作出贡献的人道主义观点"的目的也占到了半数以上。回答其他动机的有"作业指导中的节约能源指导""企业集团的方针""企业社会责任活动的一环""为可持续发展社会作出贡献""业务与环境不可分""企业理念的一部分""为遵守各国环境法律及规制""提升品牌形象""增强员工环境保护意识"等。

上述调查结果反映了日本企业经营方针中的环境保护条款为促进其参与国际环境合作发挥了决定性的作用。这源于2005年日本施行的《环境友好行动促进法》对企业环境保护经营方针的规定。根据《环境友好行动促进法》第11条的规定，大型企业必须公开环境报告以及与其事业活动相关的环境友好行动的情况，并努力提高公开的环境保护信息的可靠程度。

（3）非政府组织的国际环境合作。

非政府组织和跨国公司同属于非国家行为体，均可以为全球治理框架和规则作出贡献。根据2004年《国际环境合作战略研讨会报告》的统计数据，日本已经有95个非政府组织在海外实施国际环境合作，并建立了日本国际合作非政府组织中心以及中日韩环境教育网络等与国际环境合作相关的非政府组织合作网络。日本非政府组织参与的国际环境合作领域包括森林保全与绿化、环境教育、自然保护、地球环境管理、防治沙漠化、水资源环境保全、大气环境保全、废弃物循环利用、防止全球气候变暖等，主要通过实践活动、普及启发、调查研究、政策建议、支援其他非政府组织的活动等方式实施。

以1990年3月成立的日本海外环境合作中心（OECC）为例，该中心通过与海外环境保全相关的合作、调查研究、宣传活动等途径，为地球环境保全工作作出了贡献。日本海外环境合作中心的成员由从事环境咨询、环境观测、环境保护设施及设备制造等业务的法人以及环境保护团体组成，该中心据此构建起与发展中国家、亚太都市间及推进环境发展合作的政府机关和国际机构之间的合作关系。日本海外环境合作中心开展环境合作活动的三大支柱领域分别是：气候变化等全球环境问题对策；水资源以及大气环境等地区环境污染问题对策；化学物质、资源循环利用、废弃物问题对策。

（4）学术研究机构的国际环境合作。

此外，日本学术研究机构通过国际人才培养、建立国际研究机构、实施国际合作项目以及派遣专家等方式推进国际环境合作。日本参与国际环境合作的代表性学术研究机构是1998年设立的日本全球环境战略研究机构。日本全球环境战略研究机构的宗旨是，为构建新的全球文明示范，进行以可持续发展为目标的革新政策路径的研发，以制定环境政策战略为目标的政策性和实践性对策，实现全球规模，特别是亚太地区的可持续发展。

针对气候变化领域，日本全球环境战略研究机构的研究方向是未来气候变化框架的构建、发展中国家的国内适当减缓行动、碳排放监测/报告/核查体系、气候金融、亚洲低碳战略等方面。日本全球环境战略研究机构还在北京和泰国曼谷设立了地区研究中心。

7.4.3　日本气候变化方面的外交方式

日本凭借技术和资金优势，开展多层次、全方位的气候外交，谋求在国际环境领域的主导地位，实现其国家利益和目标[1]。

7.4.3.1　环境官方发展援助（ODA）

日本的环境官方发展援助包括日元贷款、无偿资金援助、技术援助、人员培训、专家派遣、项目合作等。印度、越南、印度尼西亚等国家一直是日本重点援助

---

① 李玲玲，邱慧萍，刘云，等. 中日环境合作的历史与未来方向［J］. 国际研究参考，2017（5）.

的对象。在日本政府的推动下，与气候变化有关的"环境外援"比重不断提高。

在开发援助委员会的成员中，日本提供的环境官方发展援助长期位居前列。1992年，在联合国环境与发展会议上，日本表示从1992年起的5年间提供9 000亿~10 000亿日元的环境援助，从而赢得了"世界环保超级大国"的美誉。1997年，在京都气候问题国际会议上，日本提出从1998年起的5年间培训3 000名环境领域的专业人员，提供利息为0.75%、年限为40年的最优惠的环境项目贷款。

2002年，在联合国环境与发展会议上，日本提出从2006年起的5年间培训5 000名环境领域的专业人员，继续提供最优惠的环境项目贷款，扩大地球环境无偿资金合作。2008年，日本以更加积极的姿态提供环境官方发展援助，在八国峰会上，日本提出5年内向发展中国家提供大约100亿美元的气候援助。2009年，日本在哥本哈根气候大会上提出，从2012年起的3年间向发展中国家提供150亿美元的气候援助。2010年10月27日，日本在《生物多样性公约》缔约方大会第十次会议上提出，从2010年起的3年间向发展中国家提供20亿美元的援助以应对生态危机。

7.4.3.2 "双边减排"机制

"双边减排"机制将成为日本参与区域合作、实现经济增长的重要抓手。日本认为，联合国的多边清洁机制需要多国认定，手续烦琐，因此提出了"双边减排"机制，以挑战清洁机制。"双边减排"机制的特点是，通过日本企业出口节能减排的技术和设备，并征得受援国政府的认可后，将减排额度转让给日本企业，算作日本企业在国内完成的减排指标。毫无疑问，这一机制既可扩大日本制造业的出口量，又可确保减排指标的完成。日本计划由环境省牵头，向亚洲增长较快的10座城市提供技术。"双边减排"机制的首批项目于2014年启动，共100亿日元，受援国包括蒙古国、缅甸和印度。日本企业将碳排放经济视为21世纪的巨大商机，丸红、横河电机、太平洋水泥等企业迫切希望政府与亚洲国家达成协议，使其能够使用碳信用额，摆脱对清洁机制的依赖。根据《坎昆协议》的精神，日本电气事业联合会于2011年向联合国提交书面意见，请求联合国批准"双边减排"机制。

日本认为，"双边减排"机制有利于化解发达国家与发展中国家之间的矛盾，可巩固日本在国际气候秩序中的主导地位。同时，碳排放交易与世界主要货币的联动越来越紧密，或对国际货币金融体系产生重要影响。日本在"双边减排"机制的设想下积极筹建东京排放权交易市场，形成了以外务省、环境省、经产省为核心，以国际协力银行和国际协力机构为支点，以企业为先锋的"双边减排"体系。同时，政府通过设立"绿色基金"与政府开发援助结合，有针对性地定点实施援助，以开辟环保市场，确保日本企业的减排指标完成。目前，"双边减排"机制尚未得到联合国气候大会的认可，今后日本谈判的重点目标之一就是争取获得广泛的支持，落实这项机制。

7.4.3.3 环保基础设施

2015年5月21日，日本在第21届国际交流会议上宣布了向亚太地区提供1 100亿美元的基础设施投资，称重视"日本流"的技术合作和人才培养，强调"高质量的基础设施投资"的核心就是环保基础设施建设。在应对金融危机时，欧美发达国家都将环保技术开发、环保产业形成作为主要政策支柱之一。2011年，东日本大地震后，日本推出了增长战略和再生战略，但未拿出切实可行的环保措施，也没有对环保领域提供明确的财源支持，而是将战略目标集中到亚洲市场，试图将亚洲的内需日本化。自2011年以来，日本环保产业市场空间快速狭窄化，形成了相对饱和的态势，因此对外销售环保产品和技术成为日本扩张环境产业的主要手段。在环保问题上，日本单向对外政策很难获得广泛的政治感召力，也无法确保其在未来国际气候秩序构建中发挥主导作用。以中国为例，日本看重的恰恰是中国现在和未来规模庞大的环保市场。据日经BP清洁技术研究所的估算，2030年世界生态城、智能城的市场规模将达到3 100万亿日元，按现价汇率约为30万亿美元。因此，日本的钢铁、建筑、高铁、重型机械等产业开始转向印度等发展中国家，通过出口节能型设备，与当地企业合作进行实证性试运营，以抢占未来市场。日本政府通过地区自贸协定谈判，引进投资协定、知识产权保护协定，迫使对象国放开市场，主导投资规则，维护日本技术，支援日本企业抢占环保市场；主导发展中国家的电站、电网、高铁等基础设施市场，以及钢铁、化工、机械制造等装备产业；以保护气候的名义，抢占发展中国家市场，主导产业分工体系和基础设施建设体系，以达成日本的战略利益目标。

7.4.4　中日氢能发展合作

丰田作为世界十大汽车公司之一和日本最大的汽车公司，在中国设立了 20 余家独资和合资企业，员工总数超过 4 万人。中国成为丰田全球第三大市场。2018年，中日两国政府达成诸多合作协议，为两国地方和企业深化合作创造了条件和空间[①]。双方都同意开展创新发展合作，建立创新对话机制，逐步推进两国在高技术等领域开展技术合作，同时严格保护知识产权。2018 年，时任国务院总理的李克强在日本主要媒体发表署名文章时说："中日经济互补性很强，在新一轮科技与产业革命浪潮中，拓展节能环保、科技创新、高端制造、财政金融、共享经济、医疗养老等多领域的双边合作有着广阔前景，两国企业开展第三方市场合作拥有巨大潜力。可以说，中日互利双赢合作面临提质升级的新机遇。"

2018 年，日本首相访问我国期间，两国签订了 52 个合作项目，其中一项就是中日双方联合建立加氢站。2018 年 2 月 11 日，10 多家央企参与组建的、由国家能源集团牵头的中国氢能源及燃料电池产业创新战略联盟在北京成立。此后，氢能发展热度空前，国内氢能产业步入爆发期，多地宣布上马氢能项目，大力发展燃料电池汽车，布局氢能产业链，氢能已被推到"未来能源终极形态"的高度。

国际氢能协会副主席、清华大学核能与新能源技术研究院教授毛宗强强调[②]："目前需要注意的是安全第一，要在保证安全的前提下求发展，要建立第三方检测机制。虽然地方政府有意愿发展氢能，但可能地方官员也不太懂氢能行业，听了某个教授或者行业专家的话就一拍即合，采纳了他们的意见，动辄投资几亿元发展氢

---

①　佚名. 李克强参观丰田汽车厂区释放什么信号？[EB/OL].（2018-05-14）[2021-11-13]. http://japan.people.com.cn/n1/2018/0514/c35421-29985514-2.html.

②　王海霞. 如何看待国内氢能发展热潮 [N]. 中国能源报，2019-02-21.

能，这样就有可能带来损失。氢能的发展路线多种多样，各种理念层出不穷，如果只有理念或初级产品就到处去推广，则会带来危害，一定要得到专业机构的评定判断，才能做推广。总的来说，还是要大力把氢能做起来。"

虽然中国现在只是从氢燃料电池汽车开始做起，但最终会在保证产品质量的同时把成本降下来，所以相信中国能加快推动氢能发展。现在欧洲很多公司也纷纷来中国寻找氢能发展机会。目前，日本拥有的燃料电池汽车数量最多，但在燃料电池商用车和大巴车方面，中国的保有量已位居世界第一，到2030年左右中国会成为世界最大的燃料电池应用市场。

丰田已同中国有关大学在一些尖端领域开展研发合作，希望中日双方进一步深化联合研发与创新合作，打造出适合两国市场以及第三方市场的有竞争力的高新技术产品。当前中国正在加强创新体系建设，同日方就加强两国创新合作与对话达成共识，希望包括丰田在内的日方企业抓住机遇，进一步深化对华合作，实现从"制造"到"智造"的升级，达成更高层次的互利共赢[①]。

7.5 日本在绿色发展国际合作上的规划或展望

作为东北亚地区中的发达国家与环保大国，日本出于本国地理位置、政治与经济等多方面考量，一直以来较为注重气候变化问题，成为最早在世界舞台上开展环境外交的国家之一。为了在国际社会中获得与其经济发展水平相符的政治地位，日本积极参与国际气候谈判并试图发挥主导作用。

在1992年联合国环境与发展会议上，日本不仅承诺限制有害气体排放，还承诺5年内为环保事业提供1万亿日元的援助，远远超过欧盟承诺的40亿美元和美国承诺的10亿美元的援助。1997年12月，在缔约方大会第三次会议上通过了以日本京都命名的《京都议定书》，规定了日本温室气体排放量要降低6%，在美国拒绝加

---

① 佚名. 李克强参观丰田北海道厂区：望中日深化创新合作 [EB/OL]. (2018-05-12) [2021-11-21]. http://politics.cntv.cn/special/gwyvideo/likeqiang/201805/2018051105/index.shtml.

入、加拿大退出的情况下，作为议定书的发起者与倡议者，日本力排众议，在面临国内巨大压力的情况下最终选择继续批准该议定书，尽管《京都议定书》几经波折，但这并没有影响日本在后京都议定书时代寻求机会重拾国际话语主导权的努力。在八国集团首脑会议（简称 G8 峰会）上，日本提出"美丽星球 50"的构想，即到 2050 年日本温室气体排放总量比 2000 年减半，并明确了《京都议定书》的机制原则，获得国际社会的高度评价。此外，日本气候外交在区域与多边层次上也表现积极。在区域层次上，日本始终将亚太地区尤其是东亚地区作为推进气候外交的重点，利用亚太经合组织、东盟－中日韩（10+3）、东亚峰会、亚太清洁发展与气候伙伴计划和亚太环境会议等的机制，与诸多国家开展了多种形式的气候变化合作。日本从 1991 年开始主办亚太环境会议，目前该会议成为亚太地区各国进行环境对话的有效平台，对日本谋求亚太地区气候合作的主导权具有重要助益。为了与亚洲各国在环境和气候变化方面加强合作，日本政府于 2008 年 3 月推出了"亚洲经济及环境共同体构想"，提出以气候变化合作为契机，推广日本先进的节能技术，使亚洲环保市场的规模到 2030 年扩大到 300 万亿日元。

在《巴黎协定》通过后，日本具体该做些什么呢？日本的核能前路又该如何走下去呢？日本已经向国际社会承诺到 2030 年实现温室气体排放量比 2013 年减排26%。以日本现在的能源结构还是能实现的。然而，让日本真正感到为难的是《巴黎协定》中提出的一个具体目标，即在此后半个世纪内实现温室气体吸收量和排放量相平衡。如果日本想要在今后的 50 年里实现这一目标，那么占总发电量九成的火力发电必须全部由核能和可再生能源发电来取代。这对日本来说是一个不小的压力。日本能否担此重任呢？据估计，到 2030 年日本的核能发电量在全国总发电量中所占的比重将超过两成。而这一比重在 2030 年后的 70 年里是维持，是减少，还是增加，这并不好预测。但是，必须承认的是，九成的火力发电全部由核能发电取代，是不现实的。2011 年，东日本大地震发生前，日本国内核能发电的比重最高也不过三成多。因此，日本政府想要积极应对全球气候变化，实现《巴黎协定》中提出的具体目标，就不得不面对重新启动核电站的问题。

在《巴黎协定》的签署过程中，日本没有发挥出以往引领话语权的主导作用。2011年，日本福岛核电站事故对日本民众产生了深远的影响，导致日本当局不得不被动关闭核电站。据相关报道，此事故后日本火力发电的比例提升了88%，这种能源结构的改变使得日本在应对气候变化问题上也随之改变。但《巴黎协定》已经开启了全球治理的新时代，日本为确保自身在国际社会的地位自然也顺势加入缔约方的行列。可以预测作为环保大国的日本将会继续发挥自身优势采取应对策略，日本有限的资源环境与生态安全面临的严峻局面使其较早地认识到国内环境问题对自身发展的限制，便分别从成立专门机构、加强科学研究、构建完善的政策法规体系、开发应用新能源与节能技术、加大对低碳经济社会的宣传力度、促进国际合作等方面多措并举地应对国内气候变化。

在《巴黎协定》的框架下，包括发展中国家在内的所有国家都加入到全球减排行动之中，日本多年来强调构建包括发展中国家在内的应对气候变化行动框架的夙愿得以实现，日本也将兑现自己的承诺，积极应对减排问题，并出于政治与经济的战略意义充分发挥自身资金与技术优势。在政治层面上，雄厚的经济实力不仅为日本国内减排任务的完成奠定了基础，更为其以资金援助方式向发展中国家提供帮助创造了条件，赢得国际社会的好评，树立环保大国的形象，以期能够在应对国际气候问题方面争取话语权与主导权。在经济层面上，一系列先进的技术支持了日本循环经济、低碳经济、环保产业、新能源产业的发展。《巴黎协定》中将世界温室气体排放量减至与21世纪后半期海洋和森林的二氧化碳吸收量相同的水平。虽然在可再生能源的普及和碳捕集、利用与封存技术的推广上存在困难，但上述问题均为日本具备技术实力的领域。未来，日本还需要最大限度发挥现有的实力、将温室气体削减"阵痛"转化为创新和增长的"原动力"。

日本以节能技术与新能源技术为核心，与环保产业相关的各类技术均长期处于世界领先水平，为日本国内经济的持续发展提供了条件，并在发展气候外交方面占据了主动权。2016年，日本提出了《创新能源及环境战略》，加强新一代蓄电池、人工合成光等新能源的革新技术的开发。日本一直以来注重加强各领域环保技术水平的提升，在《巴黎协定》签署后，日本对革新技术的研发将会达到另一个高潮。一方面，日本可凭借先进的技术提高能源利用率，将技术产品出口至其他国家，开拓新市场并抢占国际市场份额，将经济战略的触角延伸至亚洲甚至全世界的各个角落；另一方面，日本可通过技术创新增加国内就业机会，挖掘经济增长的潜力，为日本带来丰厚的利润回报。

7.6　日本最新政策

7.6.1　日本发布碳中和路线图

2020年年底，日本政府公布了脱碳路线图的草案。其中，不仅书面确认了"2050年实现零排放"，还为海上风能、电动汽车等14个领域设定了不同的发展时间表，旨在通过技术创新和绿色投资的方式加速向低碳社会转型[①]。

7.6.1.1　总纲领：绿色投资为第一要务

根据日本经济产业省发布的路线图草案，绿色投资被视为日本重塑经济的重点，以及引领日本远离化石燃料、加速清洁能源转型的关键。日本政府将投入大量资金，鼓励14个行业的技术创新和潜在增长，包括海上风能、核能、汽车、海运、农业、碳循环等。据了解，日本经济产业省将通过监管、补贴和税收优惠等激励措施，开启超过240万亿日元（约合2.33万亿美元）的私营领域绿色投资，力争到2030年实现90万亿日元（约合8 700亿美元）的年度额外经济增长，到2050年实现190万亿日元（约合1.8万亿美元）的年度额外经济增长。

此外，日本政府还将成立一个2万亿日元（约合192亿美元）的绿色基金，鼓励和支持私营领域绿色技术研发和投资。不过，上述规划和目标仍然是暂定的，具体实施措施将取决于日本整体的能源投资组合。日本内阁会在2021年6月前对这份

---

① 王林. 日本"碳中和"路线图出炉：绿色投资超2.33万亿美元，15年内淘汰燃油车［N］. 中国能源报，2021-01-05.

路线图草案进行了二次修订。

7.6.1.2　目标一：15年内淘汰燃油车

日本在这份路线图中，提出将在15年内逐步停售燃油车，采用混合动力汽车和电动汽车填补燃油车的空缺，并将在此期间加速降低动力电池的整体成本。据日本经济新闻社报道，为了加速电动汽车的普及，日本政府计划到2030年将电池成本"砍半"至1万日元/千瓦时（约合96.9美元/千瓦时），同时降低充电设备等相关费用，使电动汽车用户的花费降至燃油车用户的水平。

不过，有业内人士指出，对日本而言，全面淘汰燃油车将面临极大挑战。目前，日本6 000多万就业人口中，超过500万人从事汽车制造、销售、服务行业，大型汽车公司又关联众多零部件供应商，停售燃油车无疑将引发严重的失业问题。此外，日本电动汽车的发展环境尚不完善，充电桩数量严重不足制约了电动汽车的普及。有数据显示，目前日本全国仅有3万个电动汽车充电桩。据悉，这份路线图中并未提及上述细节问题的解决之策。业内人士认为，日本政府对该路线图进行二次修订后，会对此予以说明并明确目标。

7.6.1.3　目标二：清洁发电占比过半

这份路线图还对日本清洁电力发展进行了明确规划，目标是到2050年可再生能源发电占比较目前水平提高3倍，达到50%~60%，同时将最大限度地利用核能、氢能、氨燃料等清洁能源。此外，海上风能也将是日本未来电力领域的重点，目标是到2030年将海上风能装机量增至10吉瓦、2040年达到30~45吉瓦，并在2030—2035年将海上风能成本削减至8~9日元/千瓦时（约合0.08~0.09美元/千瓦时）。

日本政府表示，预计到2050年日本国内电力需求将激增30%~50%，届时一半左右的电力将由可再生能源提供，10%的电力将由氢和氨燃料提供，剩余20%~40%的电力则由核能以及配有碳捕捉技术的燃煤电站提供。据行业资讯机构标普全球普氏报道，在核能领域，日本将推动开发新的小型反应堆，预计到2040年实现规模化发展；氢能领域的目标则是到2030年将电力和运输领域的氢消费量提高至1 000万吨，到2050年提高至2 000万吨。不过，要实现上千万吨的氢消费量目标，必须大幅度削减成本。日本政府表示，将向氢能行业提供2万亿日元（约合192亿美元）的资金支持，同时予以一定的税收优惠。

日本计划在2030年前后建成一条商业化的氢能源供应链。不过，日本政府的可再生能源发展目标仍然不够积极，可再生能源发展的目标应该定为到2030年可再生能源发电的占比达到50%~60%，而不应该等到2050年。

7.6.1.4 目标三：引入碳价机制

据日本共同社报道，日本政府还计划引入碳价机制来助力减排，在2021年制定了一项根据二氧化碳排放量收费的制度。据了解，碳定价是根据二氧化碳排放量要求企业与家庭负担费用的机制，旨在通过定价减少二氧化碳排放量。目前，日本国内东京都、埼玉县地区正在实施碳排放交易，但由于业内存在意见分歧，担心增加经济负担，因此政府对于全国引入碳定价机制仍然持谨慎态度。

国际能源署指出，日本作为二氧化碳排放大国，自2011年福岛核电站事故后，就严重依赖进口煤炭和液化天然气，根据日本原定的减排目标，到2030年实现碳排放比2013年减少26%，但根本无法实现这一目标，因此全面引入碳定价机制是必须之举。

7.6.2 《绿色增长战略》及《2050碳中和绿色增长战略》

日本经济产业省2020年12月提出了《绿色增长战略》，确定了日本到2050年实现的碳中和目标，构建"零碳社会"，以此来促进日本经济的持续复苏，预计到2050年该战略每年将为日本创造近2万亿美元的经济增长。为了落实该战略目标，日本针对海上风能、燃料电池、氢能等在内的14个产业提出了具体的发展目标和重点发展任务[①]，详细内容如下：

（1）海上风能产业。

发展目标：到2030年安装10吉瓦海上风能装机容量，到2040年达到30~45吉

① 中国科学院科技战略咨询研究院. 日本《绿色增长战略》提出2050碳中和发展路线图［EB/OL］.［2021-03-22］. https://www.meti.go.jp/press/2020/12/20201225012/20201225012-2.pdf.

瓦，同时 2030—2035 年将海上风能成本削减至 8~9 日元/千瓦时；到 2040 年风能设备零部件的国内采购率提升到 60%。

重点任务：推进风能产业人才培养，完善产业监管制度；强化国际合作，推进新型浮动式海上风能技术研发，参与国际标准的制定工作；打造完善的具备全球竞争力的本土产业链，减少对外国零部件的进口依赖。

（2）氨燃料产业。

发展目标：计划到 2030 年实现氨作为混合燃料在火力发电厂的使用率达到 20%，并在东南亚市场进行市场开发，计划吸引 5 000 亿日元投资；到 2050 年实现纯氨燃料发电。

重点任务：开展混合氨燃料/纯氨燃料的发电技术实证研究；围绕混合氨燃料发电技术，开发东南亚市场，到 2030 年计划吸引 5 000 亿日元投资；建造氨燃料大型存储罐和输运港口；与氨燃料的生产国建立良好合作关系，构建稳定的供应链，增强氨的供给能力，到 2050 年实现 1 亿吨混合氨燃料的年度供应能力。

（3）氢能产业。

发展目标：到 2030 年将年度氢能供应量增加到 300 万吨，到 2050 年达到 2 000 万吨。力争在发电和交通运输等领域将氢能成本降低到 30 日元/立方米，到 2050 年降至 20 日元/立方米。

重点任务：发展氢燃料电池动力汽车、船舶和飞机；开展氢燃气轮机发电技术示范；推进氢还原炼铁工艺技术开发；研发废弃塑料制备氢气技术；研发新型高性能低成本的氢燃料电池技术；开展长距离远洋氢气运输示范，参与制定氢气输运技术国际标准；推进可再生能源制氢技术的规模化应用；开发电解制氢用的大型电解槽；开展高温热解制氢技术的研发和示范。

（4）核能产业。

发展目标：到 2030 年争取成为小型模块化反应堆的全球主要供应商，到 2050 年将相关业务拓展到全球主要的市场地区（包括亚洲、非洲、东欧等）；到 2050 年将利用高温气冷堆进行热解制氢技术的成本降至 12 日元/立方米；2040—2050 年，建造和运行聚变示范堆。

重点任务：积极参与国际合作（如参与技术开发、项目示范、标准制定等），融入国际产业链；开展利用高温气冷堆进行热解制氢技术的研究和示范；继续积极参与国际热核聚变反应堆计划，学习先进的技术和经验，同时利用国内的 JT-60SA 聚变设施开展聚变能的研究，为聚变能的商用化奠定基础。

（5）汽车和蓄电池产业。

发展目标：到 21 世纪 30 年代中期，实现新车销量全部转变为纯电动汽车和混合动力汽车的目标，实现汽车全生命周期的碳中和目标；到 2050 年将替代燃料的经济性降到比传统燃油车价格还低的水平。

重点任务：制定更加严格的车辆能效和燃油指标；加大电动汽车公共采购规模；扩大充电基础设施部署；出台燃油车换购电动汽车补贴措施；大力推进电化学电池、燃料电池和电驱动系统技术等领域的研发和供应链的构建；利用先进的通信技术发展网联自动驾驶汽车；开发性能更优异但成本更低廉的新型电池技术。

（6）半导体和通信产业。

发展目标：将数据中心市场规模从 2019 年的 1.5 万亿日元提升到 2030 年的 3.3 万亿日元，届时实现将数据中心的能耗降低 30% 的目标；到 2030 年半导体市场规模扩大到 1.7 万亿日元；2040 年实现半导体和通信产业的碳中和目标。

重点任务：扩大可再生能源电力在数据中心的应用，打造绿色数据中心；开发下一代云软件、云平台以替代现有的基于半导体的实体软件和平台；开展下一代先进的低功耗半导体器件及其封装技术的研发，并开展生产线示范。

（7）船舶产业。

发展目标：2025—2030 年，开始实现零排放船舶的商用，到 2050 年将现有传统燃料船舶全部转化为氢、氨、液化天然气等低碳燃料动力船舶。

重点任务：促进面向近距离、小型船只使用的氢燃料电池系统和电推进系统的研发和普及；推进面向远距离、大型船只使用的氢、氨燃料发动机以及附带的燃料罐、燃料供给系统的开发和实用化进程；积极参与国际海事组织主导的船舶燃料性能指标的修订工作，以减少外来船舶的二氧化碳排放；提升液化天然气燃料船舶的运输能力，提升运输效率。

（8）交通、物流和建筑产业。

发展目标：到2050年实现交通、物流和建筑产业的碳中和目标。

重点任务：制定碳中和港口的规范指南，在全日本范围内布局碳中和港口；推进交通电气化、自动化发展，优化交通运输效率，减少排放；鼓励民众使用绿色交通工具（如自行车），打造绿色出行；在物流行业引入智能机器人、可再生能源和节能系统，打造绿色物流系统；推进公共基础设施（如路灯、充电桩等）节能技术的开发和部署；推进建筑施工过程中的节能减排，如利用低碳燃料替代传统的柴油应用于各类建筑机械设施中，制定更加严格的燃烧排放标准等。

（9）食品、农林和水产产业。

发展目标：打造智慧农业、林业和渔业，发展陆地和海洋的碳封存技术，助力2050年碳中和目标的实现。

重点任务：在食品、农林和水产产业部署先进的低碳燃料用于生产电力和能源管理系统；推进智慧食品供应链基础技术的开发和示范；开展智慧食品连锁店的大规模部署；积极推进各类碳封存技术（如生物固碳），实现农田、森林、海洋中二氧化碳的长期大量储存。

（10）航空产业。

发展目标：推动航空电气化、绿色化发展，到2030年实现电动飞机的商用，到2035年实现氢动力飞机的商用，到2050年航空业全面实现电气化，碳排放较2005年减少一半。

重点任务：开发先进的轻量化材料；开展混合动力飞机和纯电动飞机技术的研发、示范和部署；开展氢动力飞机技术的研发、示范和部署；研发低成本、低排放的生物喷气燃料；研发利用回收的二氧化碳与氢气合成的航空燃料；加强与欧美厂商合作，参与电动飞机的国际标准制定。

（11）碳循环产业。

发展目标：发展碳回收和资源化利用技术，到2030年实现二氧化碳回收制燃料的价格与传统喷气燃料相当的目标，到2050年实现二氧化碳塑料制品与现有的塑料制品价格相同的目标。

重点任务：发展将二氧化碳封存进混凝土的技术；发展二氧化碳氧化还原制备燃料技术；发展二氧化碳还原制备高附加值化学品技术；研发先进、高效、低成本的二氧化碳分离和回收技术，到2050年实现从大气中直接回收二氧化碳技术的商用目标。

（12）下一代住宅、商业建筑和太阳能产业。

发展目标：到2050年实现住宅和商业建筑的净零排放目标。

重点任务：针对下一代住宅和商业建筑制定相应的用能、节能规则制度；利用大数据、人工智能、物联网等技术实现对住宅和商业建筑用能的智慧化管理；建造零排放住宅和商业建筑；加快对先进节能建筑材料的开发，包括钙钛矿太阳能电池在内的具有发展前景的下一代太阳电池技术的研发、示范和部署；加大太阳能建筑的部署规模，推进太阳能建筑一体化发展。

（13）资源循环产业。

发展目标：到2050年实现资源产业的净零排放目标。

重点任务：发展各类资源回收再利用技术（如废物发电、废热利用、生物沼气发电等）；通过制定法律法规来促进资源回收再利用技术的开发和社会普及；开发可回收利用的材料和再利用技术；优化资源回收技术和方案以降低成本。

（14）生活方式相关产业。

发展目标：到2050年实现碳中和的生活方式。

重点任务：普及零排放建筑和住宅；部署先进智慧能源管理系统；利用数字化技术发展共享交通（如共享汽车），推动人们出行方式的转变。

2021年8月，日本经济产业省宣布将2020年12月25日提出的《绿色增长战略》更新为《2050碳中和绿色增长战略》，相关具体修订内容如下：

（1）海上风能、太阳能、地热产业（新一代可再生能源）。

①海上风能。

发展目标：到2030年安装10吉瓦海上风能机组，到2040年达到30~45吉瓦；2030—2035年将海上风能成本削减至8~9日元/千瓦时；到2040年风能设备零部件的国产化率提升到60%。

重点任务：推进风能产业人才培养，完善产业监管制度；强化国际合作，推进新型浮动式海上风能技术研发，参与国际标准的制定工作；打造完善的具备全球竞争力的本土产业链，减少对外国零部件的进口依赖。

②太阳能。

发展目标：到2030年太阳能光伏发电成本降至14日元/千瓦时；为扩大太阳能发电的普及，到2030年家用太阳能电池安装成本将控制在7万日元/千瓦时（包含建设工程费）。

重点任务：研究钙钛矿等具有潜在应用价值的材料，开发下一代太阳能电池技术；扩大太阳能电池在住宅、建筑等领域的市场化应用；通过合理利用荒废耕地，大力强化农业太阳能发电的引进政策。

③地热。

发展目标：到2030年实施调查井的钻井试验，并对开发的钻井技术和外立面材料等构件进行验证。到2040年验证包括涡轮等地面设备的整体发电系统。到2050年在全球率先开展下一代地热发电技术示范。

重点任务：开展超高温、高压环境下的钻孔套管材料和涡轮等材料抗腐蚀技术的研究；提供风险担保资金，以促进开发地热资源调查钻井技术；促进地热能多元化利用，结合本地资源进行可持续开发。

（2）氢能、氨燃料产业。

①氢能。

发展目标：到2030年将氢能年度供应量增加到300万吨，其中清洁氢（由化石燃料+碳捕集、利用与封存/碳循环或可再生能源等方式生产的氢）供应量力争超过德国2030年的可再生氢供应水平（约42万吨/年），到2050年氢能供应量达到2 000万吨/年。力争在发电和交通运输等领域将氢能成本降低到30日元/立方米，到2050年降至20日元/立方米。

重点任务：发展氢燃料电池动力汽车、船舶和飞机；开展氢燃气轮机发电技术示范项目；推进氢还原炼铁工艺技术的开发；研发废弃塑料制氢技术；研发新型高性能低成本的氢燃料电池技术；开展长距离远洋氢气运输示范，参与制定氢气输运技术国际标准；推进可再生能源制氢技术的规模化应用；开发电解制氢的大型电解槽；开展高温热解制氢技术的研发和示范。

②氨燃料。

发展目标：在混合氨燃料应用方面，2021—2024年火力发电厂完成掺混氨燃料的示范验证；到2050年火力发电厂实现使用含有50%的混合氨燃料。在氨燃料生产方面，到2030年推进配套设备的制造，构建稳定的氨燃料供应链体系；到2050年提高在发电领域混合氨燃料的烧率和开发燃烧纯氨技术，并应用于船舶和工业领域；到2030年实现氨燃料年产量300万吨，到2050年达到3 000万吨。

重点任务：开展混合氨燃料/纯氨燃料的发电技术的实证研究；围绕掺混氨燃料发电技术，开发东南亚市场，到2030年计划吸引5 000亿日元投资；建造氨燃料大型存储罐和输运港口；与氨燃料的生产国建立良好合作关系，构建稳定的供应链，增强氨燃料的供给能力，到2050年实现1亿吨混合氨燃料的年度供应能力。

（3）新一代热能产业。

发展目标：到2030年向所有供热基础设施中掺入1%的合成甲烷，结合其他方式实现5%的气体燃料脱碳；到2050年将掺入90%的合成甲烷的气体燃料通入供热设施，结合其他方式实现供热气体燃料的完全脱碳。此外，到2030年用于船舶动力的天然气燃料逐步用合成甲烷替代；到2050年实现年度合成甲烷2 500万吨，且合成甲烷价格与液化天然气价格相当。

重点任务：实现气体燃料脱碳化的海外供应链建设；在过渡时期推进向天然气燃料转化，制定包括天然气在内的各个领域路线图；致力于构建区域氢能供应网络；利用数字技术实现区域能源综合控制；提供设备维护等综合服务和脱碳解决方案；推进氢能直接利用以及碳捕集、利用与封存等技术的应用；加强大型天然气运营商、业界团体和行政部门之间的相互合作，推进热能供应的脱碳发展。

7.6.3 氢能加速日本碳中和

2020年10月，日本政府宣布了"2050年实现碳中和"的"脱碳社会"目标。为此，日本经济产业省制定了《绿色增长战略》。作为日本的一项全面工业政策，其目标在于促进研发，以大大减少日本的温室气体排放，并引领全球绿色产业。日本经济产业省制定的《绿色增长战略》对14个部门进行了战略指引，主要分为三类：第一类为运输和制造，包括电动汽车和电池，半导体、信息通信技术，海事，物流等基础设施，以及食品、农林渔业，航空和碳回收领域；第二类为家居和办公，包括建筑、资源循环和与生活方式相关的行业；第三类为能源，包括海上风能、氨燃料、核能和氢能①。

7.6.3.1 氢是最新的清洁能源

在这14个绿色增长部门中，氢能处于开发的最初阶段。日本公司在氢涡轮燃烧技术领域处于世界领先地位，这使得氢能成为日本清洁能源产品组合中不断上升的部分。川崎重工是推动日本成为全球氢能先驱者的主要推动力，也是液化天然气高效、大规模存储和运输的先驱。尽管氢气很难大量存储和远距离运输，但是川崎重工凭借其专有的液化系统和氢气创新技术，正在改变这一现状。

1981年，川崎重工成为亚洲第一家制造液化天然气运输船的公司，从那时候开始，它逐步成为海上低温技术的领导者。1983年，川崎重工在JAXA种子岛宇宙中心的火箭发射场设施的基础上，开发、制造和运营了液化氢存储罐技术。这些创新技术使得海上运输大量液态氢得以实现。2019年，川崎重工造出了世界上第一艘液化氢运输船，利用低温技术将液化氢保持在零下253℃水平，让氢的体积缩小

---

① 佚名. 碳中和与氢能在日本碳中和蓝图中的作用 [EB/OL]. (2021-03-18) [2021-09-30]. https://new.qq.com/rain/a/20210318A0EIYX00.

到原始气态体积的 1/800。作为无二氧化碳氢能源供应链技术研究协会的主要成员，川崎重工还参与了大型存储设施中气化液化氢的建设。

日本新能源与产业技术开发组织是日本国家主导的研发机构，该机构 2015—2020 年资助了无二氧化碳氢能源供应链技术研究协会的示范项目，该项目旨在建立由未使用的褐煤衍生的大规模氢气海上运输供应链。无二氧化碳氢能源供应链技术研究协会正在启动试点示范，目标是到 2030 年实现液态氢的商用。日本新能源与产业技术开发组织还从 2019 年开始给予川崎重工补贴，以扩大用于液化氢的运输和存储设备，以及开发应用端的基础设备。

7.6.3.2　氢能的现状和发展

氢能是绿色增长的未来。2018 年，日本神户成为世界上第一个使用氢动力的燃气轮机的地区，当时川崎重工和大林组株式会社等合作，进行了一项测试，以向四个设施提供氢动力的蒸汽热和电，分别是神户市医疗中心总医院、神户港岛体育馆、神户国际展览馆和港岛污水处理厂。

氢能的下一个应用可能是为重型卡车、公共汽车、轮船和火车供电，甚至可以为更大范围的电网供电。日本的氢战略目标是，到 2030 年将液化氢供应链商业化，并用于电力领域。

7.6.3.3　氢能将加速日本碳中和目标

由于二氧化碳占温室气体排放总量的 80% 以上，日本认识到通过氢能和《绿色增长战略》的其他部分来转型对日本的经济结构、产业结构和商业模式的可持续发展具有重要意义。如今，日本政府通过税收优惠以及 10 年期的 189 亿美元研发方向的绿色创新基金，吸引了《绿色增长战略》中所定义的 14 个增长领域的企业投资和创新。

日本立法机关正在审议以增长为导向的监管措施。截至 2021 年 1 月，日本有 70 多家公司宣布了碳中和的目标和时间表。

7.6.4 日本立法通过2050年碳中和法案

日本国会参议院正式通过修订后的《全球变暖对策推进法》，以立法的形式明确了日本政府提出的到2050年实现碳中和的目标[①]。这是日本首次将温室气体减排目标写进法律。

根据这部新法，日本的都道府县等地方政府有义务设定利用可再生能源的具体目标。地方政府为扩大利用太阳能等可再生能源制定相关鼓励制度。2020年10月，日本宣布了到2050年实现碳中和的目标。此外，日本还表示，力争到2030年温室气体排放量比2013年减少26%，并朝着减少50%的目标努力。为实现2050年碳中和目标，日本政府在2020年发布了《绿色增长战略》，将在海上风力发电、电动车、氢能源、航运业、航空业、住宅建筑等14个重点领域推进温室气体减排。

① 佚名．日本通过2050年碳中和法案［EB/OL］．（2021-06-02）［2021-09-30］．https：//baijiahao.baidu.com/s？id=1700862460347107692&wfr=spider&for=pc．

8 韩国

8.1 韩国经济社会发展现状及世界影响

8.1.1 韩国经济社会发展状况

韩国是一个新兴的工业化国家，位于朝鲜半岛南部。作为典型的追赶型国家，韩国经济保持了30多年的高速增长，渐次步入中等收入阶段和高收入阶段，已经成为世界主要发达经济体之一。韩国经济发展的阶段性特征主要有：以1997年亚洲金融危机为分界点，韩国经济发展主要可以分为两个阶段：1961—1997年的37年间，GDP平均增速为7.9%；1998—2012年的15年间，GDP平均增速为3.9%。亚洲金融危机使韩国经济增速的下降幅度高达51%。其中1998—2007年GDP平均增速为4.4%，2008—2012年GDP平均增速为2.9%，国际金融危机也使韩国GDP平均增速下降34%。从1961年韩国经济恢复到战前（朝鲜战争）水准开始，在迄今50余年的时间里，韩国经济发展共经历了五个主要阶段：分别是1962—1971年的奠定自主经济基础期；1972—1978年的推动产业结构升级期；1979—1989年的经济转型期；1990—1997年的加速经济自由化与国际化期；以及1998年迄今的经济改革与重整期。

2016年是韩国艰难的一年：从朝鲜半岛紧张局势升温，到总统被弹劾，再到世界十大船公司之一韩进宣布破产、乐天集团涉入贪污舞弊案、三星的旗舰机Note 7爆炸停产……韩国从政府到企业都面临极大的挑战。2017年朴槿惠被弹劾正式下台，韩国政府部署萨德，韩国经济必然受到重创，这是无法避免的。韩国内部本来就因为三星、乐天、海运等多个经济大项目出现问题而导致国家经济动摇，内部依然千疮百孔，外部更是隔绝了与中国的经济往来。而韩国在失去中国这一经贸大国的支援后，希望寻求日本及东南亚国家的经济援助，然而日本对韩国伸出援助之手的概率微乎其微。近几年的韩国将面临更大挑战与不确定性。

穆迪、标普、惠誉等国际评级机构认为，作为韩国经济增长的重要支撑和巨擘的三星电子和现代汽车也可能面临困难，韩国的智能手机和汽车在全球市场份额正面临严峻挑战。在韩国经济受到重创的过程中，越南经济或也因此受到较大的影响。原因在于，韩国的半导体、电子设备等优势产业的相关企业都在越南进行了大量投资。例如，KOTRA数据显示，如今韩国已经是越南最大投资资金支持者，目前大约有5 500家企业在越南经商。仅2017年，韩国电子企业将生产基地迁到越南后，韩国半导体、平板显示器、无线通信设备及电子设备配件等四大电子零部件的出口额占总体的46.7%。韩国对越南投资545亿美元，共计6 130个项目。

韩国的经济一直保持高速增长的态势，按照世界银行的GDP统计数据，韩国2018年经济总量达到了17 206亿美元，2019年小幅下降到16 424亿美元。作为"亚洲四小龙"之一的韩国在创造"汉江奇迹"之后，经济于2010年开始处于相对稳定增长的局面，GDP增长率保持在2%~3%，2019年是2.03%。韩国的经济增长也经历过几次危机，1980年经济增长率下降到-1.65%，1998年断崖式地下降到-5.13%，2009年为-0.79%。人均GDP在2006年突破2万美元之后，仅用11年的时间，于2017年超过3万美元，2018年达到33 340美元，2019年有些缩水，仅31 762美元（见图8-1）。

韩国经济从20世纪60年代开始展现出世界经济中前所未有的快速增长。经济开发正规化以后的1962年人均GDP才不过82美元，而到了2012年已增长到了22 000美元，且经济规模以1兆美元占据世界第15位。20世纪60年代初曾经以出口铁矿石、钨等一次性生产物和自然产品为主的韩国成长为一个以生产半导体、汽车、船舶、电视机、手机等产品为主的制造强国。像这样在国内资源贫乏的情况下果断引入外资和先进技术展现了很好的效果。同时，为了交易均衡也积极推动了开放化进程。特别是加入WTO（1995年）和OECD（1996年）使得完全开放化这一目标得以

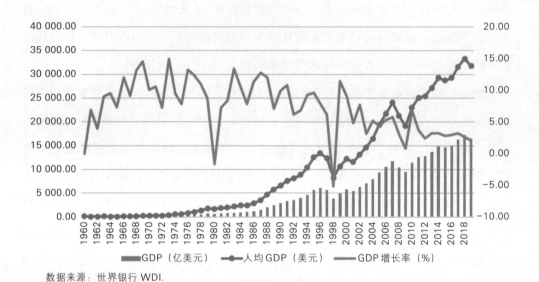

数据来源：世界银行 WDI.

图8-1 韩国GDP、GDP增长率和人均GDP（1960—2019年）

注：GDP是当年GDP，人均GDP是当年GDP/人口的数据。

更快地推进。开放化对于韩国国内产业的竞争力强化和出口增长的扩大也有着非凡的意义。

2013年4月在世界经济研讨会上，韩国国家经济竞争力在148个国家中居第25位，被瑞士经济研究院国际经营开发院（International Institute for Management Development）评价为第22名[1]。特别是在企业革新及成熟度方面都有较高的评级分数，被评为第20位。在波士顿咨询集团（BCG）的"2013年最具革新型的企业（The Most Innovative Companies 2013）"评价中，苹果公司第一，三星公司以极其微小的差距名列第二，三星公司在世界上崭露头角。三星公司的销售额和利润等方面，是索尼公司、松下公司总金额的8倍。下面从几个方面分析韩国具有竞争力的一些产品和行业。

第一，液晶电视。液晶电视曾是日本电子产品的招牌。但现在这个宝座已让位

---

① 崔圣伯. 韩国的经济增长和对外开放化问题——韩、日比较研究 [J]. 经营管理者，2015（4）.

给了韩国企业。现在世界市场占有率排行榜中三星以占19%，LG以占12%的市场优势领先于索尼、东芝、夏普等公司。然而韩国企业的高占有率并不是因为低价攻势而获得的。依据美国的在线商城（2012年）百思买上产品销售价格（10月）40～42美元为标准价格，索尼的价格是580美元，三星的价格是500美元，价格最便宜的是夏普380美元。夏普和松下在美国是B级产品。韩国并不是因为价格优势超越日本，而是由于韩国企业的技术已达到了先进国家的程度。世界250家生产销售消费品的大企业中三星超越了日本的松下和索尼，LG超越了诺基亚（5 763万美元）。三星和LG拥有位列前十名的竞争力。

第二，半导体产品。不仅是电子产品，韩国半导体企业也是独一无二的存在。代表性的企业有三星、SK海力士等。这些企业在存储装置的DRAM的产量占有率上达到了60%。

第三，钢铁产品。作为韩国基础产业的钢铁产业也不例外。韩国的浦项钢铁公司在收益方面也是世界最强的钢铁公司。按照世界钢铁协会的统计，浦项钢铁公司2011年总钢铁生产量继Arcelor Mittal（欧洲）、河北钢铁（中国）、宝山钢铁（中国）、新日本制铁（日本）之后以3 900万吨位列第五名。曾经相比于日本钢铁在产品方面不足的浦项钢铁公司如今在技术方面已与其不相上下。汽车产业本身为了轻量化正在增加对高强度钢的需求。承重980千克以上的浦项钢铁公司产品已经和日本产品毫无差异了，而且浦项钢铁公司的汽车用钢板每1千克0.59美元，比日本产品便宜0.04美元。浦项钢铁公司因为有这样的价格竞争力而扩大了市场。2011年从韩国出口至日本的钢板达到29.6亿美元，比上一年增长了48%（韩国贸易协会）。韩国产品的需求扩大主要是因为汽车用钢板的作用日益突出。日本国内使用进口汽车零配件最多的就是尼桑汽车。日产汽车在日本国内消费钢材使用量的30%来自浦项钢铁公司。新兴国家中浦项钢铁公司产品的使用也在增加，泰国的尼桑汽车品牌玛驰中使用的钢材有一半以上是浦项钢铁公司产品。

第四，汽车业。现代制铁是现代汽车的分公司。以此为基础的现代汽车公司具有更强的竞争力。2021年，现代汽车在全球交付了3 890 981辆汽车。

8.1.2 韩国的能源结构与能源战略

8.1.2.1 韩国的经济发展与能源结构

韩国是能源资源十分匮乏的国家，石油、天然气几乎全部依赖进口，但在第二次世界大战后仅用30年左右的时间就完成了发达国家100~200年时间的工业化与产业化进程。[①]其重要原因之一是韩国高度重视能源战略的制定和实施，政府成立独立的部门主管国内能源供求并负责能源外交事务。韩国在相当长的一段时间内，实行的是"供给导向"的能源安全战略，即为韩国经济寻求持续、可靠的低价能源，提高产业竞争力，并抑制通货膨胀。依靠政府的强力引导，韩国在石油、天然气、电力等方面建立起了良好的供给网络，为经济腾飞提供了保证。

韩国主要的能源消费来自石油、煤炭、天然气等。图8-2是这三个能源的消费趋势图，韩国经济对于石油的依赖程度很高，大部分靠进口，石油的消费一直呈急速增长的趋势，直到1997年金融危机，之后随着经济逐渐复苏，石油的消费也随之增加，甚至2015年石油的消费超过了1997年之前的水平，直到2018年石油消费才有所下降和缓解。天然气也跟石油一样，几乎全部依赖进口。天然气的消费也是稳步增长的态势，一直到2009年全球经济危机，天然气消费有所下降，之后迅速恢复到原来的水平，又保持增长趋势，到2014年又有一次下降，2018年达到了最高点，2019年有所减少。煤炭的消费一直呈稳步增长的趋势，中间有小幅浮动，一直到2018年达到最高点，2019年有所减少。

根据BP（英国石油公司）的数据，2019年韩国各类能源的消费，除了核能发电的消费增加8.9%之外，其他能源的消费均减少。煤炭消费减少5.3%，天然气消费减少3.2%，石油消费减少1.3%，减少最多的是水力发电，减少17.7%。2008—2018年间，唯有核能减少1.8%的水平，其他能源的消费均有所增加。天然气和煤炭的消费各增加了4.5%和2.7%，石油和水电能源的消费分别增加了1.7%和0.3%。从韩国的能源消费占全世界的比重来看，核能的比重较高，占到5.2%，主

---

① 李炳轩. 韩国的能源战略研究［D］. 吉林大学，2011.

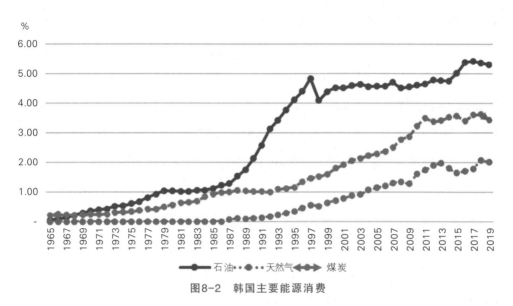

图8-2　韩国主要能源消费

数据来源：BP，2020.

要能源如石油、煤炭和天然气比重分别是2.7%、2.2%和1.4%，水电的比重不到0.1%（见表8-1）。

表8-1　　　　　　　　　　　韩国各类能源消费　　　　　　　　　　单位：艾焦耳

能源	2018年	2019年	2019年增长率	2008—2018年平均增长率	2019年占世界能源比重
石油	5.37	5.30	−1.3%	1.7%	2.7%
天然气	2.08	2.01	−3.2%	4.5%	1.4%
煤炭	3.63	3.44	−5.3%	2.7%	2.2%
核能	1.19	1.30	8.9%	−1.8%	5.2%
水电	0.03	0.02	−17.7%	0.3%	0.1%

数据来源：BP，2020.

在韩国国内能源格局中，以化石能源消费为主，核能发电占比较大。在石油供给方面，韩国石油消费有所波动，但在韩国能源消费的品种中仍占有十分重要的地位。石油消费占比从20世纪80年代初的58%，降至90年代初的53.8%，直至2009年的42.2%。在煤炭供给方面，韩国是继中国、印度、日本之后世界第四大煤炭进口国。2005—2015年，韩国有关煤炭的消费增长了56%，其中电力部门消费的煤炭占煤炭总消费量的60%。韩国计划在2022年前将20个以煤炭为动力的发电厂投入运行。在核能领域，韩国的核能发电能力居世界前列，2016年，韩国核能发电位居世界第六，核电发电量占韩国发电总量的近1/3，约占韩国现有发电能力的22%。这样，国内能源消费结构合理化成为韩国能源安全战略的又一关键内容。[①]

1980年，韩国政府制定了《能源利用合理化法》，并依法成立了能源管理公司，同时根据该法制定国家的能源战略。冷战后，韩国更加慎重地对待能源战略的制定，制定并实施《国家能源基本计划》。基于能源争夺战的深化、新高油价时代的到来、温室气体减排负担的加重、后工业化国家能源需求的剧增、绿色能源产业的世界市场规模的扩大等国际背景以及能源消费大国、以石油为主的能源消费结构、能源消费的绝大部分依赖进口、温室气体排放量的持续增加、大部分温室气体由能源部门排出、二氧化碳温室气体排放量的大部分都在韩国国内的现实，韩国在2008年又制定了到2030年为止的《国家能源基本计划》，勾画了能源发展的战略目标、战略措施和手段。这一计划的特征是韩国历史上第一个以20年为单位的长期能源计划；为《能源利用合理化法》等其他能源计划指明了原则和方向，是能源领域的最高计划；为"低碳绿色增长"提出了能源领域的基础条件，勾画出了对应"后石油时代"的长期能源政策蓝图；摆脱以供给为中心的能源中心，提出了以需求为中心的强有力的减排目标；是综合考虑环境、效率、安全等因素的长期能源战略。

20世纪60年代初，韩国开始实施第一个五年计划，经过30多年的高速发展，一跃迈入新兴工业国家的行列，成为"亚洲四小龙"之一，1996年10月加入了经济合作与发展组织（OECD），成为"富国俱乐部"成员。这也使韩国成为能源消

---

① 范斯聪. 2008年以来韩国能源外交的评析与展望［J］. 当代韩国，2019（1）.

费大国，消费量位居世界第十位。大致来看，韩国能源消费和经济增长之间呈正相关关系。然而，韩国的能源资源十分有限，所需能源的97%需要从海外进口。2003年，韩国成为世界第七大石油消费国，世界第四大石油进口国，大部分依赖进口。2005年韩国能源进口总额占韩国整个进口总额的25.5%。如果没有有效的能源发展计划，韩国经济将难以持续发展。再加上国际能源的供求状况十分严峻、地缘因素影响韩国能源资源的有效引进、自身能源竞争力的相对弱势和不断加大的能源竞争压力等，都使韩国的经济发展和政治社会稳定对世界能源市场的价格波动极为敏感，韩国能源安全的脆弱性显得相对突出，其战略选择也值得关注。能源问题直接关系到韩国的经济命脉。为了确保能源安全，韩国实施了多元化的能源战略，以保障本国经济和社会的持续稳定发展。

8.1.2.2　韩国的碳排放与能源战略

韩国宣布2030年温室气体减排目标最终方案，在现有日常水平的基础上减排37%，较之前的减排15%~30%的目标有所提高。一直以来，韩国碳排放量居世界前十位，其所采取的减排措施对全球温室气体的减排效果来说至关重要。按照目前设定的2030年减排目标，预计碳减排量将达到8.5亿吨。此前，韩国政府曾提出4套减排目标方案，减排目标分别为14.7%、19.2%、25.7%和31.3%，准备在公众听证后进行选择。联合声明称，考虑到韩国在应对气候变化领域一直在国际上发挥着先导作用、承担的全球责任和把握新能源业务发展以及促进制造领域创新机会等原因，韩国提高了当初制定的减排目标。根据声明，这一减排目标也会于当日提交给联合国。2009年，韩国曾自愿提出将2020年的温室气体减排量在当时基础上削减30%。

2015年初，韩国实施新的碳交易方案，启动全球第二大碳排放交易市场，占温室气体排放总额65%的525家企业碳排放受到限制。然而，企业界的不积极参与导致了交易进展缓慢，他们抱怨存在交易成本太高、分配的排放配额少于申请量等问题。韩国能源战略指导原则由"供给导向"逐步过渡到"需求方导向"。2008年以前，韩国经济高速增长的背后是"供给导向"的能源战略。然而，这种靠对资源的高投入换取经济高增长的发展方式不具有可持续性，韩国长期经济增长遭遇瓶颈。有研究表明，2007年以出口贸易拉动经济增长的发展方式已经达到依靠这一战略所能触及的最高富裕水平，"供给导向"的能源战略已不合时宜。自李明博政府开始，韩国修改其能源计划，从"供给导向"为原则的能源安全战略逐步过渡到"需求方导向"，即为发展以服务业为基础而非资源高投入的发达经济，能源安全更多地依赖科技创新以及在新的能源合作领域的合作形式。

韩国在其能源战略原则的指导下，细化能源政策目标，并采取多种实现方式。2008年时任韩国总统李明博在韩国建国60周年纪念大会上提出了"低碳绿色增长战略"，阐述了韩国能源政策的三大目标，即平衡能源需求、能源资源多样化、绿色能源消耗。李明博为提高能源安全性，从国内能源需求出发，"加强国际合作和国内产业结构调整"，提出构建"进口资源多元化，建立完善的能源依托为主的支撑体系"的行动计划，要求韩国能源部门牵头开展与他国的能源合作，提高能源供给率。韩国还不断出台更加严格的环保条款，走向更加可持续发展的能源体系。为此又提出了"加强海外资源开发能力，实现新能源的合理布局，健全全球能源合作体系"的多种实现方式。

韩国的一次能源消费从2018年的12.55艾焦耳缩减为2019年的12.37艾焦耳，减少1.4%，占全世界能源消费的2.1%；碳排放从2018年的662.2百万吨减少到2019年的638.6百万吨，下降了3.56%，占全世界碳排放的1.9%。2008—2018年间一次能源消费和二氧化碳排放的增长率同样为2.2%，跟经济增长速度保持一致的增长率（这个期间经济增长为2%~3%）（见表8-2和图8-3）。

表8-2 一次能源消费和二氧化碳排放 单位：艾焦耳，百万吨

	2018年	2019年	2019年增长率	2008—2018年平均增长率	2019年占世界能源比重
一次能源消费	12.55	12.37	-1.4%	2.2%	2.1%
二氧化碳排放	662.2	638.6	-3.56%	2.2%	1.9%

数据来源：BP，2020.

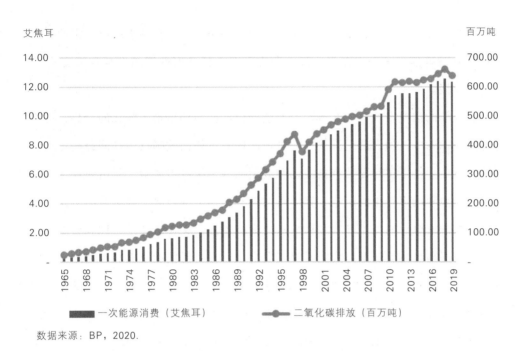

数据来源：BP，2020.

图8-3　韩国的一次能源消费和二氧化碳排放量（1965—2019年）

韩国以化石能源消费为主，能源格局不合理是制约实现绿色增长的内在因素。韩国能源布局中石油与煤炭消费占比过高，传统资源消费带来的环境污染给韩国造成的经济损失较大。有数据显示，韩国每年每百万人口中，因室外空气污染造成的死亡人数约为 1 100 人，由其造成的 GDP 损失，使韩国排在损失大国的第三位。因而，韩国政府一改过去通过降低能源强度来提高能源利用率的单一方式，要求韩国能源部门拓展与其他国家的能源合作方式，解决能源供给问题，同时调整能源结构，提高能源使用效率，发展绿色经济。①

2008 年以来，韩国围绕能源战略原则和目标，逐步采取措施调整能源政策，具有一定的指向性。李明博执政时期，政府看重绿色能源，努力降低传统能源的消费比重。朴槿惠执政时期，瞄准新的常规能源地区，同时十分看重非常规能源中天然气资源的开发与利用，制定新版能源安全战略政策。尽管朴槿惠因亲信干政事件

① 范斯聪. 2008 年以来韩国能源外交的评析与展望 [J]. 当代韩国，2019（1）.

下台，韩国能源部门制订的第二个能源计划 "下架"，但朴槿惠政府制定的能源战略思想并没有消失——文在寅总统上台之后对前任政府的能源安全政策有所 "继承" 与发展。

从目前的情况来看，文在寅政府调整国内能源结构出现了强化的趋势，即鼓励可再生能源发电，加大液化天然气的进口。同时，韩国欲降低常规能源的比重，抑制核能发展。由于国际石油价格波动和波斯湾的地缘政治风险，受国内环保主义者和提高能源利用率思想的影响，韩国石油消费呈现下降趋势，煤炭的消费比重不断下降，核能发电计划由于日本福岛核事故而被叫停。文在寅甚至声称放弃燃煤与核能，大幅提高可再生能源与液化天然气发电量，减少对核能及煤炭的利用。他在竞选阶段更是宣称，在 2030 年之前，将韩国液化天然气发电量在总发电量中的占比从现今的 19% 提高到 27%；可再生能源发电量占总发电量的比例，由目前的 5% 提升至 20%；为减少对核能的依赖，2017 年 6 月 19 日韩国关闭了 1978 年首次投入运行的古里核电站一号机组。

近年来韩国的可再生能源的发电量增长速度极快，从 2018 年的 23.9 兆瓦小时增长到 2019 年的 29.2 兆瓦小时，增长速度达到了 22.2%。按照可再生能源的类别，2019 年风能和太阳能的增长速度分别达到了 6.6% 和 25.6%，地热、生物和其他可再生能源的发电量增长了 22.9%（见表 8-3）。

表8-3 可再生能源的发电量 单位：兆瓦小时

	风能	太阳能	其他可再生能源*	合计
2018年	2.6	9.7	11.6	23.9
2019年	2.8	12.1	14.3	29.2
2019年增长率	6.6%	25.6%	22.9%	22.2%

数据来源：BP，2020.

注：*包括地热、生物能和其他可再生能源产生的电力。

8.2 韩国低碳发展政策及实施效果

8.2.1 韩国的能源自主开发战略及战略调整

韩国能源政策的基本方向已由一直以来的"能源的稳定进口"转向"积极开发海外能源的自主开发"。自主开发率是指将能源进口量看成 100 时，其中通过韩国股份所获得的物量的比率。韩国能源的海外依存度很高，能源需求的 97% 依赖进口。[①]因此，稳定的能源获得是左右国家生存和经济稳定并增长的国家性课题。尽管如此，韩国的能源自主开发率很低，2009 年，韩国对石油、天然气的自主开发率只有 8.1%。

韩国从 1977 年开始着手开发海外资源，在国外建立能源和矿产品生产基地，以保证韩国国内的需要。20 世纪 80 年代末和 90 年代初，韩国政府明确提出开展资源外交活动，并取得很大进展。一是在海外能源开发地区分布上，由原来的以中东为中心逐渐向北美洲、东南亚、大洋洲、非洲等未开发的地区推进，再扩大到俄罗斯等独联体国家、中亚地区、中国、越南和蒙古国等。在石油方面，原来韩国进口石油的 82% 依靠中东地区，现已通过政府首脑外交等将其一部分分流到俄罗斯、巴西、尼日利亚等国家和地区，加强合作，与印度尼西亚、澳大利亚、俄罗斯、菲律宾、蒙古国共同设立了资源合作委员会。另外，以首脑能源外交为契机，提高海外能源自主开发能力。在筹集海外能源开发资金方面，韩国政府设立了"海外资源开发基金"，随后又相继设立了"海外资源开发投资损失预备基金""海外矿业开发投资预备基金"，增设了"海外矿物基金"、"石油产业海外基金"、"海外投资基金"和"海外矿山调查费用和钻探费用"，建立了"能源和资源产业特别预算"。原规定只有国有企业才可到国外从事资源开发项目，现改为民营企业也可到国外投资，从事当地的资源勘探和开发工作。

---

① 李炳轩. 韩国的能源战略研究［D］. 吉林大学，2011.

还有，加强对能源开发专门企业和专业人才的培养。韩国政府加大了对石油公司的支持力度，着手将能源开发课题纳入大学教育当中，设立能源开发学院，必要时可设立能源开发专门大学和研究生学院。2004 年 11 月设立了国家能源咨询机构，它由总统直接领导来解决国家能源问题。2005 年 3 月，韩国政府决定向在海外勘探油气的企业提供风险融资，培育专门在海外从事油气开发的企业。

韩国应对能源安全脆弱性的战略选择科学务实，在国际层面，推动能源外交与国际能源合作，实施兼顾地缘政治的能源安全战略；在国内层面，推行摆脱能源安全脆弱性的一揽子计划。长期能源政策的目标包括：构建用尽量少的能源实现优质经济增长的社会；即使消耗能源，但环境污染最小化的社会；绿色能源产业增加就业岗位和成为新的经济增长点；能够面对能源危机的健全的能源自主社会。实现上述目标的行动战略包括：能源消费弹性系数由目前的 0.341 到 2030 年降低至 0.185，改善 46%，以此来构建"能源低消费社会"；在一次能源消费中把石化燃料的比重由目前的 83% 到 2030 年降低至 61%，把新能源再生能源的比重由目前的 2.4% 到 2030 年提高至 11%，核能的比重由现在的 14.9% 提高到 27.8%，摆脱能源供给的石化能源中心地位；把"绿色技术"等能源技术水平由目前的 60% 到 2030 年提高至世界最高水平（为此，韩国要集中力量把其目前只相当于美国 60% 的能源技术水平，提高到 2030 年和美国相等的水平。对研发投资 11.5 兆韩元，促进核心技术选择引进和开发），把能源产业培育成新增长动力；把石油天然气的自主开发率由目前的 4.2% 提高到 40%，并消除 7.8% 的能源贫困阶层（能源消费占家庭收入 10% 以上的家庭），构建能源自立的社会。到 2030 年的能源消费增长率降低到 1.1%，把目前的能效比提高 46%，与 1981—2006 年间 6.7% 的韩国能源消费增长率相比，降幅很大（1998—2006 年间为 4.4%）。

韩国能源战略体现了作为新型工业化国家能源发展战略的特点和发展趋势，即努力构筑可持续发展型能源社会、市场主导型能源社会、技术主导型能源社会和对外开放型能源社会。

第一，构筑可持续发展型能源社会。一是韩国通过调整经济主体的利润收入来改善能源利用的状态，在促进能源低消费和合理化利用的同时，提高政府在宏观调控过程中的透明度，推动能源高效率利用政策进一步向前发展。一方面要求确保经济主体的平衡性，另一方面确保在市场职能转换的过程中政府职能的充分执行。二是建立能源情报信息系统。这个系统将涉及各个方面，包括能源高效率利用的相关政策措施、法律法规、便利条件；能源高效率利用的产品、专家、经销商信息以及相关的经济资料；能源高效率利用的技术、成功案例以及相关的研究，遵守能源高效率管理制度的产品、模型以及相关公司的信息；不同用途、不同种类能源的消费现状及展望；能源价格的现状及展望等。三是继续稳定能源供给基础，确保原油的稳定配给，促进天然气的稳定进口，扩大海外能源的开发；确保能源供给基础的稳定，以扩充能源供给措施为基本方向，适时扩充天然气的供给设备，推进东北亚地区天然气管道的铺设进程，提高能源储备量和油价缓冲准备金，强化国际共助体系和事故预防体系。

第二，构筑市场主导型能源社会。面对世界能源供给的紧张状况，韩国政府积极推动能源产业市场化，"以市场调节为主，加强国家宏观调控"已经成为推动能源产业发展、保障能源供给的有效手段。韩国市场主导型能源社会的主要特点在于，一是对能源产业的结构进行改造，推进能源产业向民营化方向迈进；二是设置独立的规范机构，稳定能源市场的竞争秩序；三是充分发挥能源价格机制的作用，主要是改善不同能源间的相对价格体系，促进能源间公平竞争，以价格为手段引导能源绿色消费；四是发挥电子商务在能源产业中的作用，构筑综合性能源产业。

第三，构筑技术主导型能源社会。韩国采取一系列措施建设技术主导型能源社会。一是加强能源领域技术革新扶持体系，国家的能源技术开发计划主要集中在节约能源、替代能源和清洁能源三大领域。二是加强替代能源的技术研发。在确定投资对象方面，韩国要摆脱过去那种固定的投资计划，根据国民经济和世界经济的发展态势不断改善投资计划，加强对具有比较优势的技术的扶持。

第四，构筑对外开放型能源社会，就是积极推进国际能源合作，建设国际能源新秩序和东北亚能源新秩序。韩国能源战略在推动韩国经济稳步发展方面发挥并将发挥至关重要的积极作用。但作为一个能源对外依赖程度较高的国家，韩国能源战略也存在相互矛盾的因素和难以解决的问题，如能源供给系统脆弱、能源高消费型产业结构存在刚性、政府垄断能源领域限制市场的公平竞争、能源消费与环境保护不协调等。

8.2.2 能源及应对气候变化中长期发展规划的制定

韩国积极参与应对气候变化行动，将"低碳绿色发展"作为国家长期发展目标，通过建立能源、环境、经济的协调发展模式，逐步向低碳型经济转变，为此韩国政府实施了一系列政策与措施。

8.2.2.1 低碳绿色发展战略

韩国 97% 的能源依赖进口，一次性化石能源占比达 60% 以上，能源安全度低、结构不合理是制约韩国经济可持续发展的主要因素之一。2008 年后，韩国实施"低碳绿色发展战略"，出台了四次《新再生能源基本计划》，通过加大研发投入，发展风能、太阳能、燃料电池等新再生能源产业，逐步向低碳经济转型。2008—2012 年，韩国新再生能源利用率年均增长 10%，发电量年均增长 46.6%，核电量增长 27%，普及电动汽车 4.4 万辆。新再生能源产业快速发展，企业数、雇员数、销售额、出口额分别增长 2 倍、3.4 倍、5.2 倍和 3.4 倍。2015 年，韩国政府为进一步加大清洁能源的推广力度，出台《2030 新能源产业扩散战略》，投入1.289 万亿韩元（约 10 亿美元）推动新能源汽车等产业发展，并呼吁企业在新能源领域加大投入。[①]

8.2.2.2 应对气候变化综合计划

2016 年 2 月，韩国出台第一次应对气候变化基本计划（2017—2036 年），这是《巴黎协定》后，为达成 2030 年的减排目标，韩国政府制订的第一个详细的综合计划。该计划提出将大力发展清洁能源，建立低碳社会，引导企业通过技术创新和运用市场机制来代替硬性的减排任务，并开始注重构建官民合作的社会体系来共同应

---

① 陈炳硕，富贵. 韩国清洁能源发展概述 [J]. 全球科技经济瞭望，2017（6）.

对气候变化。提出到 2035 年将新能源普及率提高至 11%、发电量提升至 13.4% 的
具体目标。选定提高新再生能源能效、核能、碳捕捉等六大重点发展领域，投入
9.7 亿美元研发相关技术。其主要内容为：

（1）提高减排效率。通过普及新再生能源和清洁燃料发电，提高能源使用效
率。计划逐步关闭 10 所 30 年以上的煤炭发电站，提高清洁能源、核电的发电比
重。到 2029 年将新再生能源设备比例由 2015 年的 7.6% 提高至 20.1%，发电量占
比由 2015 年的 4.3% 提高至 11.7%。积极运用碳排放权交易及国际碳市场的交易机
制，提高减排效率。

（2）完善社会节能减排体系。建立政府与企业、政府与民间多种形式的协调机
制，形成以市场、民间为主导，覆盖全社会的节能减排体系，并通过政策加快清洁
能源产品的开发，引导企业和国民自觉减少能源消耗。

（3）培育新产业。大力扶持再生能源产业，培育新的产业模式。计划到 2030
年形成约 874 亿美元的新市场，开发 50 万个就业岗位。

8.2.3　加强应对气候变化的核心技术研发

应对气候变化是韩国技术研发事业的重点内容，韩国政府在国家重点研发计划
"全球前沿事业"和"韩国碳捕捉储存 2020 事业"中分别投入约 10 亿美元和 1.5
亿美元开展技术研发，在钙钛矿型太阳能电池、二氧化碳转化塑料和二氧化碳分离
膜等技术领域取得了一定成绩。[①]2015 年，韩国政府通过对市场潜力、技术竞争力
和产业化等方面进行系统分析，确立了 6 大领域的 13 个研究方向，并计划到 2021
年将清洁能源技术研发经费提高至 9.7 亿美元，让清洁能源技术研发成果早日进入
市场。

8.2.3.1　自主研发核电技术

韩国继自主研发 OPR1000 核电技术后，2007 年又成功研发出第三代核电技术
APR1400 型先进水压反应堆，单机组发电功率达到 1 400 千瓦，设计寿命从 40 年提

---

① 陈炳硕，富贵. 韩国清洁能源发展概述 [J]. 全球科技经济瞭望，2017（6）.

高至 60 年。目前，韩国运行的核电机组有 24 台，建设中 4 台，自主化率达到 95%以上，居全球第五位。装机容量 21 677 兆瓦，约占韩国电力总装机容量的 1/4。2015 年 7 月，韩国在《第七次电力供给基本计划》中提出了到 2029 年将核电比重提高至 28.2%、发电功率提高至 37 千兆瓦的中长期目标。2009 年以后，韩国政府通过政策、外交、财政等多方面的支持，推动其核电企业走向国际市场，分别与阿联酋、沙特阿拉伯等国家签订了核电站建设协议。2015 年 3 月，韩国自主研发的 APR1400 技术通过了美国核能管理委员会（NPC）的预备审批，有望出口美国。据世界核协会统计，韩国近几年的核发电量都能达到满负荷发电状态的 96.5% 以上，其安全运行记录也为韩国核电产业"走出去"添加了砝码。

8.2.3.2　节能技术

2014 年韩国能源技术研究院研究组成功研发出液态氨与汽油混合燃烧的新一代环保型汽车技术。由于氨（NH_3）是由空气中的氮（N）与水中的氢（H_2）所产生，在燃烧时不会产生二氧化碳，由氨代替汽油燃料，二氧化碳排放量将减少 70%。为此，该研究组开发出了混烧发动机控制器、氨燃料供给泵、燃料输送管路、氨排出量检测装置的"氨–汽油混烧汽车"成套系统。该系统仅需将一般燃油汽车的部分装置进行调整便可上路行驶，与需要替换整套发动机设备的电动汽车相比实用性更强，而且与汽油等燃料相比，具有安全性高、运输和储存便利的优势。

8.2.3.3　ICT 融合型能源储存技术

该领域的技术研发是以人工智能、物联网、大数据等信息通信（ICT）技术为基础，通过对全世界能源生产、流通、储存、消费过程的信息交流和数据分析后与能源储存装置（ESS）相连接，对分散的风能、太阳能等再生能源进行综合管理和运营，提高能源的使用、供给效率。目前，韩国能源技术研究院正在开展 360kVA 级微型电网用实时电算系统、LED 交通信号灯、氧化还原液流电池（Redox Flow Battery）、5kW 超薄型全钒氧化还原液流电池堆栈、锂–硫叠层蓄电池、柔性薄膜超级电容器元件等相关技术研发。

8.2.3.4 新再生能源技术

近年来，韩国政府十分重视太阳能发电等新再生能源技术、材料、设备的研发。设备方面，2016 年，韩国在西部地区的泰安发电站建设了 1.8WM 级水上太阳能发电设施，总面积 2.3 万平方米，共设置 6 120 张太阳光面板，是韩国最大容量的海水太阳能发电基地，发电效率比陆地发电提高 10%。技术方面，目前韩国能源技术研究院正在进行 CIGS 薄膜太阳光电池的研发，该电池是由铜（Cu）、铟（In）、镓（Ga）、硒（Se）等化学物质制作的薄膜太阳光电池，与一般的硅系列太阳光电池不同，不需要使用硅，对光的吸收率更强，能量转换效率更高。

2017 年 3 月，韩国能源技术研究院与韩国太阳能发电学会共同召开了"2017 年 CIGS 薄膜太阳光电池研讨会"，就建筑物一体型太阳光面板的应用、CIGS 薄膜太阳光电池的商用化方案进行了讨论。

8.2.4 开展节能减排行动，实施示范项目

韩国为积极应对气候变化，开展节能减排行动，设立了跨部门的协调机制，由国务调整室总负责，实施各部门责任制。国务调整室根据国家减排总体目标制定各部门减排任务，各部门依此制订具体减排计划，并负责提出相应的政策与减排行动方案。

8.2.4.1 积极实施碳排放权交易制度

韩国将碳排放权交易制度作为实现 2030 年减排目标的主要方式，2016 年韩国碳排放总量 6.945 亿吨中的 67.7% 通过碳排放权交易制度完成。政府引导企业加大环保投入，推进企业与国际碳排放市场对接，如向技术和设备先进、减排效果较好的企业增发碳排放配额（BM）；积极推动中日韩碳排放权交易制合作论坛、韩-欧盟碳排放权交易制合作项目等。

在总量设定方面，2015 年 1 月 1 日正式启动韩国国家碳市场，涵盖了韩国全部 67.7% 的温室气体排放源企业。在时间框架上将分为三个阶段，包括第一交易期（2015—2017 年）、第二交易期（2018—2020 年）和第三交易期（2021—2026 年）。

配额总量的一部分将作为配额储备用于分配给新加入企业和稳定价格。根据韩国公布的排放预算，在第一交易期，韩国碳市场的总量限额为 1 667 Mt CO_2e，其中包括 89 Mt CO_2e 用于市场稳定储备、早期行动奖励和新加入者的储备配额。2015 年、2016 年与 2017 年的总量限额分别为 540 Mt CO_2e、560 Mt CO_2e 和 567 Mt CO_2e。2018 年的总量限额为 538.5 Mt CO_2e。

在覆盖产业标准方面，韩国碳市场纳入了 599 家大型企业排放源，规制的气体类型包括了全部 6 种京都温室气体。纳入控排企业的门槛值为，公司层面年均排放水平超过 125 000 t CO_2e，或排放设施层面排放量超过 25 000 t CO_2e。第一交易期已经纳入的行业包括钢铁、水泥、石化、冶炼、电力、建筑、废物管理等部门。2017 年 11 月，5 家韩国航空公司被正式纳入碳市场，并在第二交易期提交配额履约书。

首尔碳排放交易市场运营商表示，中国和韩国于 2015 年 12 月 21 日同意扩大在碳排放交易方面的合作，其中包括共同努力连接两国碳排放交易市场。韩国交易所表示，它与中国北京环境交易所签署了合作谅解备忘录。根据协议，双方将交换市场信息并分享经验。韩国交易所表示："双方还会共同合作连接市场并扩大客户数量。"韩国政府将首批 159.8 亿韩国碳配额（KAU）分配给 525 家本国企业之后，韩国交易所已启动了碳交易系统。

8.2.4.2 推广能源经营管理体系

能源经营管理系统（ISO 50001）由国际标准化组织（ISO）的 ISO/PC242 能源管理委员会制定，帮助企业进行能源管理、提高能源使用效率、减少成本支出以及改善环境。韩国积极推广该管理体系，在 2016 年第七届清洁能源部长级会议（CEM7）上，重点介绍了该管理体系的推广情况。2015 年，韩国能源产业园与 LGD 显示公司（LG Display）等 22 家企业签订协议，正式实施规范的能源管理，并以此为基础，在 2017 年推进"节能冠军"项目。该项目通过能源管理系统对企业能源使用效率进行基准测试和绩效考评，最终选出优秀的节能企业。在举行期间开展的"第一届能源管理领导力奖"评选中，LG 化学被评为全球优秀节能企业。

8.2.4.3　实施示范项目

（1）推广绿色能源示范城市建设

韩国自 2009 年开始以住宅小区为单位推广绿色能源示范区建设。在小区内采用太阳能、地暖、小型风力、燃料电池等新再生能源代替化石燃料供能方式。截止到 2016 年，政府累计补助 7 304 亿韩元（约 6.4 亿美元），覆盖住户 22.2 万余家。

目前正在由政府主导建设约 20 个绿色能源示范城，在更大范围内推广再生能源的使用。另外，为降低用户负担，韩国自 2014 年起实施太阳能租赁计划，将其作为减少碳排放的主要方式之一。租赁商在客户屋顶安装太阳能供电设备并收取租赁费用，在减少污染的同时，客户的电费支出也大幅减少，2016 年累计租赁用户 1 万余个。

（2）建设能源自立岛

韩国将国内第二大岛屿郁陵岛指定为能源自立岛，重点发展风能和太阳能，计划到 2020 年将其建设为 100% 新能源应用岛屿，并积极向马来西亚等国家输出该发展模式。

（3）制订能源储存装置推广计划

逐步扩大储能系统在电力系统中的覆盖范围，规定用电功率在 1 000 瓦以上的企业、机构自觉安装能源储存装置，到 2030 年将能源储存装置的市场规模提高至 10 GWh（吉瓦时）。

（4）加强电动汽车推广速度

韩国政府指定济州岛作为试点区域，开放电动汽车服务市场。计划到 2030 年将韩国纯电动车的累计销售量增加至 100 万辆。2015 年，韩国出台"2030 年济州岛电动车 100% 转换中长期综合计划"，将投入约 18.2 亿美元，加快电动车推广速度。具体措施为：一是通过购车补助、税金减免、高速路费补贴、电动车金融、保险产品等方式加快电动车普及。到 2030 年年底，在济州岛内分阶段完成电动车普及任务。二是加快电动车基础设施建设。到 2030 年年底，建设家庭用、公共充电桩 7.5 万个；政府建设电动车综合运行呼叫中心、安全检测中心、出点停车塔等服务设施，为居民提供便利条件。三是培育电动车新产业。提高政府对电动车等新能源中小型企业的资金扶持（最高可达 1.5 亿韩元）。四是加强宣传力度。通过举办国际电动车博览会、ECO 拉力赛以及指定每年 5 月第一周为"电动车周"等方式，加深国民对电动车的认识。

8.2.5 韩国的《氢能经济发展路线图》

2019 年 1 月，韩国政府发布《氢能经济发展路线图》（以下简称《路线图》），希望以氢燃料电池汽车和燃料电池为核心，把韩国打造成世界最高水平的氢能经济领先国家，到 2040 年创造出 43 万亿韩元的年附加值和 42 万个就业岗位。为实现上述目标，韩国政府将重点在氢燃料电池汽车，加氢站，氢能发电，氢气生产、存储和运输，安全监管等方面采取措施。[①]

韩国政府认为，发展氢能经济能够减少温室气体和细颗粒物排放，帮助实现能源多元化，降低海外能源依存度；能够在交通运输领域（汽车和船舶制造）和能源领域（氢能发电）创造新市场和新产业；氢气生产、存储、运输、加氢站等基础设施建设能够带动其他相关产业，培育一批中小企业和骨干企业，成为国家未来增长引擎。因此，2018 年 8 月韩国政府将"氢能产业"确定为三大创新增长战略投资领域之一。9 月，韩国产业通商资源部成立氢能经济推进委员会，并着手制定《路线图》。2019 年 1 月，经过跨部门协商，文在寅总统正式发布该《路线图》，宣布韩国将大力发展氢能产业，引领全球氢能市场发展。

《路线图》的愿景是以氢燃料电池汽车和燃料电池为核心，将韩国打造成世界最高水平的氢能经济领先国家。具体来说：到 2040 年，使韩国氢燃料电池汽车和燃料电池的国际市场占有率达到世界第一；使韩国从化石燃料资源匮乏国家转型为清洁氢能源产出国。韩国政府提出，如果该路线图顺利落实，到 2040 年可创造出

---

① 吴善略，张丽娟. 韩国、欧洲和日本如何发展氢能［EB/OL］.［2019-08-09］. https：//mnewenergy.in-en.com/html/newenergy-2347022.shtml.

43万亿韩元的年附加值和42万个就业岗位，氢能产业有望成为创新增长的重要动力。《路线图》主要涉及氢能产业发展五大领域。

8.2.5.1 氢燃料电池移动出行

（1）到2040年，累计生产620万辆氢燃料电池汽车。

到2040年，韩国氢燃料电池汽车累计产量将达到620万辆。其中，290万辆面向韩国国内市场，330万辆用于出口，包括氢燃料电池轿车、氢燃料电池巴士、氢燃料电池出租车、氢燃料电池卡车。在氢燃料电池轿车方面，目前韩国的累计产量为1 800辆，政府计划到2022年将累计产量提升至8.1万辆，其中6.5万辆面向韩国国内市场，1.6万辆用于出口，并使膜电极组件、气体扩散层等主要零部件的国产化率达到100%。到2025年，建成年产量达10万辆的生产体系，届时氢燃料电池轿车售价有望降至目前的一半，即3 000万韩元（约合人民币19万元），基本与燃油车价格持平。

在氢燃料电池巴士方面，韩国计划2019年在7个主要城市推广35辆氢燃料电池巴士，到2022年增至2 000辆，到2040年进一步增至4万辆。在氢燃料电池出租车方面，将于2019年在首尔地区进行试运行，到2021年推广至主要大城市，力争到2040年达到8万辆。在氢燃料电池卡车方面，将于2020年启动研发及测试，到2021年推广至垃圾回收车、清扫车、洒水车等公共领域，其后逐步扩大至物流等商业领域，力争到2040年达到3万辆。

（2）到2040年，建成1 200座加氢站。

目前，韩国共有14座加氢站，计划到2022年增至310座，到2040年进一步增至1 200座。为此，韩国政府将在加氢站取得经济效益前为其提供设备安装补贴，并考虑新设加氢站运行补贴，为加氢站的设立和发展提供财政支持；将加强与SPC集团合作，将现有的液化石油气（LPG）加气站和压缩天然气（CNG）加气站转换为可加氢气的复合加气站；将放宽选址、距离等方面的限制，允许在城市中心区和公共办公区等主要城市中心地带建设加氢站；制订司机自助加氢方案；充分利用"监管沙盒"制度，采取放宽管制措施，以积极吸引民间资本参与氢能产业投资。

8.2.5.2 氢能发电

目标：到2040年，普及发电用、家庭用和建筑用氢燃料电池装置。

（1）到2040年，普及发电用氢燃料电池装置，使其总发电量达到15吉瓦（相当于韩国2018年全年发电总量的7%～8%）。具体为：2019年上半年，根据可再生能源证书（Renewable Energy Certificates，RECs，又称为绿色标签、可交易再生能源证书，是一种可以在市场上交易的能源商品，代表着使用清洁能源发电对环境的价值。它借用市场机制对使用者进行补贴，鼓励绿色能源应用）制度中规定的标准，新设氢燃料电池发电专用补贴，确保投资的稳定性；到2022年韩国国内氢燃料电池总发电量应达到1吉瓦，实现规模经济；预计到2025年氢燃料电池发电装置安装费用将下降65%，发电价格下降50%，与中小型液化天然气装置发电价格持平。

（2）到2040年，普及家庭用及建筑用氢燃料电池发电装置，使其总发电量达到2.1吉瓦。韩国政府还考虑，强制要求公共机构和新商业建筑安装氢燃料电池发电装置。

（3）开发用于大规模发电的氢燃气轮机技术，力争2030年后通过验证并启动商业化。

8.2.5.3 氢气生产

目标：到2040年，氢气年供应量达到526万吨，每千克价格降至3 000韩元（约合人民币17.7元）。

（1）氢能经济发展在早期拟以"副产氢"和"氢提取"为主要方式制备氢气。"副产氢"是指在石油化工等工业生产过程中收集并利用作为附属产品的氢气，其年产量可达5万吨，相当于25万辆氢燃料电池汽车的年度用氢量。对此，韩国要扩建相关基础设施。"氢提取"是指在天然气供应链上建设大规模的氢气生产基地，在有需求的地区建设中小规模的氢气生产基地。对此，韩国要实现氢气提取装置的国产化并提高提取效率，包括采用生物质提取氢等多种方式。

（2）建立海外生产基地，稳定氢气生产、进口和供需。

8.2.5.4　氢气存储和运输

目标：构建稳定且经济可行的氢气流通体系。

（1）通过多样化存储方法（如高压气体、液体、固体），提高储氢效率。

（2）放宽对高压气体存储的相关规制，开发液化或液体储氢新技术，使其具有极高的安全性且经济可行。

（3）随着氢气需求的增长，加大对管式拖车及输氢管道的利用。通过使用轻型高压气态氢气管式拖车降低运输成本，并建设连接整个国家的氢气运输管道。

8.2.5.5　安全保障

目标：构建全流程安全管理体系，营造氢能产业发展生态系统。

（1）确保氢能经济的稳定发展。主要措施包括：在氢能生产、存储、运输、使用的全过程构建切实有效的安全管理体系，提高国民信赖度；制定氢能安全管理专门法令；按照国际标准制定及修订加氢站安全标准；设立氢能安全评估中心；设立氢能安全体验馆，向国民推广普及氢能安全指南及正确的安全信息。

（2）提高氢能技术竞争力并培养核心人才。主要措施包括：制定相关部门共同执行的氢能发展技术路线图；培养氢能安全管理和核心技术开发专业人才；2030—2040年间，提议15项以上氢能相关国际标准，并积极参与国际标准化活动。

（3）完善支撑氢能经济发展的法律基础。对此，韩国于2019年发布《路线图》，为促进氢能经济发展奠定法律基础。

（4）培育氢能中小企业和中型企业。对此，政府将支持氢能技术开发，增加相关设备投资与维护费用支持。

（5）构建促进氢能经济发展的跨部门推进体系。主要措施包括：组建国务总理主持的"氢能经济促进委员会"；成立氢能经济专业振兴机构。

2020年，韩国政府的《路线图》实施一周年。在过去1年里，政府根据这一路线图为核心技术研发领域投入3 700亿韩元（约合人民币22亿元），取得了显著成果。具体来看，2019年韩国氢燃料汽车销量跃居全球第一，截至2019年年底，累计出口达1 724辆。与此同时，国内普及率也同比提高6倍，首次突破5 000辆关口①。

在基建方面，政府至今共建设34个氢燃料充电站，总规模虽少于日德美，但全年新建数量居全球之首，为20个。燃料电池方面，以2019年年底为准，韩国占全球氢燃料电池出货量的40%，氢燃料电池发电量为408兆瓦，超过美国（382兆瓦）和日本（245兆瓦）。在制度方面，政府继2019年发布"氢能安全管理综合对策"以来，2020年1月9日又在全球率先制定《促进氢经济和氢安全管理法》，为氢能经济发展提供制度保障。

政府计划继续力推氢能经济发展。为此政府将加紧推进氢燃料汽车、充电站、燃料电池的核心零部件国产化；实现生产多元化，建立高效的氢能供应链；与澳大利亚、阿联酋等国家加强氢能合作；成立氢能经济促进委员会，在产业振兴、安全、流通领域提供有针对性的支持。

8.2.6 韩国政府发布《促进氢经济和氢安全管理法》

韩国率先在全球发布《促进氢经济和氢安全管理法》，以促进基于安全的氢经济建设。2019年，韩国在氢能发展路线图的指引下，顶住江陵氢气爆炸事故和日韩贸易摩擦的压力，有效、持续推进氢经济，实现了燃料电池汽车销量和燃料电池发电装机容量全球第一、新建加氢站全球第三的佳绩。②2020年2月4日，韩国政府正式颁布《促进氢经济和氢安全管理法》（2020年第16942号法令，以下简称《氢法》）。此前，韩国国会已于1月9日一致通过了该法案的立法。该法已于颁布一年后生效，关于氢安全的管理规定自颁布之日起两年后生效。韩国政府称《氢法》的颁布将为促进以氢作为主要能源的氢经济计划实施奠定基础，系统、有效地促进氢工业发展，为氢能供应和氢设施的安全管理提供必要的支持，促进国民经济的发展，并为国民的安全作出贡献。下一步，韩国国会将采取一系列措施，包括通

---

① 韩联社. 韩国"氢能经济"政策实施一年成效显著 [EB/OL]. [2020-01-14]. https://baijiahao.baidu.com/s? id=1655695762028944150&wfr=spider&for=pc.

② 中国储能网新闻中心. 韩国政府颁布《促进氢经济和氢安全管理法》[EB/OL]. [2020-02-12]. https://www.china5e.com/news/news-1084318-1.html.

过有关氢法的下层法令（试行）以完善氢经济法律体系。

氢能首席观察家认为，推进氢经济和加强氢安全看似矛盾，实则互补，其最终目的是实现氢能产业健康可持续发展。从宏观来看，《氢法》的颁布将使韩国氢能发展战略免受政府换届的影响，为政府促进氢工业发展与市场投资及技术创新打造了稳定的对话平台。从产业来看，《氢法》的颁布，将明确政府对氢能产业和氢能企业的行政和财政支持，包括为氢能企业的培育、援助、人才培养、产品标准化等产业基础事项奠定法律基础；同时弥补了《高压气体法》和《燃气法》的不足，为电解水制氢等低压氢气设备及氢燃料使用设施的安全管理提供了法律依据。以《氢法》的制定为契机，韩国民间领域的投资将更加活跃，各级政府可通过财政预算以及专设机构，积极、系统推进建立氢气生产基地及加氢站等氢能产业基础设施。下面是《氢法》的主要内容。

8.2.6.1　实施氢经济的保障体系

贸易、工业和能源部应制订实施氢经济的基本计划，以有效促进氢经济的实施（第5条）。基本计划主要包括确保实行氢经济的政策基本方向，建立和维护氢经济的系统和基础事项，实施氢经济所需的筹资计划、氢燃料供应计划、安全使用氢气等。设立国家氢经济委员会，总理担任委员长，贸易、工业和能源部部长担任秘书长，其他相关部门负责人担任委员。委员会负责研究并实施与氢经济有关的重大政策和计划（第6条）。

8.2.6.2　培育氢能专业公司

政府可以根据需要向氢能专业公司提供行政和财政支持，以促进氢经济的实施，并通过补贴或贷款以资助与氢业务相关的技术开发、人才培养和国际合作（第9条和第10条）。

根据《资本市场和金融投资商业法》氢能专业投资公司被列为投资公司。金融服务委员会在氢能专业投资公司注册时应事先与贸易、工业和能源部部长协商。氢能专业投资公司对氢能专业公司的投资，其资本金不得超过总统令规定的数额，且不得超过其资本金的50%（第13至15条）。

8.2.6.3　氢能供应设施的部署

贸易、工业和能源部部长可以要求自由经济区的经营者、高速国道上的服务区、工业综合体等提交氢燃料供应设施安装计划。有意经营制氢设施或加氢设施的人员应提交氢气生产或供需计划，以确保供需平稳和价格稳定（第19条和第20条）。贸易、工业和能源部部长可以要求各地方政府、公共机构和地方公共企业等提交其燃料电池安装计划（第21条）。贸易、工业和能源部部长可以指定氢专业综合设施，以提供必要的支持，如提供资金和设施，并在必要的时间内在有限的区域内开展试点项目，以促进和发展氢工业（第24条）。贸易、工业和能源部部长将努力确保燃料电池所用天然气的价格稳定（第25条）。

8.2.6.4　氢经济基础

政府通过培养专业人才、推动氢相关产品标准化、编制统计数据、支持国际合作和开拓海外市场等手段促进氢工业的技术进步，形成社会共识并建立和运行全面的信息管理系统，为实施氢经济奠定基础（第26至32条）。贸易、工业和能源部部长可以将与氢工业相关的组织指定为氢工业促进机构，将与氢分配相关的机构指定为氢分配机构，将与安全相关的机构指定为氢安全机构。上述机构可以从事本领域内营利性事项，并依法获取相应的政府行政和财政支持（第33至35条）。

8.2.6.5　氢安全管理

氢产品制造企业需制定氢产品和氢燃料设施的安全管理条例，指定安全经理，执行氢产品制造设施的完工检验、氢产品的进口和检验、安全教育等氢安全管理事项（第36至49条）。

8.3　韩国经济发展受国内外气候变化政策影响

8.3.1　应对气候变化政策和韩国能源结构调整

1997年的亚洲金融危机和自2008年美国次贷危机所引发的世界性经济衰退促

使韩国在探索经济增长模式的道路上加快了步伐。韩国政府提出了"绿色增长战略",制订了《绿色增长国家战略及五年计划》,确立了《低碳绿色增长基本法》以及相关法规。这些战略、文件及法规详细阐述了韩国实施绿色增长战略的长远规划、政策措施、战略目标、实施计划。韩国政府实施和推进的绿色增长战略充分表明了其未来经济发展的基本方向,把它作为可持续发展和经济长期稳定发展的新增长动力。2009年7月,韩国发布其绿色增长的五年规划(2009—2013年),作为绿色增长战略的中期计划,强调绿色增长将是国家未来发展的新模式。该计划确定将GDP的2%用于绿色基础设施和绿色技术的研发,提出其绿色竞争力在2020年列入全球7强,2050年进入全球5强的行列。按照韩国绿色增长五年规划的定义,绿色竞争力不仅包括绿色技术和产业实力,也包括应对气候变化的能力,能源独立性和社会福利等方面。该计划提出了三大策略和十个政策方向。

韩国是世界第十大能源消费国,97%的能源依靠进口,石油、天然气和煤炭几乎全部依靠进口。2005年在瑞士达沃斯发布的"环境可持续指数"(ESI)国别排名中,韩国在146个国家中名列第122位,排在OECD国家最末。面对资源、环境和经济社会发展等多重压力,韩国总统李明博于2008年8月15日韩国光复节大会上正式提出"低碳绿色增长"模式,将其作为国家发展的首要课题。

为落实低碳绿色增长战略,韩国政府于2008年8月公布了《国家能源基本计划》,计划到2030年将能源消费中的化石能源比重从83%降至61%,太阳能、风能、地热能等新再生能源的比重从2.4%提升至11%。2008年9月,韩国政府公布《绿色能源发展战略》,确定了优先发展的九大领域。2009年1月,韩国政府在李明博总统主持的国务会议上决定制定《低碳绿色增长基本法》并成立直属总统的绿色增长委员会。根据《低碳绿色增长基本法》,2010年韩国发布了第一次应对气候变化策略(2011—2015年),2015年又发布了第二次应对气候变化策略(2016—2020年)。

根据《低碳绿色增长基本法》的精神,韩国政府于2009年7月发布了"绿色增长国家战略及五年计划"。"绿色增长国家战略及五年计划"是将绿色技术和有关产业、应对气候变化的能力、能源自立以及绿色竞争力等推向世界最高水平的国家未来发展计划。

为此，韩国政府决定在此后五年时间里，每年投入107兆韩元（相当于国内生产总值的2%）的庞大预算推行这一计划。绿色发展战略主要包括三个方面的内容：第一，要减少能源、资源的使用，同时要保持经济的稳步增长；第二，要最大限度地减少二氧化碳的排放，即要利用一些新的或者是可再生的能源，减少二氧化碳的排放，同时还要建立起低碳的、环保型的基础设施；第三，打造韩国经济新的增长引擎，包括在绿色技术方面加大研发投入、培育新的绿色经济、支持全球绿色经济发展等。据分析，韩国政府推行"绿色增长国家战略及五年计划"将使其国内生产总值每年增加182兆~206兆韩元，并可为180万人提供就业机会。

要减缓气候变暖、石化能源枯竭等能源危机，只有能源需求减少和替代能源普及这一途径。新能源、再生能源等替代能源代替石油等传统能源成为后石油时代的主要能源，还需要漫长的时间，因此，各国政府都把节约能源、提高能效当作短期能源政策的重点。韩国提出了46%的能效提高目标，其主要手段为：第一，加强能源价格的市场化进程来诱导能源消费的合理化；第二，集中培育知识产业，把未来尖端产业培育成新的经济增长点，构建低能耗产业结构；第三，把所有商品的标准规格等设定为能源节约型，实现低能源、低碳生活方式。

新能源、再生能源是重要的战略替代能源，包括太阳能、风能、水能、生物质能、地热能和海洋能等，资源潜力巨大，环境污染少，可永续利用，是有利于人与自然和谐发展的重要能源。新能源、再生能源因缺乏经济性，其普及率很低，它在将来较长时期内，与石油等传统能源相比缺乏价格竞争力，具有投资大、回收慢、市场不确定、风险高等特点，如果任其市场化就会形成投资不足、价格上涨的恶性循环。所以，需要政府主导的技术开发和普及支持政策。

进入21世纪以后，韩国开始重视新能源、再生能源的产业育成和普及，特别是近些年石油价格飙升和全球气候变化带来的挑战，使韩国政府调整了能源发展战略。韩国政府强调可持续发展，综合考虑能源、经济和环境（被称为3E），强调能源供应多样化，将新能源、再生能源和可再生能源作为国家能源战略的重要组成部分。为了提高国家应对能源冲击的能力，保证经济的稳定发展，除了提高能源自给率、保障稳定的海外能源供应外，开发新能源、再生能源成为韩国政府应对能源问题的重要国策。

2008年9月，韩国制订了第三次新能源、再生能源技术开发和利用普及基本计划，提出到2030年将一次能源消费中把石化燃料的比重由目前的83%降低至61%，将新能源、再生能源的比重由目前的2.4%提高到2030年的11%，扩大4.6倍的目标。确定了氢能、燃料电池、太阳光能以及风能等三大重点领域，还大力推进开拓新能源、再生能源市场，鼓励民间投资，推动新能源、再生能源出口产业化。为了达到预期目标，政府采取了一系列切实可行的措施。在制定国家发展政策上，适度地向新能源、再生能源倾斜，特别是在建设先进城市、创新型城市方面，鼓励建设无污染型城市、新能源城市。

8.3.2 韩国零能耗建筑实践

作为世界第十四大经济体，2014年韩国GDP总值达到了1.32万亿美元。根据2011年韩国能源署发布的《能耗调研报告》，韩国一次能源消耗量中建筑能耗占比为21.2%，工业能耗占比为56%，交通能耗占比为22.8%。对于绝大部分能源依赖进口，煤炭进口量为世界第二的韩国，节能需求十分迫切。[①]由于建筑节能的成本收益相对于工业、交通业更高，建筑节能成为韩国部署节能减排相关工作的优先发展领域。结合应对气候变化和降低温室气体排放等国家战略，韩国颁布了《应对气候变化的零能耗建筑行动计划》，制订了推动零能耗建筑的国家行动计划和实施方案。

（1）韩国零能耗建筑的具体定义为"使建筑围护结构保温性能最大化从而将能量需求降到最低，然后使用可再生能源供能，从而实现能源自给自足的建筑"，并将此概念进一步细化为"低层零能耗建筑"、"高层零能耗建筑"和"零能耗建筑社

---

① 刘燕，张时聪，徐伟. 韩国零能耗建筑发展研究 [J]. 建筑科学，2016（6）.

区"3种类型。

（2）韩国已经完成零能耗建筑研发推广的顶层设计，从技术开发、政策支撑，到市场化推广，最后强制性实施。2014年7月，国土交通部联合其他6部委颁布了《应对气候变化的零能耗建筑行动计划》，以在2025年达到全部新建建筑强制实现零能耗建筑的目标，明确规定了各部委的详细分工及阶段性的实施计划，并明确规定了零能耗建筑财税政策和补贴标准。

（3）韩国设立国家重点研究计划，组建国家级科研团队。科研团队主要包括3个科研机构：韩国市政工程和建筑科学研究院，主要研究被动式建筑技术；韩国能源研究所，侧重于可再生能源技术；韩国电子通信技术研究院，专注于能耗管理监控技术。

（4）零能耗建筑技术科研成果已在示范项目中得到应用，已建成的示范项目取得了巨大的社会经济环境效益。通过高性能窗户以及外保温系统等被动式技术、新风热回收系统以及可再生能源技术等主动式技术和能源监测管理系统联合运用，示范建筑可相比于传统建筑减少56%～85%的能源需求，余下的15%～44%能耗能够通过可再生能源（如太阳能光电系统和地源热泵）满足，从而达到零能耗。

（5）韩国在已有建筑能耗等级认证标准的基础上，规定了零能耗建筑认证标准。从现有的十级等级认证标准可以看出，零能耗建筑的"零"并不是"净零"而是"近零"。能耗等级一级及以上的建筑都可以被认定为零能耗建筑，享受相关政府补贴。

8.3.3 案例分析：东部制铁推动产业低碳绿色发展

依据韩国《低碳绿色发展基本法实施令》第29条和《温室气体能源目标管理经营等相关方针》第20条的相关规定，东部制铁作为温室气体、能源目标管理企业，贯彻"绿色经营"理念，一直严格遵照法令要求运作。东部制铁在各分厂均设立了"能源革新委员会"，采取"六西格玛管理"模式对能源使用和节约情况进行监督，确保了最高的能源利用率[1]。2010—2013年，仁川冷轧厂获得ISO14001、KOSHA20C体系认证，在韩国钢铁行业中最早被认定为绿色企业，是环保钢铁企业的杰出代表。通过降低污染物排放、节约能源和资源、改进产品环保性、绿色经营体制等一系列措施，仁川冷轧厂为改善环境作出巨大贡献。2012年，能源消耗量和温室气体排放量分别为20 751万亿焦耳、1 201 241 t CO_2e，能源消耗量同比增加3%，排放量同比减少4%。为了减少大气污染物排放，仁川冷轧厂更换了清洁燃料液化天然气（LNG），进一步完善大气防治设施，按照排放许可标准的1/2以下排放；为了在排放设施和防治设施上实现有效管理，仁川冷轧厂在不同的生产线安排专职人员进行监督，并增设了监控系统，对排放浓度进行长期在线监控。此外，为了消除可见的公害，仁川冷轧厂还特别设置了吸收烟雾的装置。为了减少水中的污染物质，仁川冷轧厂首先对废水的不同成分进行含量分析，然后由废水处理设备对不同物质进行分离。

东部制铁废水处理设备可以有效预防环境污染事故，TMS（环境监测系统）设备每隔5分钟对废水中的污染物浓度进行监测，排放浓度一目了然。此外，东部制铁还引进了废水再利用设备，将废水作为LINE冷却水重新使用。为了节能，各钢厂均安装了循环水处理设备，以便实现节约净化水30%的目标。固体废弃物尽可能按照可再生资源进行回收再利用，如果没有回收价值，就必须经过严格处理后排放。为了减少固体废弃物，东部制铁实施了实名制管理，进一步实现了资源的回收再利用。在使用有毒化学品的工厂内，东部制铁均设置了化学品安全说明书，严格依照有毒物质管理方针管理，从根源上杜绝了有毒物安全事故的发生。

8.3.4 案例分析：韩国正打造"零碳济州岛"——韩国电动车试验区

济州岛作为韩国电动汽车试验区，各界都寄予厚望，希望把它打造成"零碳济州岛"[2]。2015年3月8日第二届韩国国际电动汽车展在济州国际会议中心举行。

① 罗晔. 东部制铁公司现状分析 [J]. 冶金经济与管理，2014（3）.

② 李秉国. A study of strategy for carbon-free Island Jeju [R]. Korea Environment Institute，2016.

这标志着济州岛电动汽车商业化时代的到来。韩国的电动汽车市场和一些发达国家相比，还处在一个相对较小的规模，但它正在快速成长，2013年售出电动汽车 715 辆，2014年售出电动汽车 1 183 辆。事实上，早在2011年，为致力于推广普及电动汽车以减少尾气排放，济州岛被韩国环境部选定为电动汽车试验区。韩国政府的最终目标是到2030年争取让岛上的居民都使用电动汽车，使济州岛真正实现汽车尾气二氧化碳零排放。目前，这一计划正在有效推进，对于购买电动汽车的岛民，韩国政府将给予补贴。

在车展期间，韩国有关方面举行了有关推进电动汽车收费充电服务的业务签约仪式。根据协议，韩国电力公社、现代汽车、起亚等企业将在韩国境内投资新建 5 580 个电动汽车充电桩，其中 3 750 个将建在济州岛。此届车展吸引了宝马、现代、起亚、日产、比亚迪等70多家汽车及设备制造商参展，规模为上届的2倍。为帮助推动潜在买家购买电动汽车，不少汽车厂商都展示了各自的电动汽车，其中包括日产的"聆风"，起亚的代表电动车型 SOUL EV 等。利用可再生资源发电，驾驶使用清洁能源发电的汽车，已经不再是电影或者电视剧中的情节。韩国济州特别自治道（The Jeju Special Self-Governing Province）通过再生能源的发电以及纯电动汽车的转换，将实现"零碳济州岛"。为了增进国际交流，以及打造"零碳济州岛"的目标，2017年第四届国际纯电动汽车博览会召开，众多国际主流电动汽车及相关配件生产厂商几乎全部到场，其中不乏一些我国国内知名新能源厂商的身影。

韩国国际电动汽车博览会（IEVE）是目前世界唯一的纯电动汽车博览会，已在韩国最大岛屿——济州岛成功举办了几届。国际电动车博览会由韩国产业通商资源部、环境部、国会新再生能源政策研究论坛和济州特别自治道政府共同主办，国际电动车博览会组委会承办。共有 41 个国家百余家企业参展，除了起亚、雷诺三星、韩国通用、宝马等国际整车企业参展之外，比亚迪、长江、江淮、金龙等我国国内知名新能源车企也参展。博览会除专家演讲之外，参展企业还展示了电动车、电池、充电器、电动机、逆变器等各种产品。如现代汽车、LG 等在展会上展出了电池和充电器等电动车关联产品。

8.4 韩国应对气候变化方面的对外国际合作

8.4.1 应对气候变化的国际合作

韩国在气候变化问题上曾长期扮演被动的观察者角色。在能源安全方面，韩国政府将主要精力放在国内能源供给方面。1998 年韩国建立了 "能源和温室气体目标管理体系"（Energy and GHG Target Management System），最初只是为了降低能源强度和保证能源供给。2005 年韩国政府出台了《韩国自愿减排计划》，同年韩国环境部和气象厅分别成立了 "韩国气候变化专门委员会"（Korean Panel on Climate Change），除为气候变化研究以及相关领域的国际活动提供经费外，还致力于制订有关国家层面的气候变化的研究计划[①]。尽管韩国政府进行了一些气候变化方面的尝试，但是韩国只是在 1999 年召开的《京都议定书》《联合国气候变化框架公约》（UNFCCC）第五次缔约方大会（COP5）上较为明确地表达了 "自愿非强制性"外交立场，并没有公布明确的温室气体减排目标，相关政策也仅停留在部门层面，尚未上升到国家高度。

2008 年，自李明博政府执政时期开始，韩国将环境保护上升到了国家安全层面。李明博认为以温室气体排放为特征的 "蓝色工业发展"战略已经过时，环保主义不再是经济发展的束缚，而是发展和国家安全不容忽视的一部分。韩国政府正式提出了 "低碳绿色增长战略"，成立绿色增长总统委员会，相继公布《绿色增长国家战略及五年计划（2009—2013）》（National Strategy and Five Year Plan for Green Growth）和《低碳绿色增长基本法》，并通过了《智慧电网促进法案》（Smart Grid Promotion Act），为推动韩国实现低碳转型建立了法律框架。

此后，韩国在气候变化领域有了明确的目标和政策。韩国公布了《第一个国家能源基础计划（2008—2030）》，强调大力降低核能需求、增加液化天然气和可

---

① 范斯聪. 2008 年以来韩国能源外交的评析与展望 [J]. 当代韩国, 2019 (1).

再生能源需求。韩国还制定了主要部门的温室气体减排目标。2009 年 11 月，韩国国会主张在维持能源供给实现经济增长的前提下，综合考虑环境效率，确立了温室气体排放量到 2020 年减少到 "温室气体排放预计量"（BAU）的 30% 的目标。在此基础上，韩国制定了两项关乎气候变化的减排能源政策，一是创建碳交易市场，二是引入监管机制。2012 年确立温室气体排放和能源利用目标计划（Greenhouse Gas and Energy Target Scheme），并在 2014 年执行排放交易方案（Emissions Trading System）的主要政策。2016 年韩国在哥本哈根气候大会上对全球气候变化新协议表示积极支持。2016 年韩国在《巴黎协定》上签字，承诺 2030 年前减少温室气体排放 37%。至此，韩国政府在应对气候变化问题上，不再简单地通过立法达成减排目标，而是通过政府引导与市场结合的方式，提高工业部门的竞争力，利用技术和市场导向，履行减排承诺。

韩国在制定和推行气候变化相关政策的同时，还积极开展能源外交，在发达国家与发展中国家之间发挥桥梁作用。气候变化问题主要存在于两大国家集团之间，一个是在发达国家内部，另一个则在发达国家与发展中国家之间。后两者之间的分歧更为明显，焦点在于发展中国家的责任与温室气体减排行动中的参与度问题。韩国一方面在发达国家与发展中国家之间提供合作草案；另一方面组建应对气候变化的中等强国集团——环境完整性集团（EIG），除韩国以外，还包括墨西哥、列支敦士登、摩纳哥及瑞士。该集团主张用法律性强制措施让气候公约签署国承担减排责任，平衡发达国家与发展中国家的利益需求。韩国努力在全球气候治理问题上发挥作用，通过执行持续绿色发展政策，试图成为解决全球气候变化问题的榜样性力量。

8.4.2 开展清洁能源国际合作

韩国重视清洁能源的国际合作，通过各种国际合作渠道，推广本国技术、产业及商业模式，为此韩国专门成立由各相关部门组成的协商对策小组，定期召开会议，收集各方意见，商讨合作计划。[①]韩国开展国际合作的主要措施有：

---

① 陈炳硕，富贵. 韩国清洁能源发展概述 [J]. 全球科技经济瞭望，2017（6）.

（1）通过首脑外交，推动清洁能源国际合作

韩国前任总统朴槿惠多次出访发展中国家，重点推介韩国核能和太阳能技术。2014年6月，在访问哈萨克斯坦期间，促成了绿色村庄建设项目；2015年3月，促成与沙特阿拉伯的核电建设项目，有效推动了韩国清洁能源技术与产业走向国际市场。

（2）积极参与双边与多边合作

韩国积极参加二十国集团（G20）峰会、CEM（清洁能源部长级会议）等，宣传其应对气候变化、发展清洁能源的理念，推广其技术、产业模式。如2014年，韩国举办第五届清洁能源部长级会议（CEM5）；2015年动用大量外交资源，推荐韩国专家当选政府间气候变化专门委员会（IPCC）主席；与美国定期举行清洁能源战略对话；与欧盟、阿联酋、阿曼等地区和国家保持实质性能源项目合作等。

（3）加强与发展中国家项目合作

2013年，韩国成立绿色技术中心，调查发展中国家应对气候变化的技术需求，筛选国内实用技术，推动与发展中国家的项目合作，签署合作协议。同时，积极加强与绿色基金（GCF）等国际金融组织的合作，通过官方开发援助（ODA）项目向马来西亚、缅甸及南非等国家推广能源自立岛、电动车等技术和产业模式。

8.4.3 绿色气候资金承诺路线

绿色气候基金（Green Climate Fund，GCF）是2010年12月墨西哥坎昆世界气候大会上决定成立的联合国下属基金会。成立该组织旨在由发达国家筹集资金，帮助发展中国家减少温室气体排放、应对气候变化。该基金会计划到2020年向发达国家筹集到1 000亿美元，以后每年再追加1 000亿美元，预计在2027年将达到8 000亿美元的规模。而国际货币基金组织（IMF）所掌控的资金规模也不过是8 450亿美元。考虑到应对气候变化、保护环境的重要性，今后GCF可能会发展成为与IMF、世界银行（WB）并称三大国际金融机构。因此，有"环境领域世界银行"之称的GCF就成了"香饽饽"，该机构秘书处落户何处就成了各国争抢的目标。

2012年韩国仁川的松岛经济开发区成为这家新生的国际机构的驻地。

《巴黎协定》于2016年11月4日正式生效。位于德国波恩的《联合国气候变化框架公约》（简称《公约》）秘书处当天公布了执行秘书埃斯皮诺萨与马拉喀什气候大会主席摩洛哥外交部部长迈祖阿尔的联合声明。两人在声明中呼吁即将在摩洛哥马拉喀什召开的《公约》第22次缔约方大会加快出台《巴黎协定》的相关规则，同时希望发达国家在到2020年前每年向发展中国家提供1 000亿美元用于应对气候变化这一承诺上给出"可明确定义的实现路径"。针对发达国家气候资金承诺问题，埃斯皮诺萨指出，在马拉喀什气候大会上，"我们将描绘如何筹集1 000亿美元的路线图"。"诚然，我们尚未筹集到这1 000亿美元，但我们在朝着一个正确的方向前进。"埃斯皮诺萨同时表示，一个越来越显著的趋势是私人企业也在开始重视气候变化问题。企业在向清洁能源技术上投资，投资者也看到了气候变化对资产价值构成的威胁。这些因素与各国的政治努力一道可以争取到所需的资源。

气候资金可以采取赠款、优惠贷款、股权投资或担保的形式提供。一般认为，支持发展中国家适应行动的气候资金应采取赠款的方式提供，但这一方式不能同样适用于减缓行动。因此，绿色气候基金应根据资金使用国与项目情况，确保资金类型与资金用途相匹配。可以为不同类型的主题、部门和国家设立单独的赠款和贷款窗口。私人部门的资金应在最脆弱的国家发挥作用，而不太可能吸引私人资本的气候投资所需的公共资金应主要用于边缘化国家[①]。

气候政策倡议委员会（Climate Policy Initiative，CPI）在《气候金融概览》中也将气候资金的范围扩大化，认为气候资金是：①适应和减缓活动的资金支持，包括能力建设和研发，以及促进低碳和气候防御发展的转型；②从发达国家到发展中国家的资金流动（北—南）；③从发展中国家到发展中国家的资金流动（南—南）；④发达国家和发展中国家的国内气候资金流动；⑤公共、私人和公私混合资金的

---

① 邓树刚. 绿色气候基金：《联合国气候变化框架公约》资金机制的新发展［J］. 云南大学学报，2013（6）.

流动。①

据此，资金来源有可能是非额外性的（比如资金来源于国家发展援助资金），也可能是额外的私人资本或资本投资（有可能无法覆盖增量成本）。因此，G20的《调动气候金融》可视为"气候资金"概念在《公约》框架基础上的第一次泛化。这一界定的支持者认为，在《公约》的基础上对资金来源的扩大更有利于激励或撬动私人部门的资金。反对者则认为这模糊了气候资金谈判的关键原则和焦点问题，而且将资本投资计入气候资金流，意味着资金若为符合市场利率的贷款和股权投资，有可能过分强调私人资本工具对于营利性公司投资的决策作用，也容易使得气候资源在配置过程中排斥最不发达国家（Least Developed Country，LDC）、最不发达地区以及适应领域。面对日益加剧的气候资金缺口，国际社会越发意识到各个资金组成之间并非此消彼长的替代关系，而是重要的有机组合和高效补充，GCF下开设私人部门机制（Private Sector Facility，PSF）即成为意图撬动更多的私人资本进入气候资金领域的明确信号。然而随之而来的则是，在资金渠道多元化、运营规则多样化的气候资金体系中，如何避免UNFCCC下气候资金基础制度继续边缘化；如何通过加强对运营实体的引导，避免各实体逐底竞争，避免资源运用失衡；如何通过资金实体治理机构、设计准则和操作规则的调整，进一步提升资金渠道的总体效率等一系列问题，都需要在不断发展、变化的国际气候资金机制格局下逐步解决。

"额外性"和"增量成本"意味着《公约》所指的气候资金是指为支持发展中国家应对气候变化，由发达国家新增发的、稳定的援助资金。2011年10月，世界银行（World Bank，WB）等多边机构在一份递交给G20各国财政部长的《调动气候金融》报告中，将气候资金描述为促进低碳发展和提高气候抗御能力的所有资源，资金来源包括了来自国际的和国内的、公共的和私人的资金，明显超越了《公约》对资金的界定范围。

GCF秘书处落户韩国的意义非同小可。一是提升了韩国的"软实力"。证明韩国这些年在应对气候变化方面的努力得到了国际社会的认可。在仁川松岛成功成

---

① 刘倩. 国际气候资金机制的最新进展及中国对策 [J]. 中国人口·资源与环境，2015（10）.

为 GCF 秘书处所在地的基础上，韩国雄心勃勃地认为，韩国将成为引领全球绿色增长的枢纽。韩国媒体声称，松岛今后被称为绿色增长的"麦加"也不为过。二是仁川松岛在与瑞士日内瓦、德国波恩等国际大城市的竞争中获胜，这证明国际社会认可松岛所扮演的国际事务中心城市的角色，这将促使松岛发展成国际都市。三是经济效益将是不可估量的。GCF 进入韩国，等于吸引一家特大跨国企业入驻。除 GCF 本身将有 500 名常驻工作人员外，为从 GCF 争取每年应对气候变化的支援基金，世界各国的人员都会来仁川进行面对面沟通。今后，松岛每年将召开 100 多次相关会议，仅仁川每年就会获得约 3.5 亿美元的直接经济效益。

此外还有间接经济效益。韩国成为 GCF 秘书处所在国后，GCF 和其职员对金融服务的需求以及消费将有利于创造工作岗位，GCF 举办各项国际会议和活动将促进松岛住宿、旅游、交通等服务产业的发展。韩国政府不会放过优先获得申请 GCF 基金支持的潜在机会，韩国企业承包世界气候变化有关项目的概率也将大大增加。"世上没有免费的午餐。"GCF 秘书处落户松岛，韩国也要付出相应代价。为战胜德国、瑞士等有力竞争国并获得理事会成员国的支持，韩国政府承诺在 2019 年之前至少奉献出相当于 5 700 万美元的物资和服务，用于支援发展中国家气候变化负责人的研修、培训，并制订长期经济发展计划等。

8.5 韩国在绿色发展国际合作上的规划或展望

作为东北亚地区的中等强国，韩国在 20 世纪七八十年代，凭借传统依赖资源的经济增长方式在短期内完成了工业化与城市化进程，但粗放型经济给韩国造成了严重的环境问题。韩国是世界第十大能源消费国，石油、煤炭等化石原料在能源结构中以绝对的占比远高于其他新型能源，同时，受限于岛国自身匮乏的自然资源条件，韩国所需能源中的 97% 依赖进口，造成了严重的环境破坏与大气污染。韩国及时意识到国内气候变化归根结底是能源与经济增长方式引发的问题，自 20 世纪末，开始积极探索经济转型之路，以处理经济增长与环境保护之间的关系，通过提高能源利用与应用新能源打造环保型社会。经过多年的努力，韩国温室气体的排放量逐步降低。在 2008 年韩国建国 60 周年庆典上，韩国总统提出"低碳绿色增长"的新构想，为其跻身绿色强国之列提供纲领性发展战略。韩国低碳绿色增长战略包括三部分：减少温室气体排放和适应气候变化，确保能源安全；创造源自绿色科技的绿色增长动力；提升绿色生活方式和国际地位。为了加快实施低碳绿色增长战略，2009 年 7 月，韩国政府公布了《绿色增长国家战略及五年计划》，计划在2009—2013 年期间，将每年 GDP 的 2% 作为政府绿色投资资金。

在低碳绿色增长战略下，一种新的国家发展模式被韩国确立，并建立起一套以《低碳绿色增长基本法》为核心的完整绿色增长法律体系。绿色增长背后的要义是绿色产业的培育与绿色技术的研发应用，通过改变能源结构与产业结构达到经济可持续增长的状态。得益于绿色增长战略，韩国为国际社会其他国家提供了成功范例，并开始积极参与各项国际事务，尤其是在参与全球性应对气候问题的环境机制建设方面，韩国亦经历了由被动到主动的转变。

韩国积极参与以《联合国气候变化框架公约》为首的一系列国际环境公约的拟定，近年来不断提升自身在倡导多边国际环境与气候合作方面的能力，尤其是围绕全球绿色增长的议题，主导举办了多次论坛并成立研究机构。在国际舞台上，韩国不再局限于扮演发达国家与发展中国家之间沟通者、协调者的角色，而是逐步有了在低碳绿色增长方面的话语权，努力将本国节能减排的经验传递到其他国家，以现身说法的方式，让"韩国声音"出现于全球气候治理体系讨论之中，为完善国际环境气候体制提出建设性意见。在区域层次上，韩国一直以来注重东北地区的环境外交。韩国是东北亚环境合作会议的重要参与方，1999 年，中日韩三国建立了年度性的环境部长会议机制；2007 年，在韩国济州主办了中日韩气候变化政策对话会第一次会议；2013 年 5 月，韩国政府提出"东北亚和平合作构想"（即"首尔进程"），主张首先从气候变化等敏感性较低的非政治领域入手，推动对话议题由环境等功能性合作向朝核等安全合作逐渐扩大，不断积累互信和提升对话级别，最终实现东北亚各国的共同发展；2014 年 4 月，第 16 次中日韩环境部长会议在韩国大邱市举行，并把改善空气质量、应对气候变化等议题作为下一步优先合作的领域，同时加强既有的政策对话机制。

韩国政府出台绿色增长战略，涉及基础设施建设、低碳技术开发和创建绿色生活工作环境三个方面。该战略的实质是选择以人与自然和谐相处为核心的绿色经济，主张使用最少的能源，减少气候变化和环境污染，通过清洁能源技术开发以及绿色革新，实现经济和环境和谐相融的持续增长方式。也就是说，韩国政府推行的"绿色新政"的出发点是经济可持续发展、保障更多的韩国民众有工作且生活环境舒适，同时提高韩国的竞争力和国际地位。

韩国政府在减排问题上向国际社会展现了积极姿态，但其此前的表现却不尽如人意。韩国在《巴黎协定》的承诺与《京都议定书》的承诺不同，从"强制绝对目标"转向"国家自主贡献"，降低了减排目标。此时韩国以 2030 年的目标取代了 2020 年减排目标，原本承诺在 2020 年将排放量减少到通常情况的 30%，2016 年修订的绿色增长计划却将这一减排目标延至 2030 年。即使韩国确定了减排目标，然而，在当今众多亚太经济体转向服务部门和提高能源供给率的情况下，韩国是亚太经合组织中排放量增长最快的国家之一，人均温室气体排放量仍在增加。有机构评估，如果全球所有国家都按照韩国的减排目标行事，全球变暖指标将超出当初《巴黎协定》所规定的 1.5 ℃，达到 3℃~4℃。

2010 年韩国温室气体排放增长 9.8%，碳排放的增长将从 1990—2012 年每年的 4%，降至 2012—2030 年每年的 0.3%~0.4%。韩国的温室气体排放量仍在增长。可见，韩国能在规定时间内达成减排目标并不乐观。虽然韩国出台了碳排放交易机制和相关措施，但是韩国工矿业增产及能源利用效率下降，以及高排放型能源使用不减反增，使得韩国主要产业（如钢铁、石化和炼油等）温室气体排放量居高不下。另外，相关措施如果影响了韩国企业的竞争力，将有悖于其维持经济增长的初衷，因此减排目标难以完成。韩国长期以应对气候变化的领导国家自居，却在气候变化问题上难有实质性进展，恐难以发挥应有的作用。

韩国借能源外交将开展与日本的竞争合作①。自《韩美自由贸易协定》于2012年正式生效以来，韩国作为美国的自贸伙伴国，拥有了从美国进口天然气的便利条件（无须经过美国能源部门特别审批）。尽管韩国是美国自贸伙伴国中进口液化天然气最多的国家，也是世界第二大液化天然气进口国，但是，美国由于液化天然气产量急剧增加，需要向非FTA国出口，以实现商业利润。日本就是美国的一个重要出口对象国。日本一直不遗余力地向美国提出进口液化天然气，甚至在美国宣布退出《跨太平洋伙伴关系协定》（TPP）后，仍决定支持TPP。对此，韩国有意拓展合作，期待更加广泛的联盟。韩国曾担心，日本如果加入TPP必然会与加拿大、澳大利亚、新西兰等资源富国展开资源合作开发，并获得特惠利益，从而占得市场先机。还要看到，美国与日韩的传统安全贸易同盟关系赋予了能源安全新的含义，即让韩国更加依赖韩美同盟关系，进而巩固和强化美日韩之间的同盟关系。鉴于韩国已是美国的自贸伙伴国，在对日本与美国能源贸易中将处于有利地位，韩美日三方能源联盟很可能被考虑。

韩国需妥善处理与俄罗斯和中国的关系。作为能源合作国，受到地缘政治的影响，韩国的能源合作计划迟迟难以实现。韩国处在朝鲜半岛的南端，从俄罗斯进口能源产品必然经过东北亚邻国的领土，因此能源安全问题始终困扰着韩国。2004年，俄罗斯计划修建东线和西线两条通往中国的输油管道，原计划延至韩国，但最终没能实现。2011年9月韩国最大的液化天然气进口公司与俄罗斯天然气工业股份公司（Gazprom）签署了通过管道向韩国供应天然气的项目实施路线图，项目重点却集中在如何经过朝鲜向韩国供气上。韩国从俄罗斯进口的液化天然气需经过朝鲜国土，故十多年前就已提上日程的供气计划一拖再拖，一直未能实现。而文在寅政府再次提及供气计划，显示出韩国政府对与俄罗斯及朝鲜的能源关系的重视。俄罗斯曾在金砖国家峰会上提出了金砖国家能源合作平台的构想。面对美俄各自的能源合作安排，不排除韩国在能源合作方面还有更深层次的考虑。

在《巴黎协定》签署过程中，韩国表示出积极支持与肯定的态度。作为一直关注

① 范斯聪. 2008年以来韩国能源外交的评析与展望［J］. 当代韩国，2019（1）.

气候变化问题并不断采取措施和付出努力的国家，韩国自然会加入《京都议定书》承诺期到期的 2020 年后全球应对气候变化的制度框架之中。协定使韩国面临挑战，在全球减排行动的透明监督下，短时间内严格控制温室气体排放量必然会改变原有的能源结构，影响韩国国内的一大批传统产业，近年来先进国家的制造业比重越来越小，但韩国的制造业比重却持续增长，制造业在整个韩国经济上的比重将从目前的 31%升至 35%~36%。在这种情况下，《巴黎协定》签署后很多项目会对韩国经济造成打击。尽管如此，时任总统朴槿惠在巴黎大会上已明确表态支持新协定的举动，表明了韩国政府应对全球气候治理的决心。可以预测，韩国会一如既往地将应对气候变化采取的措施视为培育新经济增长点的动力，这是韩国未来发展战略的现实要求。

在经济层面，低碳绿色增长战略为韩国经济转型奠定了坚实的基础，在未来完成减排、限排目标的过程中，韩国会加大力度提高产业技术水平，开发投资可再生能源与新能源，培育新能源产业；进一步建设与规范碳排放交易市场，帮助并鼓励企业开发减排技术，提升适应气候变化的能力；加强工业生产领域节能技术的研发与应用，推动环保产业跻身于区域内甚至全世界的领先水平。总的来说，韩国国内经济方面的应对策略为以发展绿色产业为核心，促进经济转型升级，加快自身的适应能力。在政治层面，韩国会继续加强其在东北亚地区的气候外交活动，协定签署后，作为发达国家，韩国有责任向发展中国家提供应对气候变化的资金援助，并以区域内气候合作治理为切入点开展经济外交，继续发挥其在以往国际事务与合作中形成的"桥梁"优势，促进区域内部发达国家与发展中国家之间的交流与合作，运用其中等强国的区域性影响力与主导作用，推动东北亚地区的共同发展。

8.6 韩国在碳中和方面的最新进展

8.6.1 韩国提出碳中和目标

韩国政府在 2020 年 10 月底发布了碳中和目标，提出要积极应对气候变化，力争到2050年实现碳中和。宣称通过用可再生能源取代煤炭发电，创造新的市场和产业，创造就业机会。早在2020年7月，韩国总统文在寅提出了370亿美元的绿色新政计划，旨在到2025年推动绿色基础设施、清洁能源和电动汽车。在最新的讲话中，他宣布在碳减排措施上再投入70亿美元。作为韩国绿色新政的一部分，韩国的目标是到2025年有113万辆电动汽车和20万辆氢动力汽车，并将推动城市空间和建筑的绿色转型。

由于煤炭仍然是韩国能源结构的核心，因此绿色新政为讨论韩国退煤计划提供了很好的机会。作为世界第十二大经济体和第七大碳排放国，韩国能源结构中约有40%依赖煤炭。韩国拥有60座燃煤电厂，另有7家在建。通过公共财政机构，韩国成为G20国家中海外燃煤电厂项目的第三大投资国。相比之下，根据韩国电力公社2020年的统计，韩国2019年新能源和可再生能源（如太阳能、风能、垃圾填埋气和副产气体）的投资份额仅为6.5%。韩国以其大型制造业而闻名，生产领域涵盖先进的电子产品、汽车、船舶和钢铁。因此韩国对能源需求高，并高度依赖廉价煤炭（和核电）。此前，文在寅政府曾试图摆脱对煤炭的依赖，推行更绿色的能源政策。在过去的三年里，为了减少空气污染，韩国政府已对运行30年以上的煤电厂实施临时关闭政策。2019年6月，韩国政府发布了"第三能源"（或称"能源总体规划"），与2017年的"电力行业计划"一起，旨在到2030年将可再生能源电力比例提高到20%，到2040年提高到30%~35%。这项计划还促使韩国政府考虑关闭约20家老化的燃煤发电厂，并扩大其他电厂的运行上限。①

舆论界对韩国的净零排放承诺表示欢迎，但指出韩国要实现碳中和的目标，需要彻底淘汰煤炭。最紧迫的任务是提高2030年的减排目标，提出到2030年逐步淘汰煤炭的明确路线图，并彻底停止煤炭融资。全球能源监测数据显示，韩国目前拥有36吉瓦的煤电装机设施，提供了40%以上的发电量，另有7.2吉瓦煤电设施正在建设中，而可再生能源目前在全国能源结构中所占比例不到6%。韩国不仅在其本

---

① 王闯."绿色新政"助推韩国能源转型［EB/OL］.［2020-11-30］. https://info.yimei180.com/news/article/12839.

土兴建煤电，也是全球三大海外煤炭项目公共融资国之一。

2020年9月底，国会通过了一项"气候紧急状态"决议，韩国成为第一个正式将气候变化定义为"紧急状态"的东亚国家。根据这项决议，韩国将组建一个特别委员会，通过指导气候行动支出，收集利益相关者的意见，在新的气候变化雄心下审视当前的气候和能源政策，以重新安排国家劳动力、为弱势群体提供支持等方式，加大应对全球变暖威胁的力度。国民议会还旨在提高2030年的减排目标（尽管决议没有提供进一步的细节），并敦促政府向国际社会提交一份新的气候承诺。

8.6.2　韩国完善碳中和方案

2021年3月韩国环境部发布了"2021年碳中和实施计划"。根据计划，韩国今年将致力于完善碳中和整体方案，由各部门制定相关的碳中和推进战略，构建稳固有效的实施体系。2020年10月，韩国总统文在寅正式宣布到2050年实现碳中和，成为继中国和日本之后第三个宣布碳中和目标的亚洲国家。2020年12月，韩国政府公布了"碳中和推进战略"，主要内容是经济结构向低碳化转型、构建新兴低碳产业生态圈、以公平公正的方式向低碳社会转型和加强碳中和相关制度建设。①

"2021年碳中和实施计划"明确了中央政府有关部门在本年度应该完成的主要事项，如国土交通部要制定2050年实现车辆100%无公害化的相关计划；产业通商资源部要制定氢能经济基本规划；金融委员会要制定金融界绿色投资指南等。韩国环境部表示2021年将是韩国实施碳中和计划的第一年。环境部作为牵头部门，将夯实有关政策基础，更有效推进全社会绿色转型。

许多地方政府也纷纷出台相关政策。光州市提出大力推进绿色住宅项目，政府通过向居民宣传日常节能方法，减少住宅能耗。市政府每年进行测评，向厨余垃圾产出量低、节能效果显著的住宅小区发放1.8亿韩元的奖金和绿色认证标识。全罗

---

① 张悦.韩国完善碳中和整体方案［EB/OL］.［2021-03-21］. https://baijiahao.baidu.com/s? id=16956966672614344433&wfr=spider&for=pc［2021-04-28］.

南道海南郡推出可回收垃圾有价补偿制，当地居民只要按照要求分类处理垃圾即可得到相应积分，积分可兑换政府发行的商品券。当地政府希望通过市民参与，提高垃圾回收率，降低温室气体排放。

能源、钢铁企业是温室气体排放大户。据韩联社报道，韩国主要能源企业将于4月组建能源企业联盟，共同商讨减排方案、合作研发清洁能源和应对碳税可能带来的影响。除了能源企业，纺织业、造纸业、炼油业、金属加工业、银行业等多个行业都发表了支持"2050年实现碳中和"的共同声明。

8.6.3 韩国碳中和方案草案引发争议

2021年8月5日，直接对韩国总统负责的"2050碳中和委员会"（以下简称"碳中委"）发布了《韩国2050年碳中和实施方案（草案）》，并拟将在征求韩国各界意见后，于2021年10月出台最终的实施方案。该草案由三个不同方案组成，分别设定了三个温室气体净排放量值，实施路径也不尽相同。草案公布后，在韩国各界引起强烈反响。韩国全国经济人联合会（全经联）、韩国经营者总协会等企业界、学界专家对目标设定提出批评，认为难以实现。同时，对方案将增加巨额费用负担表示担忧。具体担忧表现在以下几个方面：高比例可再生能源发电能否保障电力供应、可再生能源设备投资费用高、产业减排方案能否成功实现、韩国总统更迭后政策能否持续实施等。

草案根据韩国的碳中和目标，提出了三种可能的碳中和路线图，重点是限制燃煤发电和LNG的消费。第一种方案的目标是，通过削减煤炭、石油和LNG的需求，同时促进可再生能源和氢能发展，到2025年，实现韩国的碳排放在2018年6.863亿吨的基础上减少96.3%，至2540万吨。根据这一方案，到2050年，韩国将把LNG发电在总发电量中的份额，从2018年的26.8%降至8%，并将煤电的发电份额从2018年的41.9%降至1.5%。但是，根据这种方案，到2050年，韩国仍将保留7座运行中的燃煤电厂。第二种方案旨在通过关闭所有燃煤电厂，但保留几台LNG发电机，将韩国的碳排放量减少97.3%，至1870万吨。根据这一方案，到2050年，韩国 LNG 在电力生产中的比例将降至 7.6%，而可再生能源的比例将从 2018 年的 6.2% 跃升至 58.8%。最激进的是第三种方案，将通过关闭所有燃煤电厂和 LNG 发电厂 100% 削减碳排放，这些电厂预计将被可再生能源和氢能发电取代。在这种情况下，可再生能源将占韩国电力结构的 70.8%，核能占 6.1%，而绿氢等其他清洁能源将占其余部分。①

根据该草案，韩国碳中和计划实施的主要方向是大幅增加可再生能源，减少核电和煤电。但业内人士认为，以韩国的气候特点和自然条件，可再生能源不可能帮助韩国完全实现碳中和目标。与此同时，由于可再生能源发电效率低、具有间歇性和不稳定性特点，如将可再生能源占比提高到 70%，可能会引发"常态化停电"。此外，可再生能源设备前期投资相对较高，有行业人士计算，如果到 2050 年韩国完全关停燃煤发电和 LNG 发电设施，可再生能源电力占总发电比重的 70.8%、核电占 6.1%，那么届时韩国的总发电成本将比现在增加约 884.9 亿美元，韩国终端用户需要承担的电费价格也将翻倍。

韩国为实现 2050 年碳中和的目标，使用太阳能、风力等再生能源和清洁氢替代传统能源必不可少。韩国清洁氢生产基础薄弱，80% 要依赖进口，想要实现碳中和目标十分困难。韩国 2050 碳中和委员会 2021 年 8 月提出了"2050 碳中和方案（草案）"，提到大部分氢气供应需依赖进口，主要来源国和地区包括澳大利亚、中东、俄罗斯、北非等。目前，韩国在电动汽车、加氢站、燃料电池等氢的应用领域居世界领先地位，但在清洁氢生产方面几乎一片空白。清洁氢的生产单价在韩国为每千克 8 000 韩元至 10 000 韩元，与澳大利亚和沙特阿拉伯的 2 000 韩元左右的价格相比过于昂贵。②

为摆脱完全依赖进口的情况，韩国产业通商资源部 2020 年 6 月与 30 家企业和机构签订了旨在建构海外清洁氢供应链的业务协定（MOU），预计将在 2026 年或

---

① 中国能源报.韩国碳中和路线图引争议［EB/OL］.［2021-08-18］. https://baijiahao.baidu.com/s? id=1708416696470460166&wfr=spider&for=pc.

② 发改委//转自韩联社.实现碳中和困难重重 韩国清洁氢 80% 依赖进口［EB/OL］.［2021-09-29］. https://www.ndrc.gov.cn/fggz/lywzjw/jwtz/202109/t20210929_1298189.html? code=&state=123.

2027年左右引进用于煤炭火力发电的绿氨，到2030年左右正式进口液态氢。

8.6.4　韩国通过碳中和法案

2021年8月31日，韩国国会通过了《碳中和与绿色增长法》，使该国成为第14个承诺到2050年实现碳中和的国家，该法案要求政府到2030年将温室气体排放量在2018年的水平上减少35%或更多，即将温室气体排放量从2018年记录的7.276亿吨至少减少到4.72亿吨。其他立法承诺减少二氧化碳排放的国家包括加拿大、法国、德国、爱尔兰、日本、新西兰、西班牙、瑞典和英国等。[①]韩联社在2021年8月31日的一份报告中说，作为碳中和措施预算计划的一部分，政府计划在2022年花费约12万亿韩元（约合103亿美元）用于减少温室气体排放，其中8.3万亿韩元将被投资于能源、工业、交通和土地部门的低碳项目，还将建立一个价值2.5万亿韩元的气候应对基金。此外，可再生能源行业和发电部门或将获得额外的财政支持。

环境部称，总统碳中和委员会正在努力制定韩国2030年NDC目标的初稿，在10月收到反馈并与利益相关者进行讨论后，政府计划在11月苏格兰格拉斯哥举行的第26届联合国气候变化框架公约大会上公开披露其国家2030年可再生能源的最终目标。2021年1月，当地媒体报道，韩国的目标是到2034年实现40.3%的电力供应来自可再生能源，达到77.8吉瓦发电能力。根据其在2020年7月发布的《韩国新政》，其目标是将太阳能和风能发电量从2019年的12.7吉瓦增加到2022年的26.3吉瓦，到2025年将其扩大到42.7吉瓦。

根据韩国能源部门的数据，韩国在2021年第一季度新增了1 017兆瓦（MW）光伏装机容量，使得该国累计光伏装机容量达到15.5吉瓦左右。2021年5月初该国启动了2吉瓦光伏项目的招标。7月，韩国能源署公布了该招标结果，通过此次招标共选择了7 663个项目，分配了约2吉瓦的项目，平均价格为每千瓦时136.128韩

---

① EnergyTrend.韩国通过碳中和法案，成为第14个承诺到2050年实现碳中和的国家 [EB/OL]. [2021-09-10]. https://www.energytrend.cn/news/20210910-98435.html.

元（约合0.118美元），比之前的招标低7.5韩元，同时，中标者将获得为期20年的固定费率。此外，韩国在10月举行了另外2吉瓦光伏项目的招标。

8.7 韩国小结

气候变化是当今人类社会面临的共同挑战。工业革命以来的人类活动，特别是发达国家大量消费化石能源所产生的二氧化碳累积排放，导致大气中温室气体浓度显著增加，加剧了以变暖为主要特征的全球气候变化。气候变化对全球自然生态系统产生了显著影响，温度升高、海平面上升、极端气候事件频发给人类生存和发展带来严峻挑战。气候变化作为全球性问题，需要国际社会携手应对。多年来，各缔约方在《联合国气候变化框架公约》实施进程中，按照共同但有区别的责任原则、公平原则、各自能力原则，不断强化合作行动，取得了积极进展。为进一步加强公约的全面、有效和持续实施，各方正在就2020年后的强化行动加紧谈判磋商，以期开辟全球绿色低碳发展新前景，推动世界可持续发展。

《联合国气候变化框架公约》签署于1992年，并于1994年正式生效，全球197个国家为该公约成员国。2015年12月达成的《巴黎协定》是《联合国气候变化框架公约》下用以取代于2020年到期的《京都议定书》的最新协定，主要目标是将21世纪全球平均气温上升幅度控制在2℃以内，并进一步努力将全球气温上升控制在前工业化时期水平之上1.5℃以内。2016年10月5日，随着欧盟和加拿大等国在《巴黎协定》上签字，使其顺利达到"覆盖全球55%以上碳排放的55国批准"之生效门槛，并于11月4日起正式生效。2015年达成的《巴黎协定》无疑是一个历史性坐标，所获支持之多、生效速度之快，大大超出预期。从谈判、通过到生效的过程，既凝聚了各国携手推动低碳转型、共同应对气候变化的决心和意志，也为其他领域全球治理提供了借鉴，注入了信心。

文在寅当选韩国总统后，韩国政府尚未出台能源安全政策，不过一系列迹象表明，韩国能源战略的指导原则已过渡到"需求方导向"，调整能源结构更多的是依赖科技创新和新的能源合作。然而，韩国虽强调清洁能源和再生能源的使用，但是由于受到本国市场条件和相关技术成熟度的限制，对传统能源的偏好短时间难以改变。石油和煤炭在国民经济中的地位虽有所下降，但所占比重仍然较高，这导致韩国政府在环保、科技创新、能源结构与效率等方面仍面临重重困难。

韩国对天然气和核能的需求使其在外交上向美日靠拢。美国手中握有天然气与核能"通行证"，使韩国有意赋予两国能源合作更多的政治军事内涵。韩国一面积极开展与美国的合作，在满足能源需求的同时，不断提高自身的国际地位；一面倚重俄罗斯，试图通过两国油气管道借道朝鲜之际，改变地缘上的不利局面，提升韩国在朝鲜半岛和平进程中的地位。

从长远来看，韩美靠近对东北亚地区的能源合作与地区安全会带来深远影响，东北亚能源格局有可能因受外部影响而分化重组。此时，韩国考虑建立的东北亚地区能源合作机制，至少存在两个选项。一是建立东北亚六方能源合作体系，包括俄罗斯、中国、日本、韩国、朝鲜和蒙古国，通过建立多边合作系统共同应对快速变化的全球多边市场。二是建立某种渠道，如重组东北亚能源合作政府间协作机制，由韩国、俄罗斯和蒙古国主导，探讨东北亚地区的能源合作项目，建立信息共享网络。如今，韩国通过与美国的能源合作平衡俄罗斯在东北亚能源格局中的影响，有意在东北亚扮演更重要的角色。未来韩国紧随美国共建东北亚能源安全合作机制也不无可能。

受不同国情的影响，东北亚各国大气合作治理的利益需求不同。[1]日本与韩国经济发达，国内实施减排后大气环境污染已得到较好的控制，减缓与适应的压力较小。日本的环保与节能技术领先于世界，而韩国完成了低碳绿色经济的转型，两者均将大气治理的视角放眼于国外，希望通过加强区域大气的合作治理，使本国产品占领丰富的国外市场以获得经济利益，并扩大在区域中的地位与影响。对于中国而言，国内正处于经济转型升级的关键时期，将减排视为国家转变经济增长方式、培

---

[1] 于潇，孙悦.《巴黎协定》下东北亚地区应对气候变化的挑战与合作 [J]. 东北亚论坛，2016（5）.

育新能源及环保产业、协调经济发展与环境保护的有利契机，国内减排目标的完成需要紧密依靠区域合作，以获得资金援助与技术支持，通过积极参与并主导区域内的大气合作治理以展现大国责任的国际形象，最终实现经济利益与人民利益的双赢。而同样作为大国的俄罗斯有充分大的环境容量，虽然完成减排目标的压力不大，但其亦期望在区域大气合作治理中发挥自身的能源优势，继续以能源出口的方式获取经济利益，并促进本国调整能源结构，走上低碳绿色的发展之路。

东北亚地区搭建合作治理架构，应首先促进低碳经济、绿色经济、新能源转型与环保产业发展的国家间政府合作。《巴黎协定》的签署不仅标志着形成新时期下的减排行动纲领，也从侧面展现出国际社会对低碳绿色经济发展道路的肯定。其中，韩国应着力发挥其长期以来在国际社会中具备的沟通与协调的桥梁作用，中国与俄罗斯应积极从合作中充分学习日本与韩国在此方面的经验与技术，着力发展新能源经济，将可持续发展与脱贫相结合，相对于经济发达的日韩而言，抓住自身后发优势，摆脱其依赖化石能源的被动局面，以先进能源技术创新和产业化实现"弯道超车"，推动本国能源生产与消费，将创新型经济视为经济增长新引擎。

在气候减缓与适应合作的治理中，无论哪方面都需要巨额的资金。《巴黎协定》再次重申，发达国家有义务为发展中国家的减排与适应提供资金援助，区域内日韩两国应主导建立东北亚区域固定的气候资金，并明确资金援助的路线图及具体方案，鼓励其他国家根据本国国情适当提供公共资金，资金的使用范围应明确限制为帮助区域内发展中国家减排及提高适应能力。此外，节能减排技术是未来实现减排目标的核心动力与支撑，也是东北亚地区每个国家需要解决的问题，但就目前技术领先水平而言，日本节能减排技术已代表了世界最先进的水平，并引领了相关技术产业的发展。而韩国相对有基础，一直致力于培育自己技术方面的优势。因此，在技术方面的合作治理中，日韩应积极并优先向区域内国家提供技术援助，建立技术联盟，以供区域内各国开展以新型汽车、太阳能、风能、生物质能、碳捕获等领域先进技术为核心的交流与合作，向中国、俄罗斯输出环境技术与技术产品，在满足两国对学习并购买先进技术较大需求的同时，促进日韩两国获取一定的经济利益。

主要参考文献

[1] 陈炳硕，富贵. 韩国清洁能源发展概述 [J]. 全球科技经济瞭望，2017 (6).

[2] 崔连标. 基于碳减排贡献原则的绿色气候基金分配研究 [J]. 中国人口·资源与环境，2014 (1).

[3] 崔圣伯. 韩国的经济增长和对外开放化问题——韩、日比较研究 [J]. 经营管理者，2015 (4).

[4] 邓树刚. 绿色气候基金：《联合国气候变化框架公约》资金机制的新发展 [J]. 云南大学学报，2013 (6).

[5] 范斯聪. 2008 年以来韩国能源外交的评析与展望 [J]. 当代韩国，2019 (1).

[6] 韩联社. 韩国"氢能经济"政策实施一年成效显著 [EB/OL]. [2020-01-14]. https://baijiahao.baidu.com/s? id=1655695762028944150&wfr=spider&for=pc.

[7] 李炳轩. 韩国的能源战略研究 [D]. 长春：吉林大学，2011.

[8] 刘倩. 国际气候资金机制的最新进展及中国对策 [J]. 中国人口·资源与环境，2015 (10).

[9] 刘燕，张时聪，徐伟. 韩国零能耗建筑发展研究 [J]. 建筑科学，2016 (6).

[10] 罗晔. 东部制铁公司现状分析 [J]. 冶金经济与管理，2014 (3).

[11] 潘晓滨. 韩国碳排放交易制度实践综述 [J]. 资源节约与环保，2018 (6).

[12] 史军，郝晓雅，肖雷波. ANT 理论视角下的绿色气候基金组建进程及其对中国的启示 [J]. 阅江学刊，2014 (2).

[13] 吴善略，张丽娟. 韩国、欧洲和日本如何发展氢能 [EB/OL]. [2019-08-09]. https://mnewenergy.in-en.com/html/newenergy-2347022.shtml.

[14] 于潇，孙悦.《巴黎协定》下东北亚地区应对气候变化的挑战与合作 [J]. 东北亚论坛，2016 (5).

[15] 中国储能网新闻中心. 韩国政府颁布《促进氢经济和氢安全管理法》[EB/OL]. [2020-02-12]. https://www.china5e.com/news/news-1084318-1.html.

[16] 李秉国. A study of strategy for carbon-free Island Jeju [R]. Korea Environment Institute，2016 (5).

[17] 李盛骏. Policy directions on adaptation and loss and damage under the new climate change regime [R]. Korea Environment Institute，2016.

9 印度

9.1 印度经济发展现状及世界影响

印度独立近70年实现了全面社会经济进步。在农业生产方面实现自给自足，是少数几个进入外太空征服自然以造福人民的国家之一。印度国土面积328.7万平方千米，从积雪覆盖的喜马拉雅山脉延伸到南部的热带雨林。自独立到20世纪80年代，印度国内生产总值年均增长率仅3.5%，80年代提升为5.6%，90年代中期为7%，2006年增长率达到了创纪录的9.8%，2008年金融海啸后增速超过10%，达到10.26%，2017年达到6.7%，2019—2020年增长率为4.2%。三产比为：54.30∶29.60∶14.65，外汇储备为4 934.8亿美元（截至2020年5月29日），出口额为5 284.5亿美元，对外出口国和地区排名为：美国、德国、阿联酋、中国、日本、泰国、印度尼西亚和欧盟，印度正在开拓非洲和拉美市场。[①]

9.1.1 印度经济社会发展状况

（1）服务业增长迅速

印度凭借良好教育的工人、信息技术和英语语言优势大力发展服务业。服务业先行带来了印度软件、商务处理外包等IT服务业的繁荣发展，促进了印度资本金融市场的发达和旅游业的兴旺。印度58%的国内生产总值由IT、金融、房产等服务业贡献，其中软件服务出口在2004—2005年度增长34.4%，创汇172亿美元，全球近一半的外包业务被发往印度，印度因其发达的外包服务被称为"世界办公室"。

---

① IBEF.India: Indian economy, a snapshot India brand equity foundation [EB/OL]. [2020-06-02]. https://www.ibef.org/economy/indiasnapshot/about-india-at-a-glance.

近年来，印度服务业实现较快发展。2016/2017财年增长7.7%，2017/2018财年增长8.3%。2017/2018财年服务业对国民总增加值的贡献率为55.2%，成为印度创造就业、创汇和吸引外资的主要部门。

（2）发达的资本市场和旅游

印度拥有发展中国家最大的资本市场，其股票交易种类也是发展中国家中最多的。全国共有78家商业银行和196家地区农业银行，分支行6 100家；有证券交易所23家，上市公司超过900家，年新发行股票可筹措650亿至700亿卢比资金。2010年孟买证券交易所上市企业数量达到5 034家，位列全球证交所首位，成为全球最有吸引力的资本市场之一。

凭借独特的历史文化景观和开放的对外交流政策，印度的旅游业每年都要吸引大量来自世界各地的旅游者，2006年去印度旅行的游客多达440万人次，旅游收益达67亿美元，旅游业的腾飞也带动了印度酒店等服务行业的发展，世界经济论坛针对旅游业所做的排行榜显示，在发展中国家中，印度的旅游业最具竞争力。

（3）制造业增长势头强劲

2002年印度制造业出口约370亿美元，2004年很快上升到540亿美元。印度政府将调整产业结构作为经济改革重点，为了加快制造业的发展步伐，2004年9月成立了"国家制造业竞争力委员会"，专职负责"确保制造业的快速及持续发展"。印度制造业仍然相对落后，近年来的快速发展主要体现在资本技术密集型制造业领域。在汽车、钢铁以及制药等产业具有世界级优势。例如，印度的塔塔汽车公司不仅收购了豪华汽车品牌捷豹和路虎，还开发出世界上最便宜的汽车，占领低端消费市场，公司已经进入世界车企十强。主要工业包括纺织、食品加工、化工、制药、钢铁、水泥、采矿、石油和机械等。汽车、电子产品制造、航空和空间等新兴工业近年来发展迅速。2017/2018财年印度工业生产指数同比增长3.7%，其中电力行业增长5.1%，采矿业和制造业分别同比增长2.8%和3.8%。近年来主要工业产品产量增长率见表9-1。

表9-1 印度工业产品产量增长率（%）

	2016/2017财年	2017/2018财年
煤	1.5	1.3
原油	-3.2	-0.4
天然气	-3.3	4.0
油品	6.7	3.9
化肥	1.2	-0.6
钢材	10.9	6.7
水泥	2.8	2.7
发电量	6.4	4.9
总计	5.3	4.0

印度可耕地面积占世界的1/10，约1.6亿公顷，人均17亩，是世界上最大的粮食生产国之一。农村人口占总人口的72%。近年来印度主要农副产品产量见表9-2。

表9-2 印度主要农副产品产量 单位：百万吨

	2015/2016财年	2016/2017财年	2017/2018财年
稻米	90.6	96.4	94.5
粗粮	27.9	32.7	31.5
豆类	5.6	9.4	8.7
油籽	19.9	23.4	20.7
甘蔗	341.4	306.7	337.7
棉花*	33.5	33.1	32.3

注：棉花单位为百万包，每包170千克。

印度中央和地方财政分立，预算也分为联邦和邦两级。每年4月1日至次年3

月31日为一个财政年度。2017/2018财年财政赤字占国内生产总值的3.5%。

9.1.2　印度经济主要相关数据

2018年印度人口普查结果显示，印度总人口达到13.5亿，2023年4月中旬，印度人口增至14.1亿，超过中国成为全球人口第一大国。预计到2023年年底印度人口将接近14.29亿。

印度国家统计局的公开信息显示，印度2019年经济实际增速为5.3%，仅次于中国的6.1%，完成的GDP为200.81万亿卢比，折合美元为2.85万亿美元，全球排名第五。

印度国家统计局公布的数据显示，印度2019年第三季度经济增速从上个季度的5%降至4.5%，已连续7个季度下滑，为6年来最低水平。

印度的出口总额在2020年2月达到276.50亿美元，相较于2020年1月的259.7亿美元有所增长。印度2015年至2018年外贸情况统计见表9-3。

表9-3　　　　　　　　　　　印度外贸情况统计　　　　　　　　　单位：百万美元

	2015/2016财年	2016/2017财年	2017/2018财年
出口额	262 291.07	275 852.42	303 526.15
进口额	381 007.47	384 356.39	465 580.25
进出口差额	−118 716.40	−108 503.97	−162 054.10

9.2　印度能源结构及碳排放

9.2.1　能源结构

截至2018年印度一次能源总消费量为809.2百万吨油当量，比上年增长7.88%。

其中2018年印度化石能源消费量为741.2百万吨油当量，主要包括煤炭、石油以及天然气，较2017年增加7.54%，占印度一次能源消费量的91.6%。清洁能源消费量117.9百万吨油当量，主要包括核能、风能、水能、太阳能等，较2017年增长10.08%。2018年煤炭消费量452.2百万吨油当量，占一次能源消费量的55.9%；石油消费量239.1百万吨油当量，占一次能源消费量的29.6%；天然气消费量49.9百万吨油当量，占一次能源消费量的6.2%。清洁能源中，核能消费量8.8百万吨油当量，占一次能源消费量的1.1%；水电消费量31.6百万吨油当量，占一次能源消费量的3.9%；太阳能、风能等消费量27.5百万吨油当量，占一次能源消费量的3.4%。

（1）电力生产和消费

印度是全球第五大电力生产国和第四大消费国。预计到2020年3月，印度全国总装机容量将达226.28吉瓦，其中化石燃料发电占63.5%，再生能源发电占21.8%，核能发电占1.9%。按所有制结构划分，中央政府、邦政府、私营部门的装机容量比例分别为27%、37%、36%。目前，印度已有16个邦实现了100%的农村电气化，但印度总体供电状况仍不太稳定，电厂燃料供应不足，上网电价低，电网输送损耗大。风能和太阳能前景光明，但成本较高。

尽管印度电力行业快速发展，但电力供应仍然面临较大缺口，除部分经济发达地区如古吉拉特邦、马哈拉施特拉邦可以保障24小时供电外，其他各邦用电高峰期断电的情况时常发生，制约着印度经济发展。其中南部、东北部以及北部地区电力缺口较大，分别为22.2%、12.9%和1.4%；西部地区与东部地区电力供应较为充足。投资体量较大的产业园区大多计划自建电站，部分企业特别是制造业企业，普遍配置小型发电机组和断电保护系统等，建议欲前往印度北部及南部邦进行投资的中资企业自备发电设备。

（2）可再生能源

截至2019年11月，印度可再生能源装机容量为8440万千瓦，在建装机容量为3000万千瓦，另有4000万千瓦正在进行投标。随着多项补贴的落实，2020年印度可再生能源装机总量有望突破1亿千瓦。印度水力发电潜力可达6000亿度，目前已开发利用的只占18%。运行中的电站，到2020年12月，全国水电总装机容量为26 402.23兆瓦，其中装机容量大于3兆瓦的处于营运中的水电站有230座。全印度72%为矿物燃料驱动的火电机组，2%来自核电机组，非常规能源和其他类型（不含水电）占2%，水电机组只占24%，还远未达到理想的能源结构。

（3）化石能源

印度的煤炭储量近2 000亿吨，是世界上第三大产煤国。已经探明的煤炭储量约占世界总量的7%。印度的煤炭资源主要分布在比哈尔（占33%）、中央邦（20%）、北方邦（10%）、西孟加拉邦（13%）、奥里萨（10%）、马哈拉施特拉（5%）、安德拉（5%），其余分布在印度其他各地。印度预计2004年度全年的煤炭总产量为32 254万吨，但其煤炭产量远远满足不了印度经济近几年高速增长的需求。为了弥补需求缺口，印度目前主要从澳大利亚进口冶炼钢铁的优质焦炭。就能源需求增长而言，需投入大量资金，而仅靠内部资金和政府资助是远远不够的。因此，印度政府鼓励越来越多的私人投资和国外直接投资，但近几年的投资效果不尽如人意，这是因为投资环境因素是决定东道国引资规模和引资结构的重要因素。这就从客观上要求印度政府首先改善投资环境。

印度石油、天然气资源主要分布在阿萨姆、古吉拉特、孟买西部近海域。石油可开采量不足8亿吨，天然气储量不到7 000亿立方米，按目前开采速度，仅可再开采20多年。目前在印度每年所需的原油（1亿吨）、天然气中有70%需要进口。

（4）核能源

印度的核电站主要建在水电、火电缺乏的地区，如卡纳塔克邦的迈索尔（核电站发电量220兆瓦电力）、泰米尔纳德邦的金奈（1 000兆瓦电力）、马哈拉施特拉邦的塔拉布尔（孟买附近，540兆瓦电力）、拉贾斯坦邦（1×100兆瓦电力、1×200兆瓦电力和2×220兆瓦电力）和北方邦的纳罗拉（距新德里约200千米，2×220兆瓦电力）等地，年核发电总量超过2 770兆瓦电力。印度核资源矿藏十分丰富，钍的确定贮量达32万吨，超过世界钍确定贮量（49.04万吨）的一半多，占世界第一位；铀的总储量估计为7万吨，仅比哈尔邦兰契高原上的铀矿贮量就达5.3万吨，还可以从中提炼钍。印度的钍和铀储量分别相当于1 000亿和6 000亿吨煤当量。丰富的核能资源，为印度发展核电提供了物质基础。

9.2.2　碳排放

印度于2010年1月30日正式向《联合国气候变化框架公约》秘书处提交其国内自主减排指标方案，到2020年印度二氧化碳排放强度将比2005年减少20%~25%，但这一方案不包含农业部分。表9-4显示了印度2015—2018年二氧化碳排放量。

表9-4　　　　　　　　　　　　印度二氧化碳排放量

年份	2015	2016	2017	2018
碳排放（Mt CO_2e）	2 026.7	2 057.7	2 161.6	2 026.7

数据来源：IEA，2020.

（1）印度碳排放总量

印度是世界上第三大二氧化碳排放国，2017年能源引起的二氧化碳排放约21.6亿吨。随着印度经济开始朝着城市化和工业化的道路发展，煤炭等固体燃料的消费量猛增。

印度的煤炭作为电力来源已从1992年的68%上升到2015年的75%。印度的煤矿资源丰富，煤炭在印度的价格通常比进口的石油和天然气便宜。考虑到这些趋势，印度经济对煤炭的依赖性可能会加重，煤炭是煤炭发电和重工业发展的主要能源。印度的二氧化碳足迹在未来必将增长。

IEA数据显示，在20世纪70年代，印度碳排放一直处于上升阶段，20世纪80年代经历高速增长后，2000年后增速略有下降，2007年又进入新增长高峰，2009年增速曾达到12.2%，主要源于其GDP的快速增长，2002—2007年平均增速达到8.83%，2008年金融危机后增速放缓，但2010年达到两位数增长。这致使印度的人均碳排放由 0.32 t CO$_2$e 增长到 2005 年超过 1 t CO$_2$e 吨后，2017 年为 2.26 t CO$_2$e，而且增速依然不减。这种增速与其产业和能源结构有直接关系（后面将进一步解释）。同时，单位 GDP 碳排放由 1991 年的最高值 0.38 kg CO$_2$/美元，降为 2017 年的 0.26 kg CO$_2$/美元（如图 9-1 所示），年均下降 1.48%。

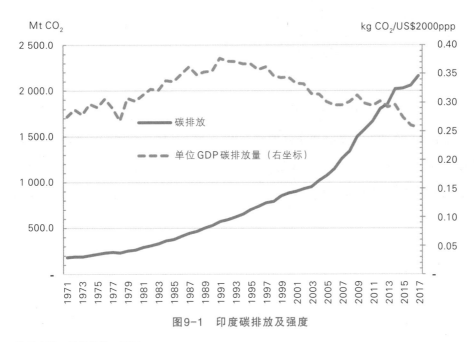

图9-1　印度碳排放及强度

数据来源：世界银行，2020.

（2）产业结构

第一产业占 GDP 比重从 1950—1951 年的 54.56% 下降到 1999—2000 年的 27.87%；第二产业占 GDP 比重从 1950—1951 年的 16.11% 上升到 1999—2000 年的 25.98%。其间，第三产业占 GDP 比重由约 29% 上升至 46%。由于在 20 世纪 50 年代中期大力推动工业多样化，印度经济在工业部门内也经历了重大的结构变化。[①]

进入 20 世纪 90 年代后期，印度的第二产业超过第一产业，说明经济发展进入

① DASGUPTA P，CHAKRABORTY D.The structure of the Indian economy，2005.https：//www. iioa.org/conferences/15th/pdf/dasguptachakraborty.pdf.

工业化初期阶段，但是人均GDP仅为827美元，依然处于前工业化阶段。到2018年人均GDP超过2 000美元，依然处于工业化初期。但是其农业占比低于工业，工业占比低于服务业，进入后工业化阶段。所以用传统的工业化阶段划分指标难以明确印度处于怎样的工业化水平。可见，只从产业结构判断难以恰当评价一国的经济发展阶段，关键要看其创造的经济价值的来源。当工业未能满足经济发展所需要的基础设施建设的要求时，盲目发展服务业，很难提升经济发展的整体水平和人均生活质量。第二产业比重较低也造成印度人均碳排放不到1.7吨水平，远低于世界平均值。

第二产业随着人均GDP的增长，其实现的产值占整个GDP的比重在上升，但上升的幅度没有第一产业比重下降的幅度大。这一方面说明第二产业的扩张性发展没有出现，或是受制于资本，或是受制于市场；另一方面说明第二产业所实现的GDP比重上升速度十分缓慢，第二产业对GDP尤其是人均GDP增长的贡献不大（参见图9-2和图9-3）。

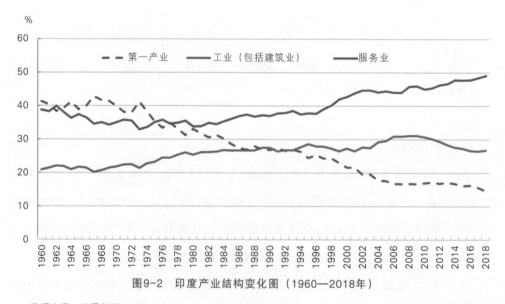

图9-2 印度产业结构变化图（1960—2018年）

数据来源：世界银行，2020.

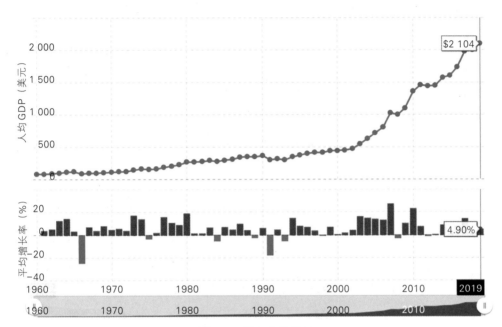

图9-3 印度人均GDP

数据来源：https://www.macrotrends.net/countries/IND/india/gdp-per-capita.

注：这里的GDP为当年现值。

印度制造业进入21世纪后以较高的速度增长，但是2010年后增速放缓（见图9-4），占GDP比重也由1995年的17.87%降为2019年的13.72%。再加上其较高的第三产业比重，其碳排放总量相对较低。

第三产业的情况尤其独特。由图9-2可见，印度服务业产值占比一直处于较高位置，说明服务业对印度经济增长的贡献是最大的。这是印度产业结构演变中的一大特点，也是印度工业化进程中的一大问题，这个问题对其后的发展模式产生了重要的影响。从印度产业结构的演进来看，基本不符合产业结构演进的规律，即它不是按照一、二、三产业顺序发展的轨迹进行结构的转换和升级，而是按照一、三、二的发展轨迹，最终形成了三、一、二的产业结构格局，这种模式造成了印度目前的碳排放总量和人均碳排放都处于较低水平。

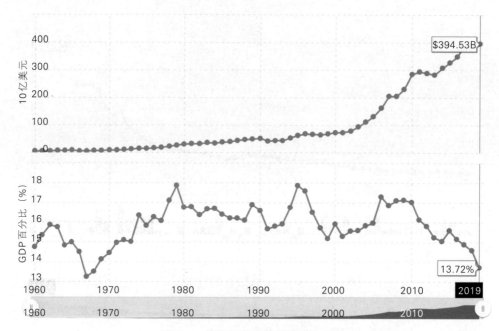

图9-4 印度制造业产值及历年增速

数据来源：https：//www.macrotrends.net/countries/IND/india/manufacturing-output.

9.2.3 碳中和

统计数据显示，近几年印度已成为全球碳排放量第三大国。结合碳中和全球推广趋势，印度政府表示正在着手制定2050年前实现碳中和的气候目标。[①]为实现上述碳中和目标，印度目前已于可再生能源等清洁能源领域着手项目推广。2020年10月，印度总理莫迪于印度能源论坛上表示，印度将于2030年实现450吉瓦的可再生能源目标。[②]

但囿于印度目前清洁能源转型缓慢、严重依赖化石能源以及减排政策落实不力等瓶颈，业界普遍认为印度2050年实现净零排放"任重而道远"。

[①] 资料来源：全国能源信息平台，http：//www.jsjnw.org/news/221110-2082.html.
[②] 数据来源：光明网．印度计划2030年实现450吉瓦的可再生能源目标［EB/OL］．［2020-10-28］．https：//m.gmw.cn/baijia/2020-10/28/1301729669.html.

9.3　印度能源及碳排放相关政策

9.3.1　能源及碳排放相关政策

印度气候变化的国家行动计划中最具代表性的是印度政府于 2008 年 6 月 30 日发布的《气候变化国家行动计划》。印度《宪法》第四部分"国家政策基本原则"中也明确规定：保护和发展环境、保护森林是每个邦和每个公民的责任。尽管低级法院并不直接依据其处理案件，但是这些基本条款的规定表明印度政府对环境保护的力度和决心，而且根据印度的法律规定，印度最高法院可以根据公共利益对污染企业直接提起相关诉讼。可以说，原则性条款的严格执行，对打击污染物排放、有效减少二氧化碳排放起到了至关重要的作用。另外，根据印度《宪法》，立法机关和行政机关的权力范围都以公民基本权利为限，尽管印度《宪法》没有明确赋予法院审查违宪的权力，但这为法院审查立法和行政行为是否侵犯公民基本权利提供了可能。就司法职权而言，法院有权维护宪法赋予公民的基本权利。如果行政行为使公民基本权利遭到严重侵害，或者正义严重沦丧，在穷尽一切救济途径的情形下，最高法院和邦高等法院可以通过发布令状，纠正违反宪法规定的行为或法令，以维护公民的基本权利。

森林遭到破坏，是印度近年来洪水泛滥成灾的主要原因。印度每年防治洪水的费用就达 1.4 亿~7.5 亿美元。这种灾难的典型例子是 1970 年印度的阿拉卡曼河泛滥，这是该河首次发生的灾难性洪水，这场灾难使印度的许多村庄被冲走，大量泥沙在下游淤积，破坏了印度北方邦平原上的灌溉系统。随后，印度政府在森林保护、水土维持方面投入了更多的关注。印度是一个农业国家，对森林保护的执法力度可以说遍及各个村落。在农村，印度政府鼓励村民使用非传统型能源进行生产生活，并将相关的鼓励政策写进地方指导政策。事实上，印度政府在 2007 年就通过了《林权法》草案，但因环境部的反对，该法的实施命令一直没有宣布。新《森林法》于2008年1月1日才正式实施。该法赋予了当地部族和林区居民对土地的权利，使得很多被赶出自己家园的各邦部落居民又重返家园。

为了吸引更多的人购买可再生能源，印度政府也极力修改某些法律法规。印度政府整合原有的三部相关法律法规，颁布了《电力法案》。印度政府为此专门成立了一个部门，对此法案进行起草和拟定，此部门已演化成一个私人组织。此外，对新能源企业电力税赋进行不同程度的合理减免，也体现了环境友好政策在印度的良好实施。但事实上，在实施过程中也存在一定的问题，由于印度政府目前还在补贴化石燃料，而非鼓励可再生能源，这使得企业购买绿色电力很困难。所以，在相关措施保障方面印度政府还在尽力完善。

为了节约能源，鼓励使用新能源，印度政府于2001年就颁布了《能源法》，其目的在于推动资源的有效利用，促进国家长效发展。印度中央电力监管委员会（CERC）于2010年1月推出了一套针对国内可再生能源交易的全新政策。这一新政的出台在平衡实体经济快速增长与低碳经济要求的同时，也为印度打开了价值数十亿美元的碳交易市场。这一政策的主要内容是大力推广"可再生能源证书"，印度政府将为证书的购买双方开辟一个国家级的交易市场。这一政策的实施能够切实提升印度利用水电、风能、太阳能等清洁能源发电的比例。"可再生能源证书"的操作原则同目前欧洲的碳交易有很大的相似性，它首先会给印度的公共事业及电力生产商设立一个可再生能源的使用目标，具体目标由中央政府制定。超额完成任务的企业可以向无法完成指标的企业出售盈余的额度。电力部门是印度碳排放大户。一直以来，印度发电基本依靠煤炭等化石能源，这已经让印度成为世界第四大温室气体排放国。所以，必须大幅提升可再生能源的发电比例。但这一政策的实施并非盲目地"一刀切"，而是考虑到印度可再生能源分布的不均衡，意识到在清洁能源匮乏的地区强加义务不可取，因此，"可再生能源证书"只会在印度具备可再生能源开发潜力的地区推行。

印度向UNFCCC提交的国家自主贡献目标是，在国际社会支持下将非化石能源发电比重从目前的30%提高到2030年的40%，到2022年达到175吉瓦可再生能源发电目标。印度承诺，到 2030 年将每单位 GDP 排放浓度在 2005 年水平上降低 33%~35%，并且将通过提高森林覆盖率来增加碳吸存能力 25 亿~30 亿吨。该计划也致力于形成对气候变化影响的适应能力，并对实现上述目标需要的资金给予了说明。

9.3.2 印度气候能源计划

印度新的气候计划包括以下五大要点：

（1）对清洁能源设定了明确信号

为实现 2030 年非化石能源发电占比 40% 这一目标，印度的非化石能源发电量至少达到 200 吉瓦。但如果印度能够实现之前承诺的 2022 年前可再生能源（主要是太阳能）发电达到 175 吉瓦的目标，那么 200 吉瓦的目标则可轻松实现，甚至到 2030 年可达 300 吉瓦。2022 年的目标非常有挑战性，这会让印度成为全球可再生能源装机占比较高的国家。从商业可开发资源和优惠经济条件的角度来看，预计印度可再生能源的开发潜力为 900 吉瓦。因此，只要印度能够克服资金和政策障碍以及需求层面的挑战，这些目标就可以实现。

未来数十年，煤炭和其他化石燃料将继续在印度能源组合中扮演重要角色，因此印度新气候计划（简称 INDC）宣布的目标将带来向清洁能源的大转移。这对环境、经济和缺少足够电力供应的印度人而言是个好消息。

（2）排放强度目标走得更远

印度承诺到 2020 年将排放强度在 2005 年的水平上再减少 20%~25%，INDC 预计到 2030 年将在 2005 年水平上减少 33%~35%。许多研究表明即使不采取新措施，印度也能够将排放强度降低到上述目标甚至更低。在实现其可再生能源和非化石目标的过程中，通过发掘能效改进潜力，印度能够轻松实现强度目标。

（3）通过提高森林覆盖率将减少碳排放

印度 INDC 承认大规模恢复森林覆盖的重要性，这也与支持民生相一致。通过提高森林覆盖率创造 25 亿~30 亿吨碳吸存量，需要在未来 15 年每年减少碳排放至少 14%（与 2008—2013 年水平相比）。其中，"绿色印度使命"计划有望实现上述目标的50%~60%，其余目标的实现则需要制订更详细的计划。INDC强调了应对实施阶段的挑战时资金的重要性。

（4）适应是第一要务

由于印度应对气候变化的适应能力极为不足，因此INDC与实际情况的适应程度受到格外关注。它突出了在敏感领域的措施，如农业、水、健康和其他，指向每个邦尚不成熟的计划。印度现在仅花费了GDP的3%用于实施新计划。INDC计划强调，这些行动的追加投资需要国内和国际额外资金的支持。印度预计，2015—2030年期间需要2 060亿美元，包括灾难管理需要的额外投资。

（5）虽然目标尚显模糊，但政策较为具体

虽然INDC详细制定了较为具体的措施，但并未涵盖2014年12月利马环境会谈形成的决议中所涉及的许多要素。比如，基准年（2005）和目标年（2030）的排放强度，并且强度目标的覆盖范围和测量方法尚未明确。而恰恰是这些信息，对于检测目标进度和理解其对全球控制气温上升的贡献至关重要。

同时，INDC展现了公平的强制性以及在现有政策和更多可持续发展挑战背景下的决心。它也强调了生活方式改变和可持续消费的重要性。

9.4　印度对外国际合作

9.4.1　与中国的合作

2012年5月17日，中印低碳合作研究项目正式启动。该项目由中国国家发改委和印度能源与资源研究所共同牵头，旨在研究低碳发展道路上的障碍，并对为实现低碳未来的政策工具效果进行评估。

2019年10月中国国家主席习近平应邀赴印度出席中印领导人第二次非正式会晤，会议期间充分探讨两国在能源、环境等其他领域存在的广泛的合作潜力。在能源问题上，中印能源需求量大，对外依存度较高，都在寻找长期稳定的能源进口来源，但中国在核能、太阳能等新能源领域领先，在设计建造大型电站、建造成套水电设施等方面具备成熟的技术和经验，印度在风能、能源信息化管理等领域具有优势，这为双方的投资合作提供了契机。此外，中印两国也可加强对海外能源的联合竞购与开发，这有助于提高双方在国际市场的谈判力与购买力。在环境问题上，中印两国在快速城镇化的过程中能源消耗巨大，也都认识到向高质量、包容性的增长模式转型的必要性，中国已启动全国碳排放交易市场，大力减少温室气体排放、推动绿色低碳发展。

9.4.2　与南亚区域合作联盟（SAARC）的合作

2010年4月29日，通过《关于气候变化的廷布声明》，印度宣布为SAARC林业中心、廷布及不丹和南亚区域合作联盟海岸管理中心、马尔代夫各资助100万卢比，并同时和孟加拉国成立了印度与孟加拉国恒河三角洲生态系统论坛，以保护孙德尔本斯——处于世界上最大的恒河三角洲。

9.4.3　与美国的合作

2009年11月，印度政府与美国政府签署了美印能源和气候变化合作备忘录，建立了"美印促进清洁能源发展伙伴计划"，旨在通过合作研发和技术援助促进清洁能源技术推广和低碳经济发展。2011年7月19日，印度新可再生能源部在新德里与美国能源部召开的会议上提出，在与美国原有的新能源合作项目的基础上继续扩大合作。

数据显示，在2018—2019财年中，印度炼油厂从美国进口640万吨原油，价值36亿美元。除此之外，印度企业还与美国签订了购买液化天然气的长期合同。

9.4.4　与日本的合作

印日关系发展势头良好。2000年，印日建立全球伙伴关系。自2004年起，印度成为日本最大的海外开发援助对象。2006年12月，印度总理辛格访日，双方宣布建立战略性全球伙伴关系，并将2007年定为"印日友好年"和"印日旅游交流年"。2008年10月辛格总理访日，双方发表了《印日安全合作联合宣言》和《印日全球战略伙伴关系进展联合宣言》。2009年12月，日本首相鸠山由纪夫对印度进行访问，双方发表了关于加强两国安全保障合作"行动计划"的联合声明。2010年10月，印度总理辛格访日，与日本首相菅直人举行会谈，双方发表《未来十年印日全球战略伙伴关系愿景》的联合声明，签署《关于缔结印日全面经济伙伴关系协定的联合宣言》。2011年2月，日本和印度两国代表在东京正式签署经济合作协定（EPA）。2012年10月，印日第二轮外交与国防副部级对话（2+2对话）在东京举行，第三轮印美日三边对话在新德里举行。

2014年1月，日本首相安倍晋三访问印度，签署了8项协议，涉及旅游、电信、电力等领域。日本将向印度提供约20亿美元的贷款，同时还将向印度出售水陆两栖飞机。8月，印度总理纳伦德拉·莫迪访问日本。

2018年日本与印度就加强能源领域合作达成共识，日本将向印度提供太阳能发电等技术援助。5月1日，两国政府在新德里签署并发表了共同声明。日本将向印度提供太阳能发电等可再生性能源以及氢能等清洁能源的技术援助。两国还将在石油、天然气的供应和储存等方面加强合作。此外，鉴于电动汽车的广阔前景，两国同意共同为电动汽车建立一个稳定的供电系统。印度已经是世界第三大能源消费国，2030年印度对电能的需求将增长至目前的3倍以上。对于在新型能源领域拥有先进技术的日本而言，印度将是一个巨大的市场。

9.4.5 与欧盟的合作

印度将从欧盟获得2亿欧元的贷款，用于资助私营部门进行可再生能源开发项目，该贷款是为了向印度许多发电项目提供长期融资，特别是由私营企业投资的太阳能光伏、生物能源和陆上风力发电等项目，从而为印度努力减少温室气体排放做出积极的贡献。

10　巴西

10.1　巴西经济现状

巴西即巴西联邦共和国，是南美洲最大的国家，享有"足球王国"的美誉，国土总面积851.49万平方千米，居世界第五；总人口2.01亿。与乌拉圭、阿根廷、巴拉圭、玻利维亚、秘鲁、哥伦比亚、委内瑞拉、圭亚那、苏里南、法属圭亚那10国接壤。巴西共分为26个州和1个联邦区（巴西利亚联邦区）。巴西曾是葡萄牙的殖民地，1822年9月7日宣布独立。

巴西拥有丰富的自然资源和完整的工业基础，国内生产总值位居南美洲第一，为世界第七大经济体。巴西是金砖国家之一，也是南美洲国家联盟成员，是里约集团创始国之一，是南方共同市场成员、20国集团成员国、不结盟运动观察员。

巴西在2003—2014年间处于经济和社会进步高速增长时期，基尼系数从58.1%下降到51.5%。其间，最贫穷人口中40%的人口收入水平平均增长了7.1%（按实值计算），超出了全社会4.4%的增长率。然而，自2015年以来步伐似乎停滞了。

自21世纪初以来，经济增速一直在放缓，从2006—2010年的4.5%降至2011—2014年的2.1%。2015年和2016年经济活动显著收缩，GDP分别下降3.6%和3.4%。经济危机的原因是商品价格下跌和该国各级政府执行必要财政改革的能力有限，从而破坏了消费者和投资者的信心。巴西2017年经济活动开始缓慢复苏，2017年和2018年1.1%的GDP增长，在很大程度上是因为疲软的就业市场、延期选举和卡车司机罢工导致投资不确定性增强，经济活动停滞在2018年5月（见图10-1）。

巴西需要加快提高生产率和建设基础设施。自20世纪90年代中期以来，巴西公民的平均收入每年仅增长0.7%，仅为中国的1/10，经合组织平均水平的一半。这

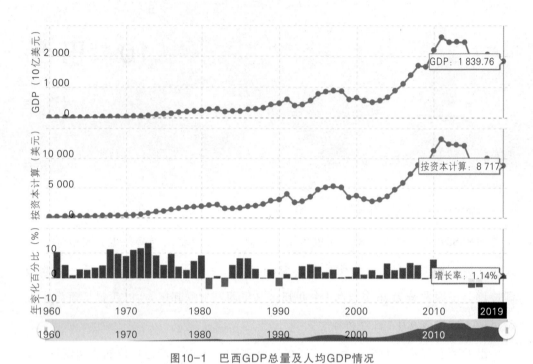

图10-1　巴西GDP总量及人均GDP情况

数据来源：https://www.macrotrends.net/countries/BRA/brazil/gdp-gross-domestic-product.

可以用1996年到2015年间全要素生产率（TFP）增长不足来解释。巴西的生产率问题可以归因于缺乏适宜的商业环境、市场分化造成的扭曲、对企业的几个支持计划尚未产生任何效果、这个市场对外贸易相对封闭、国内竞争很少。

与其他国家相比，巴西的基础设施投资水平也是最低的（占GDP的2.1%），而且这些投资的质量也很低。随着人口结构转型即将结束，实施扩张性政策的财政空间仍然非常有限，加快生产率增长仍是巴西的首要任务之一。还需要加强对基础设施的投资，通过消除瓶颈和扩大获得社会服务的机会，适当维护现有的基础设施。这将需要提高政府的规划能力，改善监管框架，利用私人资源为建设基础设施融资。

世界银行技术团队于2018年7月做出了一份全面的诊断报告，其中总结了巴西在经济和社会发展方面面临的主要挑战，并指出了克服这些挑战的可能行动方针。该材料名为"公共政策说明"，可在世界银行网站上查阅。它涵盖以下主题：稳定和财政调整，税收制度，政府间财政问题，养老金改革、国家改革、生产力、信贷市场，基础设施、教育、物流与运输、劳动力市场，解决暴力的流行方式，气候变化（NDC）和水资源管理。

20世纪80年代开始，巴西重工业比重普遍开始降低，服务业比重增加（见图10-2）。工业占比由80年代末的超过45%，降到1994年的40%和1995年的不到30%，服务业占比迅速提升，由1994年的50%提高到1995年的66.7%。1980年人均GDP达到历史最高的8 349美元（2010年不变价）后，开始下降，5年后才恢复到当时的水平，之后又下降，直到1989年后再次达到原水平后，又再次降低，1995年后才开始稳定增长到现在，2007年超过1万美元，2013年接近1.2万美元，至今徘徊在1.1万美元上下。2017年三产比重为：6.2∶21∶72.8[①]，2019年增速依旧较低。巴西自1983年起出现3位数的通胀。在1987—1993年的7年中，年度通胀率有3年为3位数，4年为4位数，其中1993年的通胀率为2 244%。在第一阶段即始于1993年6月的准备阶段，巴西政府开始推出深化贸易开放和进行国企私有化的改革，旨在实现财政平衡和降低通胀率。需要顺便指出的是，自1992年起外资开始重新流入巴西，从而有助于恢复巴西的国际储备水平。1994年，巴西实现了在"布雷迪计划"框架下的外债重组，适度缓解了债务支付压力。在1994年3月起的第二阶段，巴西创建了一个与美元牌价捆绑的"实际价值单位"（URV），所有的合同、价格、收费标准和工资都必须按"实际价值单位"进行调整，从而建立了一个新的价格体系。在自1994年7月1日起的第三阶段，巴西用一种新的货币"雷亚尔"（Real）取代URV，1雷亚尔等于2 750克鲁塞罗（原货币名称）；对合同的指数化作出限制；货币发行量不得超出国际储备的实际水平。

"雷亚尔计划"的实施使巴西的通胀率随即大幅下降，月通胀率由1994年上半年的43.1%骤降至下半年的3.1%。年度通胀率的下降三年迈出三大步，1994年由上年的4位数降至3位数（929.3%），1995年降至2位数（22.0%），1996年降至1位数（9.1%）。

---

① Statistics Times. List of countries by GDP sector composition [EB/OL]. [2018-11-20]. http://statisticstimes.com/economy/countries-by-gdp-sector-composition.php.

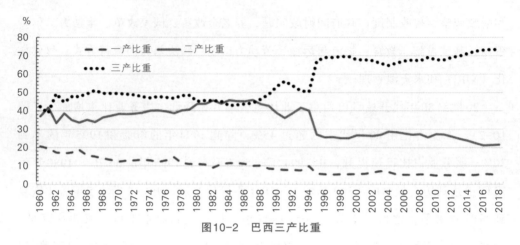

图10-2 巴西三产比重

数据来源：世界银行，2020.

20世纪90年代，巴西的工业企业只是在国内市场上与外来商品的竞争取得了初步成绩，它们推出的新一代产品属于技术成熟型产品。也就是说，巴西的大部分工业产品尚不具备参与国际市场竞争的能力，还没有在调整产业结构和开发高新技术产品方面取得明显进展（苏振兴，2014）。

从制造业对GDP的贡献看（见图10-3），20世纪90年代巴西工业基础类产业比重加速下降，致使GDP发生剧烈波动。例如，服装、鞋类等比重下降显著。然而，机器和设备、化学和汽车等产业比重也迅速下降。这样严重影响经济持续发展，从目前经济持续低迷的情况看，当时不应缩减而应扩建这些产业。2019年GDP为18 397.6亿美元，人均GDP为8 717美元，增长率为1.14%。[①]2011年后巴西经济处于下降通道，2018年和2019年分别比上一年下降8.6%和2.43%。

下面具体阐述巴西各主要产业基本情况。

（1）巴西自然资源

巴西矿产、土地、森林和水力资源十分丰富。铌、锰、钛、铝矾土、铅、锡、铁、铀等29种矿物储量位居世界前列。铌矿已探明储量达455.9万吨，产量占世界

---

① 数据来源：Macrotrends L L C. Brazil GDP 1960—2022 ［EB/OL］. ［2023-01-15］. https：//www.macrotrends.net/countries/BRA/brazil/gdp-gross-domestic-product.

图10-3 巴西制造业的GDP贡献及GDP占比变化图

数据来源：世界银行，2020.

总产量的90%以上。铁矿已经探明储量达333亿吨，占世界的9.8%，居世界第5位，产量居世界第2位。石油探明储量达153亿桶，居世界第15位，南美地区第2位（仅次于委内瑞拉）。森林覆盖率达62%，木材储量达658亿立方米，占世界的1/5。水力资源丰富，拥有世界18%的淡水，人均淡水拥有量为2.9万立方米，水力蕴藏量达1.43亿千瓦/年。

（2）巴西工业

巴西工业体系较完备，工业基础较雄厚，实力居拉美地区首位。2018年工业产值占国内生产总值的17.9%。主要工业部门有：钢铁、汽车、造船、石油、水泥、化工、冶金、电力、建筑、纺织、制鞋、造纸、食品等。民用支线飞机制造业和生物燃料产业在世界居于领先水平。20世纪90年代中期以来，药品、食品、塑料、电器、通信设备及交通器材等行业发展较快，制鞋、服装、皮革、纺织和机械工业等萎缩。

（3）巴西农牧业

巴西可耕地面积逾27亿亩，现有耕地达7 670万公顷，牧场达1.723亿公顷，咖啡、蔗糖、柑橘、菜豆产量居世界首位，是全球第二大转基因作物种植国、第一大大豆生产国、第四大玉米生产国，同时也是世界上最大的牛肉和鸡肉出口国。2018年，大豆、玉米、大米三大农作物产量分别达1.19亿吨、8 078.6万吨和

1 206.4万吨。除小麦等少数作物外，主要农产品均能自给并大量出口。

（4）巴西服务业

巴西服务业在巴西经济发展中占有举足轻重的地位，它不仅是产值最高的产业，也是创造就业机会最多的产业。主要部门包括不动产、租赁、旅游业、金融、保险、信息、广告、咨询和技术服务等。2018年，巴西服务业产值近4.28万亿雷亚尔，同比增长3.6%，占国内生产总值的62.7%。

（5）巴西旅游业

2017年巴西接待外国游客逾658万人次，创汇58亿美元。全国主要旅游城市和景点包括：里约热内卢、圣保罗、萨尔瓦多、巴西利亚、马瑙斯、黑金城、伊瓜苏大瀑布、巴拉那石林和大沼泽地等。

（6）巴西交通运输业

巴西交通基础设施总量不足。近年来，巴西政府通过加大投资力度、完善机制体制、改善投资环境等一系列举措，大力推动交通基础设施建设。

• 铁路：巴西铁路运力居拉美首位，目前铁路网总长度约为30 374千米，主要分布在巴西南部、东南部和东北部。除零星旅游线路外，大多为运输铁矿石、农产品等的货运线路。

• 公路：巴西公路总长175万千米，承担全国逾2/3的货物运输量，其中有21.9万千米柏油路，1万千米高速公路。

• 水运：巴西全国共有港口37座，年吞吐量7亿吨，桑托斯港为巴西最大港口，吞吐量占全国1/3。位于亚马孙河中游的马瑙斯港为最大内河港口，可停泊万吨级货轮。

• 空运：全国共有2 498个飞机起降点，居世界第二，其中国际机场34个，与世界主要地区有定期航班。2018年航空旅客运量为1.03亿人次。圣保罗国际机场是全国航空枢纽，年运送乘客3 500万人次。

（7）巴西对外贸易

近年来，巴西政府积极采取措施鼓励出口，实现贸易多样化。近年巴西外贸情况见表10-1。

表10-1 　　　　　　　　　　　　　　巴西外贸情况 　　　　　　　　　　　　　单位：亿美元

	2011年	2012年	2013年	2014年	2015年	2016年	2017年	2018年
进口	2 262.5	2 231.42	2 396	2 290	1 714.53	1 375.52	1 507	1 812
出口	2 560.4	2 425.8	2 422	2 251	1 911.34	1 852.35	2 177	2 395
顺差	297.9	194.38	26	−39	196.81	476.83	670	583

数据来源：巴西经济部.

巴西主要进口机械设备、电子设备、药品、石油、汽车及零配件、小麦等。出口汽车及零部件、飞机、钢材、大豆、药品、矿产品（主要是铁矿砂）等。2018年前三位贸易伙伴是中国、美国和阿根廷（见表10-2）。

表10-2 　　　　　　　　　　　　巴西与主要贸易伙伴进出口情况 　　　　　　　　　单位：亿美元

	中国	美国	阿根廷
进口	336.7	289	111
出口	775.1	288	149
总额	1 111.8	577	260

数据来源：巴西经济部、中国海关总署.

10.2 巴西能源结构、碳排放

10.2.1 能源结构

巴西能源生产结构中可再生能源比例一直较高，一方面是因为巴西水电丰富，再加上国土广阔，生物质资源丰富。1990年巴西一次能源生产结构中煤炭、原油、天然气、核能和可再生能源占比为：1.85∶32.04∶3.29∶0.56∶62.36，到2018年这一比例变为：0.68∶46.92∶7.35∶1.39∶43.63。可见巴西的化石燃料占比不仅没有顺应全球减碳目标的趋势，而是有所提升，尤其是原油和天然气增速较快，由37%增加到55%，致使其单位能源的碳排放量增加。虽然其零碳能源比例相对其他国家和区域较低，但2019年电力结构中可再生能源占比达82.63%，其中水电占比达63.83%，生物质能发电占比达18.81%（BP，2020）。巴西有相对完善的核燃料循环工业，有铀矿采冶、纯化、铀转化、浓缩和核燃料元件生产能力。巴西有两个核电站，发电装机容量为1 884兆瓦，发电量约占本国总发电量的3%。第一个商用核反应堆于1982年开始运行，第三个核电站装机容量为1 245兆瓦，由于经济腐败等原因建设暂停（见图10-4）。[1]

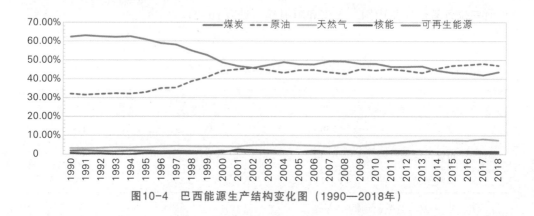

图10-4　巴西能源生产结构变化图（1990—2018年）

　　巴西大部分水力发电厂位于该国北部的亚马孙河流域，但巴西对电力的需求主要集中在东部沿海地区，尤其是南部地区。大部分电力源于水电，再加上电力需求中心遥远又分散，影响了电力的可靠性。

　　2012—2015年，巴西经历了三年的干旱，供水的不确定性导致更多非水力发电技术的多样化。天然气消费量增加了，但对天然气供应的担忧（巴西目前的天然

　　[1]　World Nuclear Association. Nuclear power in Brazil [EB/OL]. [2022-04-01]. https：//world-nuclear.org/information-library/country-profiles/countries-a-f/brazil.aspx.

气消费量大于产量）以及化石燃料总体上增加的二氧化碳排放，促使能源政策制定者为非水利可再生能源的发展设定了更高的目标。

作为《2027巴西能源扩张计划》（PDEE）的一部分，巴西预计，到2027年非水利可再生能源将以每年3%的速度增长，在国内能源结构中占比达到28%。最新的计划——《2027巴西能源扩张计划》——着眼于大幅增加太阳能光伏发电能力，同时水电发电能力保持在50%以上。太阳能光伏装机容量从2019年2月的250万千瓦增加到2027年的860万千瓦。太阳能和风能的总和预计将从2019年的1 600万千瓦激增到2050年的1 950万千瓦。这将使可再生能源在未来的能源结构中占33%。[1]

目前巴西通过国家电力能源署（National Electric Energy Agency）对新建和现有项目的能源进行拍卖，支持公用事业进行大规模的光伏电力开发。2019年A-4能源拍卖只允许可再生能源发电技术，包括太阳能光伏、风能、生物质能和水力发电参与。2018年的A-4能源拍卖中，太阳能光伏发电量占了最大份额，合同容量约800兆瓦。

巴西是继美国之后世界第二大生物乙醇生产国，其生物燃料占世界的比重由1990年日产14.6万桶占世界总产量的79%，到2019年日产184.2万桶占世界总产量的24%。尽管巴西是主要的乙醇生产国，但该国在2017年每天进口超过31 000桶乙醇（比2016年增长119%）。几乎所有进口的乙醇都来自美国。这足见巴西生物燃料的产能和需求之迅速。

从巴西能源消费结构看，巴西的工业排放处于下降态势，与其工业产值占比下降相呼应，而交通运输的排放处于增长阶段，与发达国家的工业化后期的碳排放类似。但是，其人均GDP未达到发达国家的水平，这似乎反映了巴西经济的怪异之处。图10-5反映了1990年和2018年巴西能源消费结构的对比情况。

---

[1] Bernd Radowitz.Brazil energy plan sees 16GW of offshore wind by 2050［EB/OL］.［2020-07-21］. https: //www. rechargenews. com/wind/brazil-energy-plan-sees-16gw-of-offshore-wind-by-2050/2-1-846140.

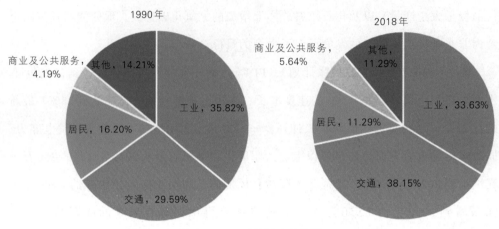

图10-5　巴西能源消费结构

10.2.2　碳排放

2015年12月，在《联合国气候变化框架公约》第21次缔约方会议（世界气候大会，COP21）上，巴西提出了自主贡献目标，到2025年，温室气体排放量在2005年的水平上减少37%，还承诺2030年实现比2005年减排43%的"指示性"目标，而且承诺到2030年将可再生能源在能源生产结构中的比重从2015年的40%提高到45%。值得一提的是，巴西是唯一一个提出绝对减排的发展中大国，其国家自主贡献包括整个经济，并以实现这些目标的灵活方式为基础，即这些目标可以以不同的方式实现，经济部门可以作出不同的贡献。

根据其能源结构可以发现，与欧盟、美国和中国等国家和地区相比，巴西单位能源的碳排放非常低（见表10-3、图10-6）。

表10-3　　　　巴西燃料燃烧二氧化碳排放量（Mt CO_2e）

2010	2011	2012	2013	2014	2015	2016	2017	2018	2019
370.5	389.6	422.2	451.3	476.0	453.6	418.5	427.6	442.3*	441.3*

数据来源：国际能源署，*为BP数据.

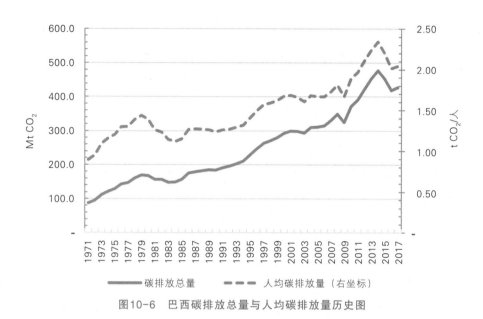

图10-6　巴西碳排放总量与人均碳排放量历史图

数据来源：IEA，2020.

　　根据BP的数据，2019年巴西碳排放4.4亿吨，占全球当年碳排放量的1.3%。由图10-6可见，巴西碳排放总量2014年后总体呈下降趋势，与其经济复苏低迷、产业调整等有关。

10.2.3　碳中和

　　2020年12月8日巴西环境部部长里卡多·萨列斯宣布，巴西将在2060年力争实现碳中和，完成气候变化《巴黎协定》框架内应尽的义务。[①]同时巴西希望寻求更多的国际援助，这将有利于巴西提前实现碳中和目标。[②]

　　继上述巴西官方发言后，巴西于2020年年底相继出台9项措施，以进一步推动碳中和目标实现，即2025年将年排放量降至2005年水平的37%；到2030年降至

　　①　佚名. 巴西实现碳中和目标任重道远［EB/OL］.［2021-01-26］. https://m.gmw.cn/baijia/2021-01/26/1302070501.html.
　　②　佚名. 巴西据称将通过IMF为欧洲救助计划提供100亿美元［EB/OL］.［2011-11-09］. http://www.jjckb.cn/invest/2011-11-09/content_342040.htm.

2005 年水平的 43% 等。同时巴西政府承诺到 2030 年全面禁止非法毁林，重新造林 1 200 万公顷，并将可再生能源在全国使用的比重提升至 45%。①

10.3　巴西能源及气候相关政策

虽然 1992 年在巴西里约热内卢召开的联合国环境与发展大会影响甚广，但是在气候变化问题上，巴西并不是一贯激进的。其立场经历了由抵制、建设性参与到积极推动的阶段，表现出巴西整个社会在气候变化问题的认知、国内应对政策以及国际谈判立场等方面发生的一系列变化。

（1）拒绝和抵制阶段（1972—1989 年）

1972 年德国斯德哥尔摩环境会议召开，巴西经济正处于发展顶峰时期。为此，巴西代表在会议上强烈捍卫巴西发展权，坚持"不能以环境质量牺牲发展"，确定了三项原则：捍卫国家利用自然资源的主权；保护环境只有在实现较高人均收入后才能开展；保护全球环境是发达国家的专属责任。

巴西亚马孙热带雨林占地球潮湿雨林面积的 26.5%，巴西亚马孙地区发挥的"地球之肺"的作用以及巴西在该地区的开发活动成为国际社会关注的焦点。据统计，巴西亚马孙地区每年的毁林面积从 1980 年的 12.5 万平方千米增加到 1988 年的 60 万平方千米，占巴西亚马孙地区总面积的 12%，比法国面积还大。1988 年 12 月被誉为"环境英雄"的巴西橡胶工会领导人奇科·门德斯遭暗杀，加剧了国际社会对巴西在亚马孙地区开发和毁林活动的批评。

在外部压力下，巴西政府从 1988 年起使用不同的卫星数据对亚马孙地区毁林情况进行不定期的监测，并提出了一些保护亚马孙的计划。但由于巴西缺乏对气候变化问题的研究，国内采取的许多措施是对外部压力的一种反应，如 1989 年 2 月建立的巴西环境和可再生自然资源研究所。虽然巴西于 1976 年开始实施酒精替代计

---

① 佚名. 巴西实现碳中和目标任重道远［EB/OL］.［2021-01-26］. https://m.gmw.cn/baijia/2021-01/26/1302070501.html.

划，发展清洁能源，但这一计划与巴西应对气候变化的政策无关，其主要目的是解决巴西的石油进口问题。这一时期，巴西颁布了一些保护亚马孙热带雨林的法律，但"事实上，这些法律都没有得到真正有效的执行"。巴西政府也很少参与国际社会对有关气候变化问题的研究。萨尔内政府（1985—1989年）还拒绝了发达国家提出的"债务换自然计划"，认为它对国家主权构成了威胁，是"一个隐藏着其他利益的特洛伊木马"。

（2）建设性参与阶段（1990—2003年）

这一阶段，巴西对气候变化的认知开始发生变化；在联合国气候变化谈判问题上，巴西也开始持积极和建设性立场；在应对气候变化的国内政策上，巴西作出了一些努力。但由于经济困难和政策落实不到位，巴西在减排特别是在国际社会关注的亚马孙毁林问题上缺乏实质性进展。

20世纪90年代，巴西对于气候和环境的认知开始发生变化，至少在政治层面上不再抵制它，而把它看作一个可接受的议题。学术界开始意识到，可持续发展可能为巴西带来机会。在能源领域有一种思想，认为发展中国家可以通过实施先进和清洁的技术，避免污染和资源的浪费。

1990年上台的科洛尔政府在保护亚马孙热带雨林问题上采取了积极立场。科洛尔政府还接受了此前一直被巴西政府拒绝的"债务换自然计划"。在参加联合国气候变化谈判时，巴西也选择了积极立场。1992年6月，巴西在里约热内卢主办了联合国环境与发展大会，并作为会议主办方第一个签署了《联合国气候变化框架公约》。1995年卡多佐政府上台后，巴西在气候变化问题上的政策和立场也是积极的。巴西积极参与《京都议定书》的谈判。在谈判中，巴西在捍卫本国利益的同时，提出了许多建设性建议，为《京都议定书》的签署作出了贡献。1997年6月，巴西提出建立清洁发展基金，即由未完成减排目标的发达国家支付罚金建立基金，用于支持发展中国家的减排项目。在此建议基础上，1997年10月，美国和巴西提出了清洁发展机制（CDM），即发达国家向使用清洁技术的国家提供资金支持。最后，CDM被各方接受，成为《京都议定书》的伟大创新之一，巴西也接受了发达国家完成减排承诺的灵活市场机制这个概念。此外，《京都议定书》确立的"共同但有区别的责任"也是根据"巴西建议"发展而来的。自1997年巴西就提出了温室气体排放应计算从18世纪以来的累积排放，而不仅仅以1990年为基线。由于每个国家对全球温度上升的历史责任不同，因此，减少温室气体排放应确立不同的目标。2002年8月巴西在《京都议定书》上签字。

20世纪90年代后，巴西在气候变化问题上的政策和立场虽然转为积极，但在一些问题上仍有所保留。巴西时任总统科洛尔在1992年6月联合国环境与发展大会上明确表示："没有一个社会公正的世界，便没有一个环境良好的地球。"对一些议题，巴西仍持"否决"立场。比如，在联合国环境与发展大会谈判期间（1990—1992年），巴西以国家自然资源主权为依据，支持马来西亚，反对讨论与减排有关的林业协定。在《京都议定书》谈判和批准期间（1996—2003年），巴西强调发展权应作为世界秩序的基本组成部分。在如何对待减排的责任问题上，巴西提出共同但有区别的责任，强烈要求发达国家确定具体的减排数量，发展中国家作出适当减排承诺。在林业议题上，巴西继续阻止对热带雨林的减排作出国际规定，以避免国际社会对亚马孙毁林的质疑。

在制定气候变化的国内政策时，巴西开始从科研、体制建设、立法等方面采取应对措施。巴西空间研究所和圣保罗大学开展了一些气候变化的长期研究。在保护亚马孙热带雨林方面，科洛尔政府取消了被美欧诟病的、鼓励毁林开发的税收刺激措施。1994年巴西耗资几十亿美元制定了"亚马孙保护系统规划"和配套的"亚马孙监视系统规划"。1995年卡多佐政府签订了《绿色议定书》，要求联邦银行在审查项目贷款时引入环境影响评估。1999年巴西建立了由科技部领导，14个部组成的"气候变化部际委员会"，加强政府在气候变化问题上的政策协调，并吸纳相关利益方和公民社团参加讨论。2002年亚马孙雷达监测系统正式启用。2006年6月建立了巴西气候变化论坛，由政府、商界、非政府组织和学界对气候变化问题展开讨论。

但在这一阶段，巴西在气候变化方面的科学研究刚刚起步，应对气候变化的政策和立法主要是为了应对外部压力，而缺乏内在动力。此外，这一时期巴西政府的工作重心在于解决国内经济问题，如抑制恶性通货膨胀、经济结构转型等，没有精力和资金来解决与气候变化相关的问题，因此，应对气候变化的许多政策和立法执行不到位。比如1989年5月，圣保罗大学高级研究所提出的一项造林计划并未得到巴西政府的重视，1996年该计划获得国际环境奖。1994年伊塔马尔·佛朗哥发布总统令，建立了由计划和预算部领导的部际可持续发展委员会（CIDES）负责实施1992年联合国环境与发展大会确定的"21世纪日程"以及其他与环境问题有关的国际公约和协定。尽管CIDES存在了多年，但从未举行过正式会议。亚马孙地区的毁林行为没有得到控制，1998年西北部罗赖马州的森林大火持续4个多月，使该州15%的森林遭到毁坏。

（3）积极推动阶段

2003年卢拉政府上台后，巴西对气候变化问题从认知到政策及国际谈判立场等，发生了积极和重大变化，其立场也由参与者转变为推动者。2005年亚马逊地区发生百年不遇的严重干旱，促使巴西政府开始重视气候变化的影响，并加强了相关的科学研究。2007年巴西成立了气候变化部际委员会，该委员会作为一个政治机构，由总统府负责。这表明气候变化议题"从技术和科学层面转向了与国家发展政策相关联的战略层面"。2007年11月21日，卢拉总统颁布了第6263号法案，通过了《国家气候变化计划》，第一次提出了到2020年将亚马孙毁林减少80%的目标。这是巴西第一次在减少毁林方面作出具体的承诺。2009年12月29日，巴西政府颁布第12187号法案，即《国家气候变化政策法》，并明确提出了到2020年巴西的减排目标。

巴西加大了对保护亚马孙地区热带雨林的执法力度。2003年在环境部倡议下，巴西成立了由政府14个部组成的常设部际工作组，加强协作，共同打击亚马孙地区的毁林活动。2004年这个工作组向总统提交了"预防和控制亚马孙毁林行动计划"。该计划对2005—2012年亚马孙毁林率下降起了至关重要的作用。巴西政府扩大了保护区面积。亚马孙地区有220万平方千米的土地置于保护之下。2013年9月

9日，巴西环保部宣布在亚马孙地区再设立两个保护区，面积达95.2万公顷（合9 520平方千米）。

此外，巴西加快了可再生能源利用步伐。2004年出台国家生物柴油计划。2005年1月实施第11097号法案，规定2008年将在柴油中加入2%的生物柴油，2013年加入5%的生物柴油。

2010年巴西政府通过向石油生产企业征收特别税，建立了国家气候变化基金，用于资助减排和适应行动，实施低碳可持续发展模式。2011年，气候变化基金预算有2.26亿雷亚尔。巴西经济和社会发展银行管理着2亿雷亚尔，用于帮助低碳生产企业偿还贷款和融资。环境部还管理着2 600万美元资金，用于环境研究项目、动员和气候变化影响评估。

巴西在气候变化谈判中采取了更加积极和灵活的立场。2006年12月在内罗毕举行的缔约方会议上，巴西开始改变它在林业议题上的原有立场，提出建立全球基金，减少毁林。2007年，巴西与中国和南非一道宣布实行自愿减排，即"国家适当的减排行动"。2009年11月在联合国气候变化谈判哥本哈根会议召开前，巴西率先提出了减排目标，即到2020年，将巴西的温室气体排放减少36.1%~38.9%，这使巴西成为"第一个把自己的倡议放到谈判桌上的发展中国家"。2009年11月14日，巴西总统卢拉与时任法国总统萨科齐共同发表声明，要求美国和中国在全球气候变化问题上承担更大的责任。卢拉总统呼吁："作为世界上最大的经济体，美国应当有更大的勇气。中国没有发达国家那样的责任，但是经济在快速增长，也需要有稍大一点的勇气。"在坎昆、德班和多哈3次缔约方会议上，巴西在一些问题上采取了与"基础四国"①其他国家不同的立场。在德班缔约方会议上巴西试图充当大国间的桥梁，缩小欧盟和其他"基础四国"之间在立场方面的分歧，特别是说服中国和印度采取更灵活的立场。在多哈谈判中，巴西在续签《京都议定书》问题上与欧盟的立场趋同。

---

① "基础四国"（BASIC）具体是指：巴西（Brazil）、南非（South Africa）、印度（India）、中国（China）四国。

　　巴西政府近年来探索了采用国家排放权交易制度（ETS）的可能性。然而，目前还没有出台任何计划。巴西里约热内卢和圣保罗等城市也在考虑实施全州范围的交易计划，而一些公司自2013年起就一直参与自愿减排交易体系的模拟。

11　南非

11.1　南非经济发展现状及世界影响

南非地处南半球，有"彩虹之国"的美誉，位于非洲大陆的最南端，陆地面积为121.91万平方千米，其东、南、西三面被印度洋和大西洋环抱，陆地上与纳米比亚、博茨瓦纳、莱索托、津巴布韦、莫桑比克和斯威士兰接壤。东面隔印度洋和澳大利亚相望，西面隔大西洋和巴西、阿根廷相望。

11.1.1　南非经济社会发展状况

南非是非洲第二大经济体，国民拥有很高的生活水平，南非的经济相比其他非洲国家是相对稳定的。南非财经、法律、通信、能源、交通业发达，拥有完备的硬件基础设施和股票交易市场，黄金、钻石生产量均占世界首位。深井采矿等技术居于世界领先地位。在国际事务中，南非已被确定为一个中等强国，并保持显著的地区影响力。

南非属于中等收入的发展中国家，也是非洲经济最发达的国家之一。自然资源十分丰富。金融、法律体系比较完善，通信、交通、能源等基础设施良好。矿业、制造业、农业和服务业均较发达，是经济四大支柱，深井采矿等技术居于世界领先地位。但国民经济各部门、地区发展不平衡，城乡、黑白二元经济特征明显。20世纪80年代初至90年代初受国际制裁的影响，经济出现衰退。新南非政府制订了"重建与发展计划"，强调提高黑人在社会中的经济地位。1996年推出"增长、就业和再分配计划"，旨在通过推进私有化，削减财政赤字，增加劳动力市场灵活性，促进出口，放松外汇管制，鼓励中小企业发展等措施实现经济增长，扩大就业，逐步改变分配不合理的情况。2006年实施"南非加速和共享增长倡议"，加大政府干预经济力度，通过加强基础设施建设、实行行业优先发展战略、加强教育和人力资源培训等措施，促进就业和减贫。1994—2004年经济年均增长3%，2005—2007年超过5%。

受国际金融危机影响，2008年南非经济增速放缓，同比增速下滑至3.1%，2009年为−1.8%。南非政府为应对金融危机冲击，自2008年12月以来6次下调利率，并出台增支减税、刺激投资和消费、加强社会保障等综合性政策措施，以遏止经济下滑势头。在政府经济刺激措施、国际经济环境逐渐好转和筹办世界杯足球赛的共同作用下，南非经济逐渐企稳。2010年后，祖马政府相继推出"新增长路线"和《2030年国家发展规划》，围绕解决贫困、失业和贫富悬殊等社会问题，以强化政府宏观调控为主要手段，加快推进经济社会转型。近几年来，受全球经济走低、国内罢工频发、电力短缺、消费不振等多重因素影响，南非经济总体低迷，增长乏力。2018年拉马福萨总统先后推出"新投资倡议""经济刺激与复苏计划"，举办就业峰会和投资大会，致力于恢复经济增长。2019年南非国内生产总值达到4 301亿美元，年增长率为0.15%；人均GDP达到7 346美元，还没有恢复到2014年的7 853美元（如图11-1所示）。从中可见南非经济发展与其经济政策关系密切，对其他国家的经济社会发展也是一个很好的借鉴。

11.1.2 南非经济主要相关数据

根据南非统计局（StatsSA）的统计，2019年该国人口为5 878万。其中黑人人口4 740万，约占南非总人口的81%；白人人口470万，有色人种为520万，印度及亚洲其他地区人口为150万。南非统计局的数据显示，尽管人口增长是由于生育率上升和人口老龄化加剧，但预计2016—2021年期间，南非将净增加约100万外国公民。这些国际移民大多数在豪登省、西开普省和林波波省定居，其中50多万人在豪登省定居。南非统计局表示，省级人口也受到该国内部迁移的影响，豪登省和西开普省是流动人口的最大接收地。

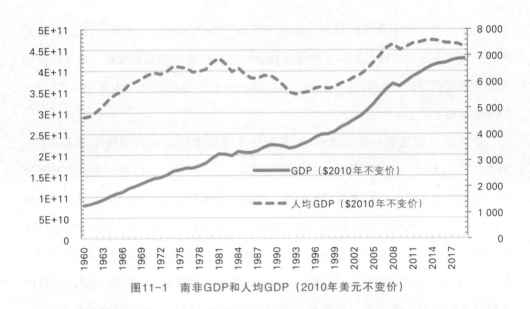

图11-1 南非GDP和人均GDP（2010年美元不变价）

根据南非国家税务局的统计，2017年南非货物进出口额为1 726.1亿美元，比上年同期增长14.8%。其中，出口893.9亿美元，增长18.7%；进口832.3亿美元，增长10.8%。2017年南非与中国双边货物进出口额为238.4亿美元，同比增长16.1%。其中，南非对中国出口85.9亿美元，增长23.8%，占南非出口总额的9.6%；南非自中国进口152.5亿美元，增长12.2%，占南非进口总额的18.3%。2017年贸易数据显示，中国是南非第一大贸易伙伴，是南非第一大进口来源国和第一大出口目的国。

目前南非的三次产业比重如图11-2所示，三产超过60%，远高于二产，一产已经降到2%以下，二产在30%以下。按照三产划分工业化发展阶段，南非应该进入后工业化阶段，但是其人均收入依然处于中等收入水平。南非仍处于工业化中期，距离现代化结束还有段距离。从制造业占GDP的比重看，从1982年的超过22%，降到2019年的低于12%，脱实向虚的力度之快、之大，和巴西有的一比。但是也和巴西一样，经济增速却自20世纪80年代起一直不高，使得目前的经济总量和人均GDP都处于中等收入国家中较低的水平。经济增长乏力，再加上其采取的环境政策，致使其碳排放总量自2009年达到5亿吨后，进入下降通道，人均碳排放也由最高时的 8.36 吨 CO_2，降到 2017 年的 7.44 吨 CO_2（IEA 数据）。

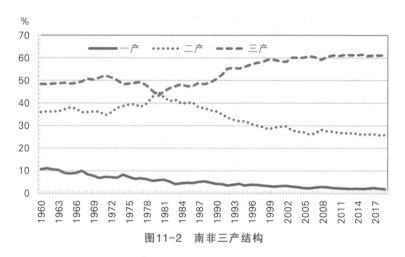

图11-2 南非三产结构

数据来源：世界银行，2020.

11.2 南非能源结构、碳排放

　　2015 年 9 月 25 日南非向 UNFCCC 递交自主贡献目标[①]，国家自主贡献预案给出了 2025 年和 2030 年的减排范围，即在 398 Mt CO_2e 和 614 Mt CO_2e 之间，并承诺在 2020—2025 年努力使南非温室气体排放达峰，在大约十年的时间里进入平台期，之后排放量绝对值开始下降。为此南非政府在减缓气候变化方面进行了大量投资，批准了可再生能源独立发电采购项目（REI4P）中的 79 个可再生能源 IPP 项目，总发电量为 5 243 兆瓦，私人投资总额为 160 亿美元。南非政府设立了南非绿色基金，2011—2013 年预算中拨款 1.1 亿美元，用于支持绿色经济开发和示范，并吸纳国内、私营部门和国际方面的捐款。这些无疑将改变南非未来的能源和碳排放结构。

---

① UNFCCC. INDCs as communicated by parties ［EB/OL］. ［2017-04-19］. https://www4. unfccc.int/sites/submissions/INDC/Submission%20Pages/submissions.aspx.

11.2.1 能源结构

按照英国石油公司的数据，2019年南非能源消耗总量为1.26亿吨标油（BP，2020），煤炭储量99亿吨，占世界总储量的0.9%，储采比为39年。但是南非煤炭在其能源消费结构中的占比一直处于较高水平（见图11-3）。由图11-3可见，自1980年的77%，发展到2019年依然保持在70%以上，源于其可再生能源和其他替代能源发展较慢。核能和可再生能源占比尽管40年来由零发展到2%以上，总体水平还很低，与实现《巴黎协定》制定的升温幅度控制在2℃以内的目标，还有较大差距。

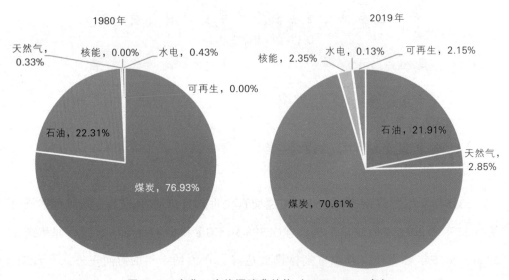

图11-3　南非一次能源消费结构（1980—2019年）

数据来源：BP，2020.

南非能源部门的数据与英国石油公司的数据略有不同：其一次能源供应结构中，2016年煤炭占比为69%，原油为14%，天然气为3%，核能为3%，可再生及废弃物为11%。在总体上不能改变南非多煤、少油、水电和核能不发达的基本面。而这一点，从其电力结构中更能得到体现。2018年南非电力83%源自煤炭，零碳能源（核能和可再生能源）只占到11.2%。要实现2025年碳排放达峰后绝对减排的目标，从电力结构来看（见图11-4），其实现难度不小。

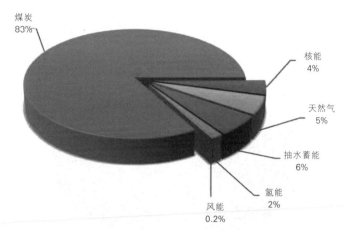

图11-4 南非2016年电力消费结构

数据来源：Department of Energy.The South African energy sector report 2019［R］．http：//www.energy.gov.za．

在能源消费结构方面，从图11-5可见，其能源的绝大部分消耗在工业部门，其对煤炭的依赖度依然较大（见图11-5）。

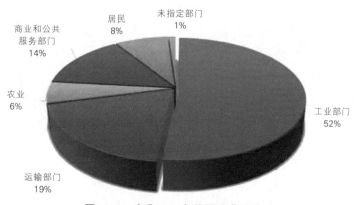

图11-5 南非2016年能源消费结构

数据来源：Department of Energy. The South African energy sector report 2019［R］．http：//www.energy.gov.za．

工业部门的能源消耗主要在钢铁、化工行业及矿产部门（见图11-6）。钢铁部门对煤炭的消耗依存度较高，其能耗的52%为煤炭，其余为电力25%，天然气23%（见图11-7）。

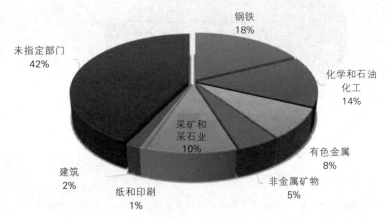

图11-6　南非工业内部各行业能源消耗比例

数据来源：Department of Energy.The South African energy sector report 2019 [R]. http：//www.energy.gov.za.

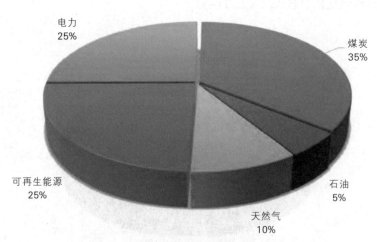

图11-7　南非工业的能源消费结构（2016）

数据来源：Department of Energy.The South African energy sector report 2019 [R]. http：//www.energy.gov.za.

从上面的能源消费结构可见，未来南非实现碳达峰、2050年后实现零排放，其能源发展面临的众多挑战主要表现在：[①]

第一，煤炭在能源结构中居高不下。煤炭是南非最易获得的较为低廉的能源资源，而且煤炭能源基础设施体系已形成多年，路径依赖性愈发明显。在南非一系列能源规划中均强调了降低煤炭比重，但目前南非能耗中煤炭仍超过80%，将近40年下降不到7%，可见难度之大。在南非提交的自主贡献目标中，其列出的转型和适应成本之多之详细，也是别国所没有的。在南非的电力结构中，燃煤发电装机容量380万千瓦，核电180万千瓦，抽水蓄能发电270万千瓦，水电1.7万千瓦，柴油发电380万千瓦，可再生能源发电370万千瓦。

南非政府为了替代煤炭需求，采取了一系列措施支持可再生能源的发展，但并不顺利。2016年7月，南非国家电力公司（Eskom）以某些条件尚不成熟为名，将原定该月与27家独立电力生产商签订的电力购买协议（PPAs）取消并无限期延迟，直到2018年4月，延期两年的PPAs才得以签约，此时距离公布招标结果已过去三年有余。虽然Eskom未公布此事原因，但业内普遍认同Eskom是因为不愿意承担光热成本和投资的排外保内想法而做出的相应决定。当前Eskom负债总额已达4 190亿兰特，并考虑向国家财政转移1 000亿兰特债务作为自救举措之一，一旦通过该提议，有关数据显示南非国家债务规模占GDP比重将提升近2个百分点，严重影响国家主权信用评级。

因此，虽然南非可再生能源独立电力生产商采购计划（REIPPP）收益率可观，且项目建设期内政府承诺承担汇率波动损失，但推进并不顺利，南非激进的土改政策、庞大的国家债务规模，都是外资担忧的因素。

第二，限电频频与电价上涨问题难以改善。南非电网分别在2018年6月和11月由于员工涨薪问题和能源储备问题采取限电措施。南非在限电问题上也一直没有出台明确的解决措施和规划，未来限电现象恐难以避免。价格上，南非近十年电价

[①] 闫晓卿，付凌波，郑宽.南非能源战略——全民能源[EB/OL].[2019-03-06].http://www.ccoalnews.com/201903/06/c100994.html.

增长了4倍，每年电价增幅不低于8%。2018年年底，深陷腐败漩涡的南非电力公司再次申请2019年调高至少15%的电价，高电价加重了国内工业发展的负担。

第三，电力基础设施严重不足。南非宜居陆地多分布在南非北部矿区及长达2 798千米的海岸线上，形成了南非能源需求较为分散的特点，电力、天然气等依赖于基础设施的能源品种将在能源配置和设施维护上付出巨大的建设和运营成本。南非2019年煤电装机容量38吉瓦，核电装机容量1.8吉瓦，抽水蓄能电站装机容量2.7吉瓦，水电装机容量1.7吉瓦，柴油装机容量3.8吉瓦，可再生能源电力装机容量3.7吉瓦。但是，目前南非有300万个家庭还未通电。世界经济论坛（WEF）发布报告称，南非电力部门基础设施建设水平位列第112位，金砖五国排名倒数第一，难以满足民众基础生产和生活的需求。2019年南非国家电力公司大部分燃煤电厂将达到其50年的设计寿命。此外，核电站（科贝格核电站）将在2024年达到其设计寿命40年，目前已经有计划将其设计寿命和核安全许可证再延长20年。

能源问题一直与世界各国经济社会发展息息相关，而从南非能源的特点来看，以能源业为突破口，通过全民参与能源建设的方式，既可以直接缓解其能源短缺、能源结构失衡、能源歧视（包含尚未完全消除的少部分种族歧视）等问题，也是解决就业、教育和人才体系建设等深层次社会问题的重要措施，是南非能源领域的一大特色。

根据南非政府制订的"综合资源计划"，未来十年南非的能源结构将变为：煤炭、核能、水电、太阳能、风能、天然气和储能的比例分别为：59%、5%、8%、6%、18%、2%[1]，为此要延长2024年到期的核电站寿命，以避免能源结构中核电成分的消逝。政府也在考虑建设新的核电站。可以看出南非在能源结构调整上的力度不小，尤其是在减少煤炭效度、增加可再生能源方面将付出更多努力。

---

① Andile Sicetsha. IRP: This is what SA's energy mix could look like in ten years [EB/OL]. [2019-10-21]. https://www.thesouthafrican.com/news/what-is-irp-sa-energy-mix-looks-like-this-in-10-years.

11.2.2 碳排放

前面提到，南非的国家自主贡献目标是一个达峰、平台和下降的区间，体现了南非在减排方面的谨慎和调整能源即产业结构与保持人均收入提升的现实差异之大。

2017年南非于全球碳排放最高的国家和地区中排名第14位，碳排放量达4.22亿吨，占全球碳排放量总数的1.3%（见表11-1）。

表11-1　　　　　　　　南非燃料燃烧二氧化碳排放量（Mt）

2005	2010	2011	2012	2013	2014	2015	2016	2017
372.3	406.7	394.5	407.7	423.3	437.4	418.3	418.7	421.7

资料来源：国际能源署，2020.

（1）南非碳排放总量（见图11-8）

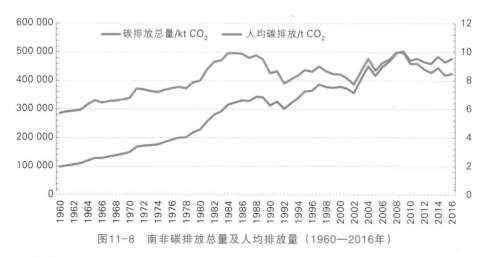

图11-8　南非碳排放总量及人均排放量（1960—2016年）

资料来源：世界银行，2020.

（2）碳排放清单

依据南非政府发布的碳排放清单（表11-2），2015年能源排放CO_2占CO_2总排放量的98%，其中燃料燃烧占92%，能源行业占60%，交通部门占12%以上，其中航空和国内陆路运输的碳排放处于快速增长状态。

表11-2 南非CO_2排放清单（2015年）

	排放（Gg CO_2e））		差值（Gg CO_2e）	增长率（%）
	2000年	2015年	2000—2015年	2000—2015年
能源	343 790	429 907	86 117	25.1
燃料燃烧	310 823	400 948	90 125	29
能源行业	220 587	229 981	9 394	4.3
电力热力生产	185 962	225 131	39 169	21.1
石油加工	4 050	3 393	−657	−16.2
固体燃料生产	30 576	31 457	881	2.9
制造业和建筑	32 658	36 870	4 212	12.9
交通	37 543	54 125	16 582	44.2
国内航空	2 047	4 273	2 226	108.8
陆路交通	33 353	47 681	14 328	43.0
铁路	618	611	−7	−1.1
水路运输	1 525	1 561	36	2.4
其他部门	19 046	48 794	29 748	156.2
商业/机构	9 558	18 408	8 850	92.6
家庭	7 100	26 322	19 222	270.7
农业/林业/渔业/渔场	2 388	4 063	1 675	70.2
非指定部门	989	1 177	188	19.0
燃料逃逸	32 967	28 959	−4 008	−12.2
固体燃料	1 831	1 608	−223	−12.2
石油和天然气	752	642	−110	−14.6
其他能源生产排放	30 384	26 709	−3 675	−12.1

数据来源：Environmental Affairs Republic of South Africa.GHG national inventory report South Africa（2000-2015）.

《2030年国家发展计划》认为，充足的能源基础设施投资将促进经济增长和发展。淘汰35兆千瓦的燃煤发电机组（目前在运行42兆千瓦），在2030年前用可再生能源和天然气提供至少20兆千瓦的额外电力需求。工业发展目标确保了基本的钢铁生产能力，并支持下游钢铁行业。《2020年汽车总体规划》将国内汽车产量提高到全球产量的1%，包括到2030年生产20%的混合动力汽车。[①]南非《一体化资源计划》（2019）提出，太阳能光伏、风能和储能集聚式太阳能发电（CSP）为电力结构多样化、分布式发电和离网电力提供了发展机会。可再生能源技术还为整个价值链创造新业态、就业机会和本地化提供了巨大潜力。

2013年南非政府就明确提出，从2015年1月1日起将以每吨120南非兰特的标准，对每家公司40%的碳排放征收碳税，且征收比例年递增10%，直至2020年。南非是非洲国家第一家征收碳税的国家，也是全球最早征收轻型商用车碳排放税的国家。

2015年南非发起的"创新使命"倡议内容包括，参与国力求五年内政府投资清洁能源研发资金翻倍，发挥私营部门作用，引领清洁能源投资，采取透明、高效的举措，实施"创新使命"，共享各国清洁能源研发信息。

11.2.3 碳中和

南非政府于2020年9月公布了低排放发展战略（LEDS），概述了到2050年成为净零经济体的目标。[②]

为完成上述碳中和目标，南非结合自身国情及区域优势，大力发展绿色交通等清洁能源项目。将电动汽车、混合动力汽车等交通工具作为清洁能源的主要推动手段。目前南非政府发布绿色交通战略或交通法令，统一购车标准，鼓励使用电动或零排放车辆。水陆运输领域也在推广零排放交通工具。南非出台"国家自主贡献"（NDC）草案。该草案提出2021—2030年南非脱碳的重心将放在电力部分（现在南

① IEA. South Africa energy outlook [EB/OL]. [2019-11-08]. https://www.iea.org/articles/south-africa-energy-outlook.

② 佚名. 各国碳中和时间表出炉！为何多国选择2050年？[EB/OL]. [2022-08-15]. https://www.lvsenengyuan.com.cn/tzh/18991.html.

非主要采取火力发电），致力于发展太阳能、风能等可再生动力。2031—2040年，南非将会把重心放在绿色交通上，如电动车、混合能源车等。①

11.3 南非的能源与气候变化政策

南非政府自20世纪末至今，发布了多个白皮书和国家发展计划，如1998年能源政策白皮书、2003年可再生能源白皮书、2011年国家应对气候变化白皮书、2011年南非国家发展计划（NDP）、2011年的2010—2030年综合资源计划，这些政策和计划为南非能源及电力发展提供了关键支撑。2019年对综合资源计划进行了期限延长，调整了一些内容，如增加了2023年和2027年的煤电装机、延长了核电使用期限、减少了气和煤油的装机等（见表11-3），体现出对《巴黎协定》的遵守和国内能源禀赋之间的平衡。

南非通过制定电力综合资源中长期发展规划以及推行可再生能源独立发电商计划等，使可再生能源近年来得到快速发展。在可再生能源方面，南非将可再生能源上网电价补贴机制转为竞争型的可再生能源招标机制，让新能源开发商通过竞价的方式将电力卖给南非国家电力公司。通过政策的调整，南非可再生能源规模得以快速扩大，并使其开发成本和用电成本都得到了大幅下降，也避免了上网电价补贴可能引起的财政赤字（见表11-3）。

太阳能的发展也帮助发展了当地的产业，南非在能源效率部门也进行了大量投资，有利于该国能源服务市场的发展。

南非《碳税法案》2019年6月1日正式生效，南非由此成为首个实施碳税的非洲国家。南非财政部发表声明称，南非只有充分应对气候变化挑战才能实现自身的发展目标。碳税的主要目标是以可持续、成本效益和价格合理的方式减少温室气体排放，政府鼓励企业在未来10年及更长时间内采用更清洁的技术。

---

① 佚名：南非将于10年后大力发展电动汽车等绿色交通工具［EB/OL］.［2021-04-25］. https://baijiahao.baidu.com/s? id=1697964035043711739&wfr=spider&for=pc.

表11-3　　　　　　　　南非综合资源计划（2019）能源发展计划　　　　　　　单位：MW

	煤	煤（退役）和核电	核电	水电	光伏	风电	集聚式热电（CSP）	汽油和柴油	其他（分布式、生物质、掩埋气等）
现状	37 149		1 860	2 100	1 474	1 980	300	3 830	499
2019	2 155	2 373				244	300		
2020	1 433	557			114	300			
2021	1 433	1 403			300	818			
2022	711	844			400/1 000	1 600			
2023	750	555			1 000	1 600			500
2024			1 860			1 600		1000	500
2025					1 000	1 600			500
2026		1 219				1 600			500
2027	750	847				1 600		2000	500
2028		475			1 000	1 600			500
2029		1 694			1 000	1 600			500
2030		1 050		2500	1 000	1 600			500
到2030年总装机容量	33 364		1 860	4 600	8 288	17 742	600	6 380	
占总容量比重（%）	43		2.36	5.84	10.52	22.53	0.76	8.1	
年发电占比（%）	58.8		4.5	8.4	6.3	17.8	0.6	1.3	

资料来源：IRP.Integrated resource plan 2019 ［EB/OL］.［2023-01-16］. http://www.energy.gov.za/IRP/irp-2019.html.

日前，南非能源消耗对化石燃料依赖度超过90%。因此，开征碳税需要充分考虑其对南非经济可能造成的负面影响。鉴于此，法案将分两个阶段实施，第一阶段从2019年6月1日至2022年12月31日，第二阶段从2023年至2030年。法案实施的第一阶段将配套出台系列免税津贴政策，并制定较为温和的收费标准，即每吨二氧化碳排放当量仅征收6~48兰特（约合人民币3~24元）的碳税。政府承诺电力价格在第一阶段不会受到碳税法案的影响。

南非政府2019年10月17日宣布，将增建燃煤电厂（HELE技术，包括采用CCUS技术的超临界和超超临界发电厂），虽然特别说明了高能效、低排放（HELE）技术以及增加CCUS技术，满足能效和气候的要求，但是依然引发了气候团体的怒火。矿产资源和能源部部长曼塔谢（Gwede Mantashe）公布综合资源计划（Integrated Resource Plan 2019）时说："煤炭将继续在发电工业发挥重要作用。"曼塔谢说，煤炭将为南非贡献59%的能源，因为"南非拥有丰富的煤炭资源"，煤电厂"将长期存在"。

非洲绿色和平组织和"后煤炭生活"运动指出，面对目前气候变化现状，煤炭发电量增加是"危险、代价大和不必要的"。这些组织声明："21世纪20年代建的煤电厂预计在合理的零碳排放截止期之前运行，并且很可能在投资回收之前就搁浅成为闲置资产。"主要反对党民主联盟称，该计划已过时，南非需要减少对煤炭的依赖。可再生能源是未来的能源，南非不能落后。陷入困境的国有公用事业公司（发电量占南非电力的95%）埃斯科姆指出，断电是"为了保护电力系统免于彻底崩溃"。因装置老化和煤电厂维护不善以及几十年管理不良和腐败，埃斯科姆长期以来一直难以生产足够的电力。

2020年5月，南非矿产资源和能源部（DMRE）宣布即将启动2500 MWe核电装机容量建设路线图的制定工作，南非核工业协会（NIASA）则列出了核电建设项目的六种候选融资方案：政府承担整个项目资金或提供贷款担保并利用国有企业的储备金和现金流、政府间贷款、企业融资、供应商融资、"建设-拥有-运营"融资以及使用特殊投资工具的项目融资。前五种模式已在其他国家核电项目得到实际应用，第六种模式虽然尚未在核电项目中得到应用，但已用于天然气电厂建设项目。

气候变化未来对南非的影响会逐渐深入，尤其是在零碳竞赛中，南非将加快其脱离煤炭的速度，加快可再生能源利用的进程，但是由于技术、资金和市场等原因，其速度将会受到制约，但为国际社会带来的机遇将会逐渐增加，国际合作的空间也会进一步扩大。

后记

习近平总书记在党的二十大报告中提出，从现在起，中国共产党的中心任务就是团结带领全国各族人民全面建成社会主义现代化强国、实现第二个百年奋斗目标，以中国式现代化全面推进中华民族伟大复兴。中国式现代化的本质要求是：坚持中国共产党领导，坚持中国特色社会主义，实现高质量发展，发展全过程人民民主，丰富人民精神世界，实现全体人民共同富裕，促进人与自然和谐共生，推动构建人类命运共同体，创造人类文明新形态。实现双碳目标与我国树立负责任大国的国际担当以及提升中国的发展质量的目标，是一致的，路径是重合的。2035年碳排放将进入平台期，我国将实现可持续发展模式的第一个脱钩，即经济发展与环境影响脱钩，到本世纪中叶我国第二个百年奋斗目标顺利实现，碳中和目标也即将实现。届时，中华民族将实现伟大复兴。中国发展方式将彻底摆脱对资源的依赖，生态文明建设取得丰硕成果，开创人与自然和谐共生新境界。

据世界气象组织（WMO）最新报告披露，2022年全球平均温度比工业化前（1850—1900年）平均高出 1.15℃（1.02~1.28℃），2015—2022年成为有仪器记录的173年以来最热的8年。英国气象局预测，2023年将是地球有记录以来最热的年份之一。气候变化对人类的短期和长期影响正在加速凸显，国际社会围绕气候变化治理的博弈也日益加剧。我国的发展面临新的战略机遇与巨大的挑战。为了早日实现第二个百年奋斗目标，我们须抓住机遇应对挑战。不仅要踏实做好自己的事情，更要广交朋友，拓展发展思路。他山之石，可以攻玉。应学习他国取得成功的经验，吸取其失败的教训，为我国实现2030年前碳达峰和2060年前实现碳中和目标提供经验和借鉴。为此，课题组在多年研究的基础上编写了本书。

这里要特别感谢清华大学何建坤教授、张希良教授、刘滨副教授、周剑副教授和王宇副教授等专家，为研究团队提供了极佳的机会并为完善成果提出了宝贵意见和建议，为编写团队长期跟踪主要国家应对气候变化、发展低碳经济的政策、产业发展和国际合作等方面研究奠定了基础。

　　编写团队由孙振清教授领衔，团队成员有何延昆博士、李妍教授、李春花副教授、林建衡老师和陈奕林博士。

　　具体研究和编写分工如下：

　　孙振清教授负责整体框架设计和总论及英国部分，何延昆博士负责欧盟部分，林建衡老师负责美国部分，李妍教授负责德国和法国部分，李春花副教授负责韩国和日本部分，陈奕林博士负责印度、巴西和南非部分。

　　在研究和编写过程中得到了国务院发展研究中心的李继锋研究员、国家发改委能源研究所田智宇研究员以及众多专家学者的大力支持，我的研究生们也付出大量的辛勤劳动，这里不一一列出，在此一并表示衷心感谢！

　　由于时间跨度较长，研究团队水平有限，书中难免出现把握不准的问题和不妥之处，敬请各位专家学者批评指正！

孙振清

2023 年 5 月